普通高等学校数控类精品教材

数控机床
故障诊断与维修

主　　编　杨　辉
副 主 编　万海鑫　陈之林
编写人员（以姓氏笔画为序）
万海鑫　王　宣　刘先进
杨　辉　陈之林　张宣升
徐敬广　程　艳

中国科学技术大学出版社

内 容 简 介

本书是根据全国高职高专"十二五"系列规划教材的要求编写的，系统地介绍了数控机床的安装调试、故障诊断与维修技术，内容包括数控机床故障诊断与维修基础，数控机床的安装、调试与验收，数控系统故障诊断与维修，进给伺服系统故障诊断与维修，主轴驱动系统故障诊断与维修，机械系统故障诊断与维修，PLC与干扰等故障诊断与维修。并结合实际讲解了FANUC、西门子系统典型数控机床的维修实例及技巧，根据高职学生的特点，精心设计了提高维修技能项目的构思(Conceive)、设计(Design)、实施(Implement)、运作(Operate)等，突出了应用性、先进性、实用性和综合性，体系新颖，案例详实。

本书可作为高职高专、成人技校机床数控技术、机械制造、机电一体化等相关专业的教材，也可作为职业技能培训的配套教材，还可作为相关本科院校学生和有关维修技术人员的参考用书。

图书在版编目(CIP)数据

数控机床故障诊断与维修/杨辉主编. —合肥：中国科学技术大学出版社，2014.12(2025.7重印)

ISBN 978-7-312-03619-4

Ⅰ. 数…　Ⅱ. 杨…　Ⅲ. ① 数控机床—故障诊断 ② 数控机床—维修　Ⅳ. TG659

中国版本图书馆CIP数据核字(2014)第275762号

出版　中国科学技术大学出版社
安徽省合肥市金寨路96号，230026
网址：http://press.ustc.edu.cn

印刷　安徽省瑞隆印务有限公司

发行　中国科学技术大学出版社

开本　787 mm×1092 mm　1/16

印张　18

字数　460千

版次　2014年12月第1版

印次　2025年7月第2次印刷

定价　46.00元

前　言

随着阜阳职业技术学院国家骨干高职院校的建设，我校对数控系统的性能、使用、维护和维修技术等的认识有了极大的提高，总结了一定的教学经验。数控机床是高度复杂的机电一体化设备，在使用过程中需要及时、正确地对故障进行判断和排除，因此培养掌握数控机床故障诊断与维修技术的人员成为当务之急。

本书在编写过程中，充分考虑到数控技术学习的特点，从教材内容到实例分析都做了精心的安排，力求做到内容浅显易懂、学习层次分明。本着“必需、够用”的原则，以岗位为目标，以能力培养为主线，突出实践技能培养。通过 SP-CDIO 典型的维护案例构思(Conceive)、设计(Design)、实施(Implement)、运作(Operate)等，培养数控机床故障诊断与维修技巧，力求在较短的时间内使学生大幅度提高数控机床故障诊断与维修技能。

全书共分为 10 章，包括数控机床故障诊断与维修基础，数控机床的安装、调试与验收，数控系统故障诊断与维修，主轴驱动系统故障诊断与维修，进给伺服系统故障诊断与维修，数控机床机械故障诊断与维修，液压与气动系统故障诊断与维修，数控机床 PLC 故障诊断与维修，数控机床干扰故障诊断与维修，数控机床安装、调试与维修项目。

本书参考与分析了典型的国内外数控机床维修手册以及近年来的各种相关教材，从中选用了一些故障案例。而与原著不同的是，对于相同的故障现象，结合目前高等职业院校学生的实际接受水平，从基础知识和理论出发，采用多种分析思路与诊断步骤，尽量体现在故障的第一现场实训中，使学生更容易理解和掌握。在此，谨向参考文献原著作者表示敬意。

本书可作为高职高专、成人技校机床数控技术、机械制造、机电一体化等相关专业的教材，也可作为职业技能培训的配套教材，还可作为相关本科院校学生和有关维修技术人员的参考用书。各个院校可以结合自己的设备和具体条件等实际情况，选择一些力所能及的实训项目和案例进行教学，实训内容适合不同层次的院校选用，具有可操作性。

本书由阜阳职业技术学院杨辉主编。阜阳职业技术学院杨辉编写了第 1、2、10 章及各章实训内容，阜阳职业技术学院王宣编写了第 3 章，阜阳职业技术学院刘先进、张宣升编写了第 4 章，安徽电子信息职业技术学院徐敬广编写了第 5 章，安徽水利水电职业技术学院程艳编写了第 6 章，淮北职业技术学院陈之林编写了第 7 章，阜阳职业技术学院万海鑫编写了第 8、9 章及附录。全书由合肥工业大学韩江教授主审，编写过程中得到南京日上自动化有限公司、阜阳轴承有限公司、天煌科技实业有限公司、亚龙科技集团的大力支持，在此谨表谢忱！本书参考了大量的企业内训资料和图书出版资料，谨此向相关人员表示衷心感谢！

因编者水平所限，书中难免有缺漏和不妥之处，恳请读者批评指正。

编　者

目　　录

第 1 章　数控机床故障诊断与维修基础

1.1　数控机床故障诊断与维修概述

1.1.1　数控机床组成与工作原理

1. 数控机床组成

数控机床基本组成包括输入/输出装置、数控装置、伺服驱动装置、测量反馈装置、辅助控制装置、机床本体等部分，如图 1.1 所示。

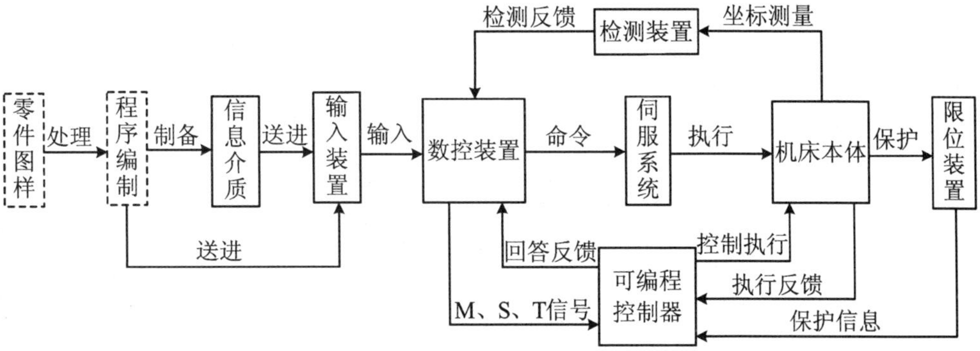

图 1.1　数控机床组成

在数控机床上进行零件加工，通过如下步骤进行：

① 根据零件的图纸与工艺，用规定的代码和程序格式将刀具的移动轨迹、工艺过程、工艺参数和切削用量等编写成数控系统能够识别的指令形式，即编写加工程序。

② 编辑程序。

③ 对输入的程序进行译码、运算处理，并向各坐标轴的伺服驱动装置和辅助机能控制装置输出控制信号。

④ 在加工时，随时检测机床的坐标轴位置、行程开关的状态，并与要求相比较，决定下一步的动作，完成合格零件的加工。

⑤ 随时对机床的加工情况、工作状态进行观察、检查，操作者根据需要对机床动作和加

工程序进行调整。

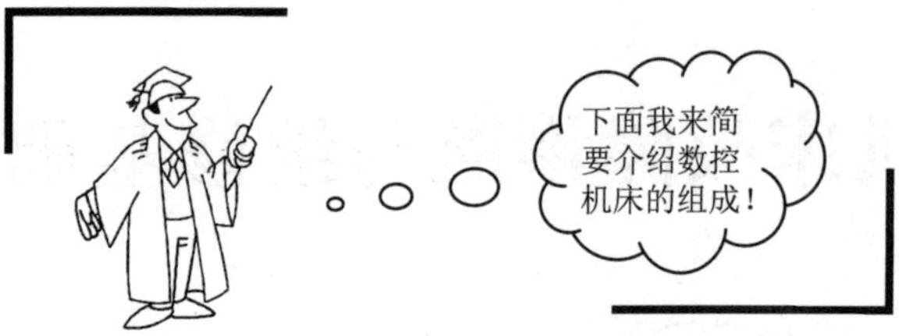

这里简要介绍一下数控机床的组成部分：

(1) 测量反馈装置

测量反馈装置是闭环(或半闭环)的检测环节，通过测量元件(如脉冲编码器、旋转变压器、感应同步器、光栅、磁尺和激光测量仪等)，将执行元件或工作台等的实际速度和位移量检测出来，反馈给伺服驱动装置或数控装置，补偿进给速度或执行机构的运动误差，以提高运动机构的精度。检测装置检测信号反馈的位置，取决于系统的结构。脉冲编码器和直线光栅等是常用的检测部件。

(2) 辅助控制机构

辅助控制机构指介于数控装置与机床机械、液压部件间的部件，主要接收数控装置输出的主轴转速、转向和启/停，刀具交换、冷却，润滑装置的启/停，工件和机床部件的松开、夹紧，工作台转位等信号，以及机床上检测开关的状态信号，经必要的编译、逻辑判断、功率放大后，直接驱动相应的执行元件，带动机床机械部件、液压气动等。

(3) 机床本体

机床本体由主传动系统、进给传动系统、床身、工作台，以及辅助运动装置、润滑系统、排屑装置、冷却装置、液压/气动系统、防护系统等部分组成。

2. 数控机床的工作原理

数控机床的加工原理，其实质是应用“微分”原理，过程如图 1.2 所示。

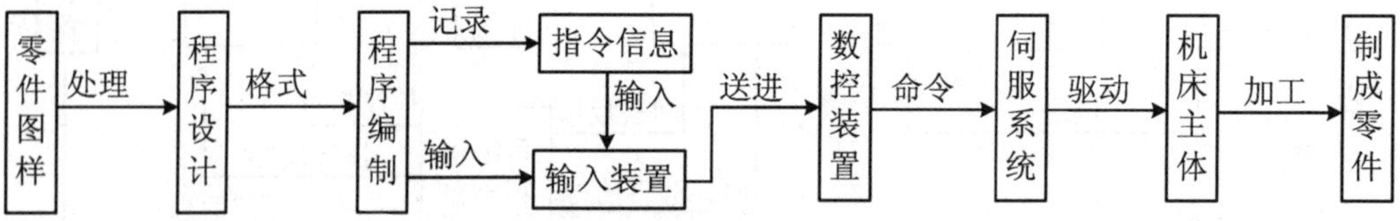

图 1.2　数控机床的工作过程

工作过程如下：

① 根据加工零件的程序，将轨迹按对应的坐标轴，以最小移动量(脉冲当量)为单位进行微分，如图 1.3 中所示的 ΔX、ΔY，计算出各坐标轴移动的脉冲数。

② 通过“插补”软件或“插补”运算器，对轨迹以脉冲当量为单位的等效折线进行拟合，找出最接近理论轨迹的拟合折线。

③ 根据拟合折线的轨迹，对相应的坐标轴连续不断地分配进给脉冲，通过伺服驱动使机床坐标轴按分配的脉冲运动。

结论：

- 脉冲当量足够小时，拟合折线就可以等效代替理论曲线。
- 改变坐标轴的脉冲分配方式，可改变拟合折线的形状，改变加工轨迹。

• 改变分配脉冲的频率，可改变坐标轴（刀具）运动速度。

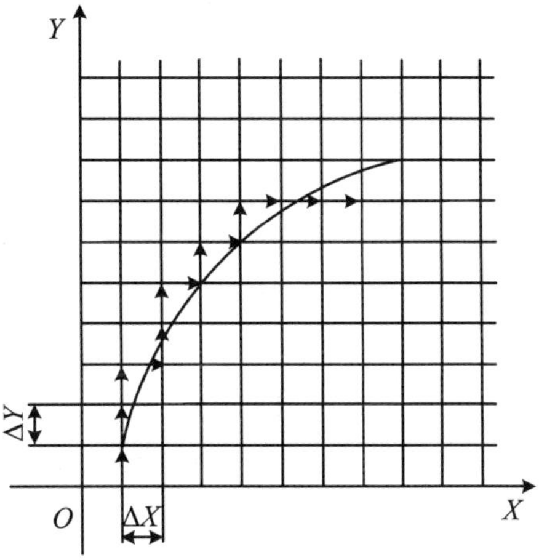

图 1.3　轨迹微分

1.1.2　数控机床故障诊断与维修要求

1. 素质要求

（1）工作态度

应具有强烈的责任感、良好的职业道德、严谨的工作作风与良好的工作习惯。维修工作关系到企业的利润，确立良好的职业道德，是维修工作的出发点。维修人员应不断积累经验，包括前人与自己的经验。

例如，认真分析他人与自己已进行的故障维修的成功案例；分析常见故障与偶发故障的现象及原因，建立查找故障的优化程序；对故障现象、分析步骤、排除方法等进行归纳、统计、分析；对重复性较高的故障进行重点研究，对偶发性故障找出真正故障成因，采取有效预防措施。

（2）安全意识

除应具有基本安全常识外，还必须具有特种安全意识。

在维修前的准备中，首先了解设备的安全要求事项。例如，了解机床有几个急停按钮及其具体分布位置；了解各熔断器要求的熔丝规格；了解不宜带电操作的高压危险位置；了解不得随意更改的那些机床参数；了解可调电位器的分布位置及其调整方向与范围；了解该设备有无需要通电更换的存储器后备电池；了解人体未放静电之前不得随意触摸的集成块等。防止仪表测头造成元器件的短路，导致系统故障或扩大故障，必须确保人身与设备的安全。

(3) 知识结构

数控机床的机械、电气、液压、气动等任何部分都会发生故障，根据故障现象，对故障原因和部位进行判断，是维修的第一步，如何快速地判断出故障原因，对维修人员素质也提出了更高要求：

- 掌握计算机原理、电子技术、电工原理、自动控制与电机拖动、检测技术、机械传动及加工工艺等基础知识。
- 既要掌握电气方面(强电和弱电)知识，又要熟悉机械方面(机械、液压和气动)知识。掌握数字控制、伺服驱动及 PLC 的工作原理，精通 NC 和 PLC 编程。
- 对某些电路与零件进行现场测试，还应当具备一定的工程识图能力。
- 具有一定的专业外语基础。高素质维修人员应能够对国内外多种数控机床进行维修，而国外的配套说明书、资料往往使用外文编写，报警文本显示也以外文为主，只有具备一定的专业外语阅读能力，才能快速地分析、处理问题。

(4) 学习与思考

数控系统种类繁多，说明书的内容庞杂，包括操作、编程、连接、安装调试、维护维修和 PLC 编程等，维修人员不仅要注重分析问题与积累经验，更要善于学习，勤于思考。

资料的内容多，不勤于思考，不善于学习，就很难对各种知识融会贯通。数控机床各部分组成之间联系紧密，故障涉及面广，有些现象不一定真实反映了故障原因，应透过故障的表象，针对故障可能原因，对故障产生过程进行分析，找出发生故障的原因并予以排除，应做到“多动脑，慎动手”，切忌草率下结论、盲目更换元器件。

(5) 动手能力

维修离不开实际操作，维修人员不仅要能熟练操作机床，还要能进入一般操作者无法进入的特殊操作模式，如机床以及硬件设备自身参数的设置与调整，利用 PLC 编程器进行监控等。此外，维修过程中可能需要编制相应的加工程序，对机床进行必要的运行试验与工件试切削，熟练使用维修所必需的工具、仪器和仪表，这些也对动手能力提出了要求。

(6) 工作习惯

吃透技术资料，了解系统结构与原理、电气连接与电器分布，了解机床运行条件下系统故障条件与状态，了解故障特征可能成因，充分利用自诊断系统。

做好必要的记录，尤其是对电器元件安装位置、导线号、机床参数、调整值等都必须做好明显标记，以便恢复，必要时画出草图。

做好“收尾”工作，如将机床、系统的罩壳、紧固件等安装到位，将电线、电缆整理整齐等。

数控系统的某些模块是需要电池保持参数的，对于这些电路板和模块切勿随意插拔，更不能在不了解元器件功能的情况下，随意调换数控装置、伺服、驱动等部件中的器件，设置端子，调整电位器位置，改变设置参数，更换数控系统软件版本等，避免产生更严重的后果。

2. 必要的技术资料和技术准备

维修人员在日常应认真整理和阅读有关技术资料，积累维修经验。相关技术资料包括：

(1) 数控机床使用说明书

- 机床电气控制原理图、布置图以及接线图。
- 机床主要传动系统及部件的结构原理示意图。
- 机床的液压、气动、润滑系统图。
- 机床安装和调整的方法与步骤。
- 机床的操作过程与步骤。
- 机床的操作面板布置及其操作说明。
- 机床使用的特殊功能及其说明。

(2) 数控系统方面的资料

- 机床操作面板布置及其操作。
- 机床内部各电路板的技术说明及其外部连接图。
- 系统参数的意义及其设置方法。
- 机床的自诊断功能和报警清单。
- 机床接口的分配及其含义。

(3) PLC 资料

- PLC 装置及编程器的连接、编程、操作等说明书。
- PLC 用户程序清单或梯形图。
- I/O 地址及意义清单。
- PLC 的外部连接图及报警文本。

(4) 伺服单元资料

- 伺服单元的电气原理图和接线图。
- 所有故障的报警显示及主要的调整点和测试点。
- 各伺服单元参数的意义和设置。

(5) 配套资料及其他

对配套功能部件，如数控转台、自动换刀装置、润滑与冷却系统、排屑器等，生产厂家一般提供了较完整的使用说明。

如数控机床的元器件清单、备件清单，各种通用手册，各种常用元器件和专用元器件的生产厂家及订货编号。

在排除故障后，应认真做好记录，将故障现象、诊断、分析和排除方法等加以记录。对每一步的维修情况进行详细的记录，不管当时的判断是否正确。在排除新的故障之前应考虑这种故障以前发生过没有，当时是如何解决的。

3. 维修器具与备件

(1) 测量仪器、仪表

① 长度测量工具

长度测量工具(千分表、百分表等)用于测量机床移动、反向间隙值等。通过长度测量，大致判断机床的定位精度、重复定位精度和加工精度等。

② 示波器

通常用频带宽度为 10～100 MHz 的双通道示波器，不仅能测量电平、脉冲上下沿、脉宽、周期、频率等参数，还可进行两信号的相位和电平幅度的比较。常用来观察主开关电源的振荡波形，直流电源或测速发电机输出的波形，伺服系统的超调、振荡波形；检查放大器的输出波形，CRT 电路垂直、释放电路的视频信号等。

③ 万用表

涉及弱电和强电领域，应配备机械和数字万用表。机械万用表应必备，除用于测量强电回路之外，还用于判断二极管、三极管、晶闸管和电解电容等元器件的好坏。数字万用表用来正确测量电压、电流、电阻值，还可测量三极管的放大倍数和电容值。

④ 相序表

相序表主要用于测量三相电源的相序，是伺服驱动维修的必要工具。

⑤ 数字转速表

数字转速表用于测量与调整主轴的转速，调整数控系统及驱动器的参数，使编程的主轴转速与实际主轴转速相符，是主轴维修与调整的工具。

⑥ PLC 编程器

很多数控系统的 PLC 必须使用专用的编程器才能对其进行编程、调试、监控和检查。使用 PLC 编程器，可在运行状态下修改定时器和计数器的值；以图形形式显示 PLC 梯形图；强制内部输出；对定时器、计数器和位移寄存器进行置位和复位等。

⑦ IC 测试仪和 IC 在线测试仪

IC 测试仪可用来离线快速测试集成电路，是系统进行芯片级维修时必需的仪器。IC 在线测试仪可对电路板上的芯片直接进行功能、状态和外特性测试，确认其逻辑功能是否失效。针对器件的型号及应具备的全部逻辑功能，不管这个器件应用何种电路，都可利用这两种测试仪检查各种电路板，而无需图样资料或了解其原理，在缺乏图样资料时是一种有效的检测手段。

⑧ 逻辑测试笔、脉冲信号笔和逻辑分析仪

这些是专门用于测量和显示多路数字信号的测试仪器，通常分为 8、16 和 64 个通道。逻辑测试笔一般使用 TTL 和 CMOS 逻辑电平通用型，可测试电路是处于高电平还是低电平，或是不高不低的浮空电平，判断脉冲的极性是正脉冲还是负脉冲，输出的脉冲是连续的还是单个的，估计脉冲的占空比和频率范围。脉冲信号笔则可发单脉冲或连续脉冲，发正脉冲或负脉冲，和逻辑测试笔配合使用，能对电路的输入和输出的逻辑关系进行测试。逻辑分析仪可检查数字电路的逻辑关系是否正确，信号传输中是否有竞争和干扰，能通过测试软件的支持，对电路板输入给定的数据，跟踪测试输出信息，显示和记录瞬间的错误信号。

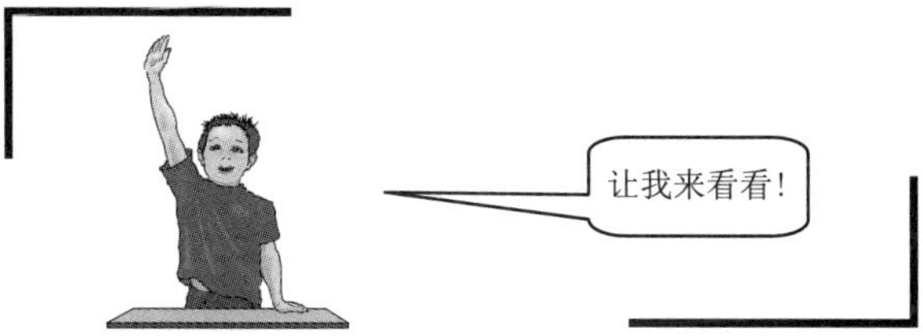

(2) 常用维修器具

① 钳类工具

常用的有平头钳、斜口钳、剥线钳、尖嘴钳和压线钳等。

② 旋具类工具

配备规格齐全的一字和十字螺丝刀。旋具宜采用树脂或塑料手柄，应配备无感螺丝刀与梅花形六角旋具。

③ 扁平集成电路拔放台

用于 SMD 片状元件、扁平集成电路的热风拆焊工作台，可换多种喷嘴，并可防静电。

④ 吸锡器

将多个引出脚的 IC 芯片从电路板上拆下来，有手动和电动两种。

⑤ 电烙铁

电烙铁是最常用的焊接工具，一般应采用焊 IC 芯片 30 W 左右的尖头、带接地保护线的内热式电烙铁，最好使用恒温式电烙铁。

⑥ 扳手类工具

包括大、小活动扳手，各种尺寸的内、外六角扳手等。

⑦ 化学用品及其他

化学用品包括松香、纯酒精、清洁触点用喷剂、润滑油等。

其他包括剪刀、刷子、镊子、吹尘器、清洗盘、卷尺等。

(3) 常用故障分析仪

① GP IB 母线分析仪

GP IB 接口已制定出了国际标准和国家标准。设计一台仪器的 GP IB 接口或将各种带接口的程控仪器用 GP IB 接口组建成一个自动测试系统时，可能会出现各种硬件故障和软件故障，必须用 GP IB 母线分析仪对各仪器接口自动测试系统的硬件和软件。

② HP 16500A 逻辑分析系统

HP 16500A 是模块式仪器系统，既有分析低速、复杂软件所需的多通道、多种触发跟踪和显示能力，又有测试高速硬件电路所需的高分辨能力，还可产生数据模拟信号，能对波形进行实时分析。

③ HP 5006A 特征分析仪

HP 5006A 除具备与 HP 5004A 相同的基本特征分析功能外，还具有组合特征、特征存储和编辑、限定测量等功能，不仅能测量与 TTL 电平兼容的电路，还能测量 CMOS 电路。

④ CB 2000 短路追踪仪

对于短路，使用万用表寻找短路点往往很困难。例如，电路中某个元器件击穿短路，由于在两条连线之间可能并接有多个元器件，此时要用万用表测量出是哪一个元器件短路就比较麻烦。采用短路故障追踪仪，可快速找出电路板上的短路点。

CB 2000是一种专门用于追寻短路故障的精密测试仪,能准确地找出电子线路板上的短路故障源,精度可达0.1 m,而量度电压更可低至1 μV,可快速找出以下短路故障:非完全短路,多层线路板短路,芯片及电容器内部短路,焊锡短路,总线短路,电源短路,并能进行微电阻测量、微电压测量、电流流向追踪。

(4) 常用备件

准备一些电路板和元器件,将给排除故障带来许多方便。例如,采用电路板替换法,可以快速判断出一些疑难故障发生的部位。根据实际情况准备维修备件,常备一些易损的电气元器件,如各种规格的熔断器、保险丝、开关和电刷,还有易出故障的大功率模块和电路板等。

1.1.3　数控机床故障特点与分类

1. 故障的特点

故障发生率随机床使用时间不同而不同,如图1.4所示。

由图1.4可知,机床使用过程分为3个阶段,即磨合期、稳定工作期和衰退期。

① 磨合期:新机床在安装调试完毕后,在使用半年到一年的时间内,由于机械零部件的加工表面还存在几何形状偏差,比较粗糙,电气元件受到交变负荷等冲击,故障频率较高,一般没有规律。其中,电气、液压和气动系统故障频率高达90%左右。

② 稳定工作期:机床在经历了初期磨合后,进入稳定工作期。这时故障发生率较低,但由于使用条件和人为的因素,偶发故障在所难免,在稳定期内故障诊断非常重要。这个时期为7～10年。

③ 衰退期:在这个时期内,机床零部件的使用时间已超过其正常使用寿命,开始迅速磨损和老化,故障发生率逐渐增多,大多数故障具有规律性,属于渐变性的,并且大部分可以排除。

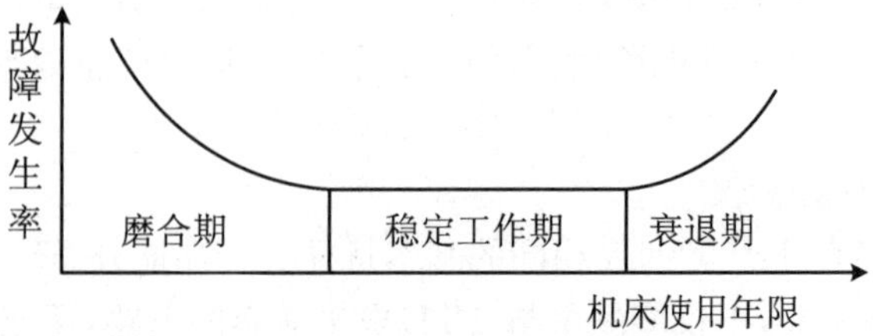

图1.4　故障发生率随机床使用时间变化曲线

2. 按故障发生的部件分类

按发生故障的部件,可分成机械故障与电气故障,如图1.5所示。

（1）机械故障（主机故障）

机械故障指那些发生于机床本体部分的故障（机床侧故障）。主机部分包括机械、润滑、冷却、液压、气动、防护和排屑装置等系统。

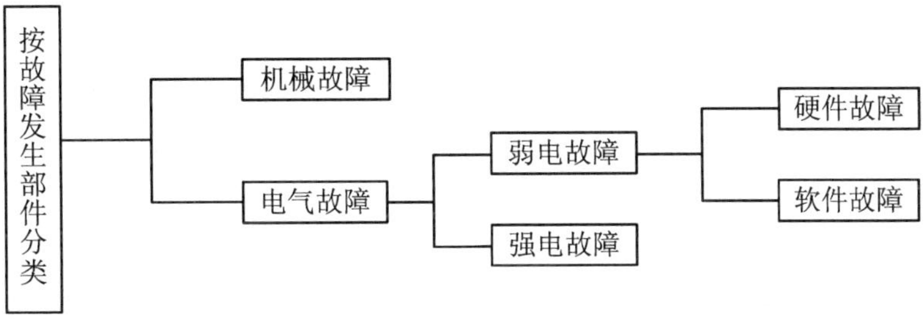

图1.5　数控机床故障按发生部件分类

常见故障包括因机械安装、调试及操作使用不当等引起的机械传动与导轨运动摩擦过大等故障，也包括工艺故障。例如，轴向传动链的挠性联轴器松动，齿轮、丝杠与轴承缺油，导轨塞铁调整不当，导轨润滑不良，以及系统参数设置不当等故障。检查操作日记，确定是否属正常润滑问题。

根据机床各部位标明的注油点的油量指示定量加注润滑油（脂），是机床传动系统正常运行的保证。润滑、液压与气动系统的主要故障为管路阻塞，与密封不良及数控系统参数设置不当等有关。

（2）电气故障

电气故障又可分为强电故障与弱电故障两种。

① 强电故障：指发生于机床侧的电器及其组成电路中的故障。如继电器、接触器、各类开关、电源变压器、空气断路器、熔断器、电磁铁及电机等电气器件及其相关的电路发生的故障。此类故障比较容易检查。

② 弱电故障：指发生于系统中CNC装置、PLC装置、伺服控制与检测系统及I/O接口装置等的微电子数字电路中的故障。

由于系统包括硬件与软件，故弱电故障包括软件故障与硬件故障两类。

- 硬件故障：指上述各装置的电路板上的集成电路芯片、元件、接插件及外部连接组件等的性能故障或接触性故障。
- 软件故障：包括系统程序或参数出错和控制程序问题。分为计算机运算出错、系统参数的改变或丢失、系统程序的改变或丢失、加工程序出错等。

操作失误、电磁干扰造成数据或参数混乱，也属“软”故障。

3. 按故障的性质分类

数控机床的故障按发生的性质分为系统性故障和随机性故障两种。

（1）系统性故障

指达到一定条件或超过某一设置而发生的故障。

如液压系统的压力值随着油路的阻塞而降到某一设置参数时，发生液压系统报警，使机床断电停机。

又如机床因切削量过大达到某一限值时，必然会发生过载或超温报警，导致数控系统迅速停机，出现“闷车”现象。

再如润滑、冷却和液压等系统管路泄漏引起游标下降，必然会发生液位报警。

(2) 随机性故障

随机性故障指数控机床在相同条件下，偶然发生的一次或两次故障，也称“软故障”。在条件相同的状态下偶然发生，故障的原因分析与诊断较其他故障困难，往往与安装质量、组件排列、参数设置、元器件品质、操作失误、维护不当及环境因素等有关。

例如接插件与连接组件因疏忽未能锁紧，继电器触点、各类开关触头因污染而锈蚀，元器件松动变形或焊点虚脱，直流电刷接触不良，环境温度过高或过低，湿度过大，电源波动与机械振动过大，有害粉尘影响与气体污染等。

4. 按故障有无报警显示分类

按照故障有无报警显示，可分为有报警显示故障与无报警显示故障两种。

(1) 有报警显示故障

① 硬件报警显示的故障：指各主要单元装置上的警示灯有指示。系统中有许多用来指示故障部位的警示灯，如位置控制电路板、伺服控制单元、主轴单元、控制操作面板等都设有警示灯。系统出现故障时，可借助警示灯分析判断故障发生的部位与性质。

② 软件报警显示的故障：指 CRT 显示出报警号和报警信息。常见的软件报警显示有存储器警示、程序出错警示、主轴警示、伺服系统警示、轴超程警示、过载警示及断线警示等。

系统具有自诊断功能，一旦检测到故障，即按故障的级别进行处理，同时在 CRT 上以报警号的形式显示该故障信息。常见的有存储器警示、过热警示、伺服系统警示、轴超程警示、程序出错警示、主轴警示、过载警示及短路警示等。

软件报警包括来自 NC 的报警和 PLC 的报警。NC 报警为数控部分的故障报警，通过所显示的报警号，对照维修手册中有关 NC 报警及说明，即可大致确定故障所在及原因。PLC 报警大多数属于机床侧的报警，由 PLC 的报警信息文本所提供，可通过所显示的报警号，对照维修手册中有关 PLC 报警信息、PLC 接口说明及 PLC 程序等，检查 PLC 有关接口和内部继电器状态。PLC 报警发生的可能性要比 NC 报警大。

(2) 无报警显示故障

无报警显示故障是指数控系统发生故障时无任何硬件或软件的报警显示，这类故障分析与诊断的难度较大。注意：没有报警显示的原因，可能是系统不具有对那些故障的报警能力，或者是系统处于失电状态而不能报警或丢失了报警信息。

例如，机床突然停止，CRT 上无任何报警显示；机床加工误差过大一般不会报警；在运行机床的某轴时出现振动与噪声，一般也无报警显示。又如，在数控机床通电后，以手动方式或自动方式运行时，X 轴出现爬行现象，且无任何报警显示。

对无报警显示故障，可根据故障发生前后状态变化进行分析判断。

例如，X 轴在运行时出现爬行现象，先判断是数控部分故障还是伺服部分故障。在手轮方式下，可均匀地旋转手摇脉冲发生器，同时分别观察、比较 CRT 上 Y 轴、Z 轴与 X 轴进给数字变化速率。如数控部分正常，三轴的变化速率应相同，即可确定 X 轴的爬行是伺服故障还是机械传动故障。

5. 按故障发生的原因分类

按数控机床故障发生的原因，分为自身故障和外部故障两种。

(1) 数控机床自身故障

此类故障由机床自身的原因引起，与工作环境等其他条件无关。机床发生此类故障较多。

(2) 数控机床外部故障

由外部原因造成的故障。

例如，工作环境温度过高、湿度过大，有害气体、粉尘侵入，供电电压过低，电压波动过大，电压相序不对或三相电压不平衡等引起的故障；外来振动和干扰，如电焊机所产生的电火花干扰等引起的故障。人为因素所造成的故障也属于数控机床外部故障，如操作不当，手动进给过快造成超程报警，自动切削进给过快造成过载报警。

1.1.4 数控机床故障诊断与维修意义

1. 故障诊断与维修的必要性

数控维修技术不仅是保障机床正常运行的前提，对数控技术的发展和完善也起到了巨大的推动作用。

数控机床要求时刻都准确无误地工作。任何部分的故障与失效，都会使机床停机，造成生产停顿。数控机床处于关键工作岗位，若出现故障后不能得到及时维修而排除故障，会带来较大的经济损失。

当前现有的维修状况和水平，与先进设备设计与制造技术水平还存在着一定差距，包括操作维修人员素质差距，缺乏数字测试分析手段，故障诊断与维修综合判断能力和测试分析技术水平不够等。

2. 维修技术指标

可靠性是指在规定工作条件下，机床维持无故障工作的能力，是机床的内在特性，也是衡量机床质量的重要依据，常用以下几种指标衡量。

(1) 平均无故障时间(*MTBF*)

MTBF 指数控机床在使用中两次故障间隔的平均时间，也即数控机床在寿命范围内总的工作时间和总的故障次数的比值：

$$MTBF=\frac{\text{总工作时间}}{\text{故障次数}}$$

(2) 平均排除故障时间(*MTTR*)

MTTR 指数控机床从出现故障开始，直至排除故障恢复正常使用的平均时间。

(3) 有效度(A)

有效度指可维修的设备在某一段时间内维持其性能的概率，这是一个小于1的正数，并由下式定义：

$$A=\frac{MTBF}{MTBF+MTTR}$$

提高 *MTBF* 和降低 *MTTR*，都可增大有效度 A，A 值越接近1，机床的使用性能就越高。

1.2　数控机床故障诊断与维修技术

1.2.1　数控机床故障诊断的思路

从了解故障现象，调查故障现场，掌握故障信息着手。不要立即关断系统与机床电源，除非故障危及设备与人身安全必须紧急断电。应检查并记录故障现象，CRT 显示内容与报警内容，当时的工况、工作环境与电网情况等，以便后续故障分析与排除。应记录故障情况包括以下方面：

（1）故障种类

- 发生故障时，系统所处工作方式：MDI，EDIT，HANDLE，JOG。
- 没有报警时，通过诊断画面观察所处的状态，如系统是在执行 M、S、T，还是在自动运转；是处于暂停还是急停或处于互锁倍率为 0%状态等。
- 定位误差超差情况；刀具轨迹出现误差时，速度是否异常。
- 在 CRT 上有无报警出现，如有，记录报警信号的具体信息。

（2）故障发生频繁程度

- 故障发生的时间、次数，是否频繁发生，周围其他机械设备工作是否正常。
- 加工同类工件时发生故障概率情况，重复出现的故障是否与外界因素有关。
- 故障是否是在特定方式下发生的，是否与进给速度、换刀方式或螺纹切削有关。
- 比较编程值与系统内的实际值，确认两者是否有差异，程序输入是否有误。

（3）外界状况

- 环境温度：系统周围环境温度是否超过允许温度范围，是否有急剧温度变化。
- 周围是否有强烈的振源，发生故障时是否受到强烈阳光直射。
- 切削液、润滑油是否飞溅到系统柜里，系统柜里是否进水或受到水的浸渍。
- 调查输入电压，检查输入电源是否有波动，记录电压具体数值。
- 工厂内是否有使用大电流设备，附近是否安装了新机床。
- 近处是否存在干扰源，如吊车、高频机械、焊接机或电加工机床等。
- 附近是否正在修理或调试机床，是否正在修理或调试强电柜。
- 本系统以前是否出现过同样故障。

（4）操作情况

- 故障是在何种操作之后发生。

- 机床操作方式是否正确。
- 程序内是否含有增量指令、刀具补偿、程序段跳过指令，是否提前终止或中断。

(5) 机床情况

- 机床有无部件调整现象，在运转过程中是否发生振动。
- 所用刀具刀尖是否正常，换刀时是否设置了偏移量。
- 间隙补偿值是否恰当，测量是否准确。
- 机械零件是否随温度变化而变形。

(6) 运转情况

- 在运转过程中是否改变或调整过运转方式。
- 机床是否处于报警状态，是否已做好运转准备。
- 机床操作面板上倍率开关是否设置为0，保险丝是否熔断。
- 机床是否处于锁住状态，系统是否处于急停状态。
- 方式选择开关设置是否正确；进给保持按钮是否被按下，处于进给保持状态。

(7) 接线情况

- 电缆是否完整无损，特别是在拐弯处是否有破裂、损伤。
- 交流电源线和系统内部电缆是否分开安装。
- 电源线和信号线是否分开走线，信号屏蔽线接地是否正确。
- 继电器、电磁铁及电机等电磁部件是否装有噪声抑制器。

(8) 外观检查

- 机柜：是否开柜门时操作，有无切削液及切削粉末进入柜内，过滤器清洁状况。
- 机柜内部：风扇电机工作情况，控制部分污染程度，有无腐蚀性气体侵入。
- 电源单元：保险丝是否正常，电压是否在允许范围内，端子板上接线是否紧固。
- 电缆：电缆插头是否插入、拧紧，内部和外部电缆有无伤痕、扭歪。
- 电路板：电路板有无缺损，安装是否牢固，有无歪斜，插头连接是否正常、牢固。
- MDI/CRT单元：按钮有无破损，扁平电缆及连接是否正常。
- 接地：地线连接是否牢固，屏蔽的连接是否正常。

1.2.2 故障信息整理和分析

1. 简单故障分析

采用形式逻辑推理法，把故障诊断看成是一个观察、假设、验证、修正假设、再验证……直至找到故障真正原因的过程。先确定可能的原因，进行比较，删除虚假成分，再进行试探性调整和拆卸，观察症状变化，查寻或反证故障发生部位。

(1) 求同法

在被研究现象出现的若干场合中，仅有一种情况在这些场合中共同具有，这种情况就是被研究现象的原因。应用求同法时，发现的各种场合中所隐蔽的共同情况，很可能就是被研究现象的真正原因。比较的场合越多，结论的可靠程度就越高。

(2) 求异法

被研究现象出现的场合与不出现的场合只有一种情况不同，在被研究现象出现的场合中存在，不出现的场合中不存在，这个唯一不同的情况就是被研究现象的原因。

分析差异场合的方法有轮流切换法和换件比较法，如果怀疑某零件是机器故障的起因，使用完好件替换，观察替换前后机器状态变化，判断原零件是否故障。

(3) 求同求异法

有两组事例，一组是由被研究现象出现的若干场合组成的正事例组，另一组是由研究现象不出现的若干场合组成的负事例组，在正事例组各场合中只有一种唯一的共同情况，这个情况在负事例组中的各个场合都不存在，这一共同情况就是被研究现象的原因。正、负两组事例的组成场合越多，结论越可靠。对于负事例组的各个场合，应选择与正事例组场合较相似的来比较。

(4) 共变法

在被研究现象发生变化的各个场合，如只有一种情况是变化着的，这个变化的情况便是被研究现象的原因。原因和结果的共变可能是同向的，也可能是异向的，还有可能是在一定范围内是同向的，另一范围内是异向的。

(5) 剩余法

有一个复合的被研究现象，如果已知这个复合现象的一部分是某些情况的结果，那么这个复合现象的剩余部分就是别的情况的结果。

2. 复杂故障分析

当故障原因很多时，很难一下确定引起故障的原因，尤其是那些 CNC 系统尚不能自动诊断出发生故障确切原因的。

同一报警号可以有多种起因，不可能将故障一下就缩小到某一具体的部件上。并且很多故障没有报警。

如产生伺服报警，可能的情况有：① 刀具损坏；② 滚珠丝杠换向器故障，导致丝杠卡住；③ 导轨润滑不良，造成摩擦力过大；④ 伺服系统增益过大，造成电机启动、停止时冲击过大；⑤ 伺服电机抱闸没打开；⑥ 切削量过大；⑦ 镶条松动，造成某个方向过紧；⑧ 防护罩卡住，等等。

现代诊断技术包括故障树分析、模式识别、模糊诊断等识别理论：

(1) 故障树分析

分析得出系统的故障事件，再将导致该事件发生的直接原因(硬件故障、环境因素和人为因素等)用适当的符号表示，用适当的逻辑门把它与故障事件连接起来；其次，逐级展开故障原因，直至把最基本的原因分析出来，构成一棵故障树，通过对故障的分析寻找故障源。

(2) 模糊诊断法

把故障现象看作是一个个“症状”，而把故障原因，即产生这些症状的起因，如触发器损坏、控制电源失效等，看作是各种“病症”。当系统出现异常现象时，根据各种症状来识别病症。

如果症状不明确，可以选用确定的隶属函数，用相应的隶属度来描述这些症状存在的倾向性。模糊故障诊断方法就是通过某些症状的隶属度来求出各种病症的隶属度，以表征各种病症存在的倾向性。

3. 逐级定位

根据预测的故障原因和预先确定的方案，通过故障点测试来判定故障源——真正的故障成因。一种故障现象，往往可对应不同的故障成因，下位故障的发生往往可能是上位输入不正确造成。

当发现某程序模块或器件存在故障现象时，并不能认为该部分就是产生故障的根源。对于硬件或器件问题，遵循“先方案后操作”的原则，采用标准信号强制输入法或相同单元交换法、替代法等，判定该单元是否存在故障。

1.2.3　故障诊断原则

1. 先方案后操作

先考虑解决方案后再动手，做到“先静后动”，应询问操作人员故障发生过程及状态，阅读机床说明书、图样资料后，方可动手查找和处理故障。

如上来就拆卸，结果又不在其中，现场又遭到破坏，就容易产生误判或引入新的故障。

2. 先检查后通电

通过观察、测试、分析，确认为非恶性循环性故障或非破坏性故障后，方可给机床通电；在运行工况下，进行动态的观察、检验和测试。对破坏性故障，先排除危险后方可通电，在运行的情况下进行动态诊断。

3. 先软件后硬件

先检查系统软件工作是否正常。

有些故障可能是由于软件参数丢失，或者操作人员的使用方式、操作方法不当而造成的。

4. 先外部后内部

遵循“先外部后内部”的原则，即当机床发生故障后，应采用望、闻、听、问等方法，由外向内逐一检查。

温度、湿度变化，油污或粉尘对元件及线路板的污染，机械振动等，会对信号传送通道的接插件部位产生影响，故应先检查这些部位。避免随意启封、拆卸。

不当的大拆大卸，会扩大故障，使机床精度降低。

5. 先机械后电气

先检查机械部分是否正常，行程开关是否灵活，气动液压部分是否正常。绝大部分故障是由机械动作失灵引起，应先逐一排除机械故障。

6. 先公用后专用

公用性问题往往会影响全局，专用性问题只影响局部。

如数控机床的几个进给轴都不能运动，应先检查各轴公用的 CNC、PLC、电源和液压等部分，并排除故障，然后再设法解决具体轴的局部问题。又如电网或主电源故障是全局性的，首先检查电源部分，保险丝是否正常，直流电压输出是否正常等。

7. 先简单后复杂

出现多种故障相互交织掩盖，无从下手时，先解决容易的问题，后解决难度较大的问题。在解决简单故障的过程中，难度大的问题可能变得容易，或者在排除简单故障时得到启发，对复杂故障的认识更为清晰。

8. 先一般后特殊

先考虑最常见的原因，再分析很少发生的特殊原因。

如数控车床 Z 轴回零不准时，常常是由于降速挡块位置变动而造成，先检查该挡块位置，在排除这一故障常见的可能性后，再检查脉冲编码器、位置控制等其他环节。

1.2.4　数控机床维修记录

1. 故障发生时的情况记录

- 发生故障机床型号，采用控制系统型号，系统软件版本号。
- 发生故障部位以及故障现象，如声音、烟、异味等。
- 故障发生时系统所处的工作方式，如 MDI、STEP、HANDLE、JOG、HOME 等。
- 在自动方式下，应记录故障发生时的加工程序号、程序段号、刀具号及位置。
- 若故障发生在精度超差或轮廓误差过大时，应保留不合格工件。
- 若系统有报警显示，应记录报警显示情况与报警号。
- 记录所处的状态：执行 M、S、T，暂停、急停、互锁状态，倍率是否为 0%等。
- 记录各坐标轴位置跟随误差的值。
- 记录各坐标轴的移动速度、移动方向，主轴转速、转向等数据。

2. 故障发生频繁程度的记录

- 故障发生的时间与周期，如机床是一直存在故障，还是随机故障，是否频繁发生。
- 故障发生的环境，如是否总是在用电高峰期发生，周围其他机械设备情况。
- 若为加工时发生的故障，应记录加工同类工件时发生故障的概率。
- 检查故障是否与进给速度、换刀方式及螺纹切削等动作有关。

3. 故障规律性的记录

- 在不危及人身安全和设备安全的情况下，是否可以重现故障现象。
- 检查故障是否与机床的外界因素有关。
- 利用 MDI 方式单独执行该程序段，检查是否还存在同样的故障。
- 若故障与机床动作有关，在手动方式下执行该动作，检查是否有同样的故障。
- 机床是否发生过同样的故障，周围的数控机床是否也发生该类故障。

4. 故障外界条件的记录

- 周围环境温度是否超过允许温度，是否有局部高温存在。
- 周围是否有强烈振动源存在。
- 数控系统是否受到阳光直射。
- 电气柜内是否有切削液、润滑油、水进入。
- 输入电压是否超过了数控系统允许波动范围。
- 车间内是否有大功率设备正在使用，而产生强烈电磁干扰。
- 附近是否正在安装或修理、调试机床。

1.2.5　维修前检查

1. 机床工作状况检查

- 调整状况、工作条件、刀具是否符合要求，切削参数是否合理。
- 自动换刀时，坐标轴是否到达了换刀位置，是否设置了刀具偏移量。
- 刀具补偿量等参数设置是否正确，坐标轴的间隙补偿量是否正确。
- 设置的参数是否正确，工作坐标系“零点偏置值”的设置是否正确。
- 工件安装是否合理，测量手段与方法是否正确、合理。
- 机械零件是否存在因温度、加工而产生变形等现象。

2. 机床运转情况检查

- 在自动运转过程中是否改变或调整过操作方式，是否插入了手动操作。
- 是否处于正常加工状态，工作台、夹具等装置是否处于正常工作位置。
- 操作面板上的按钮、开关位置是否正确。
- 操作面板上、数控系统上的“急停”按钮是否处于急停状态。
- 电气柜内的熔断器是否有熔断现象，自动开关、断路器是否有跳闸现象。
- 方式选择开关位置是否正确，进给保持按钮是否被按下。

3. 机床与系统连接检查

- 电缆是否有破损，电缆拐弯处是否有破裂、损伤现象。
- 电源线与信号线布置是否合理，电缆连接是否正确、可靠。
- 电源进线是否可靠接地，接地线规格是否符合要求。
- 端子板上接线是否牢固、可靠，屏蔽线与系统接地线是否可靠。
- 继电器、电磁铁等电磁部件是否装有噪声抑制器（灭弧器）等。

4. CNC装置外观检查

- 是否电气柜门打开运行，有无切削液或切削粉末进入柜内，空气过滤器是否清洁。
- 电气柜内部风扇、热交换器等工作是否正常。
- 电气柜内部系统、驱动器模块、电路板上是否有灰尘、金属粉末等污染。
- 电源单元的熔断器是否熔断，电缆连接器插头是否完全插入、拧紧。
- 系统模块、线路板的数量是否齐全，模块、线路板安装是否牢固。
- 机床操作面板MDI/CRT单元按钮有无破损，位置是否正确。
- 系统总线设置、模块设置端位置等是否正确。

在维修时记录、检查的原始数据、状态越多、越详细，维修越方便。根据实际情况，编制一份故障维修记录表，出现故障时，操作者可以根据表中的要求，及时填写各种原始数据，供维修时参考。

1.2.6 故障诊断与排除

诊断与修理要遵循故障发生的规律,从外到内、由浅入深。功能性故障应从执行元件入手,查看气缸、电磁阀、电机、接触器等,然后是传感器、行程开关,再次是电气接头、插件、活动的电线电缆等部位。外部元件受环境因素影响大,如碰撞、腐蚀、积尘等,元件本身润滑不良和机械磨损等也常常是故障的根源。

排除了外部原因,就可以深入到系统内部查找故障。电气原理图与逻辑梯形图是重要的工具,但进口数控设备常不提供有关系统内部的图纸与资料,只能利用框图根据经验分析判断。

内部故障诊断应从电源部分入手,再到公用电路部分,再到专用电路部分。电源部分一般因元器件功率较大,常用测试有无异常发热的方法来判断元件是否故障。公用电路常常是系统的输入输出线路板,把输入信号汇集起来转换成可识别信号提供给系统,也把系统发出的指令传送出去,常由 A/D 和 D/A 转换器、运算放大器、光电耦合器、微型继电器等组成若干相同或相似的通道,通过对这些通道电路静态与动态的比较测量,确定某一通道是否存在故障。

采用比较测量法,对线路板测试端子进行电压与波形的测试,再与正常状态下原始记录比较,确定线路板情况。如果有线路板备件,则比较测试将更方便。

故障排除后,需从技术与管理两方面分析故障产生的深层次原因,采取适当措施避免故障再次发生。对故障现象、原因分析、解决过程、元件更换、遗留问题等做好记录。如有改造,还应在设备资料中配置符合标准的完整、准确的图纸和相关资料。

1.2.7 常用故障诊断检查方法

充分调查故障现场,掌握故障信息,取得第一手材料。

一方面查看故障记录单,向操作者询问出现故障的全过程,详细了解曾发生过的现象、采取过的措施。

另一方面亲自对现场做细致的勘查,从系统外观到内部都应细心察看,确认系统通电无危险情况下通电,观察系统有何异常及 CRT 显示。

1. 直观检查法

直观检查指依靠人的感觉器官,借助一些简单的仪器来寻找机床故障原因。多采用望、听、问、触、嗅等,由外向内逐步缩小检查范围。

① 望:用肉眼检查有无保险丝熔断、元器件烧焦、烟熏、开裂现象,有无断路现象,判断板内有无过流、过压、短路问题。看转速,观察主传动速度快慢变化,主传动齿轮、飞轮是否跳、摆,传动轴是否弯曲、晃动等。

② 听:利用听觉探测因故障而产生的异常声响的声源。如电气部分异常声响有:电源变压器、阻抗变换器与电抗器等,因为铁芯松动、锈蚀等原因引起的铁片振动的吱吱声;继电器、接触器等磁回路间隙过大,短路环断裂,动、静铁芯或镶铁轴线偏差,线圈欠压运行等原因引起的电磁嗡嗡声;触点接触不良的嗡嗡声;元器件因为过流或过压运行失常引起的击穿爆裂声等。

③ 问：了解机床开机是否正常，比较故障前后工件精度，观察传动系统、走刀系统是否正常，切削力是否均匀，吃刀量、走刀量是否合适，机床保养检修等。

④ 触：也称敲捏法。虚焊或接触不良都能产生故障，用绝缘物轻轻敲打可疑部位（认为虚焊或接触不良的插件板、组件、元器件），虚焊或接触不良故障会重现，部分故障会在敲击后消失，可断定敲击处或敲击作用力波及的范围为故障部位。用手捏压组件、元器件时，如故障消失或故障复现，可断定捏压处或捏压作用力波及的范围为故障部位。

敲捏法常用于检查因虚焊、虚接、碰线、多余物短路、多余物卡触点等导致的时好时坏的故障。在敲捏组件、元器件时，由一个人专门敲捏，其他人负责观察故障是否消失或复现，敲捏力度要适当，应由弱到强，防止引入新的故障。

⑤ 嗅：故障后产生特殊异味时采用的方法。发生故障时，因剧烈摩擦，电器元件绝缘处破损短路，使附着的油脂或其他可燃物质发生氧化、蒸发或燃烧而产生烟气、焦煳味，此时利用此法可迅速判断出故障类型和故障部位。

【例 1.1】 数控机床加工过程中突然出现停机。

打开数控柜检查，发现 X 轴电机主电路保险烧坏，初步诊断是与 X 轴有关的部件发生故障，最后发现 X 轴电机动力线有几处磨破，搭在床身上，造成短路。更换动力线后故障消除。

【例 1.2】 某厂一台 TH715 型加工中心在加工中突然停机，打开电器柜发现 Y 轴电机主电路保险管烧坏，检查与 Y 轴有关的元器件，发现 Y 轴电机动力线外表面被划伤，损伤处碰到机床外壳造成短路而烧断熔丝。

【例 1.3】 配置 FANUC 系统的 TH714 加工中心，控制面板显示消失，经检查，面板 MS401 电源熔丝烧断，其内部无短路现象，更换熔丝后，故障消失。

【例 1.4】 某厂有一台 WY203 型自动换向数控组合机床，Z 轴一启动就出现跟随误差过大而报警停机，经检查发现为位置控制环反馈元件光栅电缆由于运动中受力而拉伤断裂，造成反馈信号丢失所致。

【例 1.5】 一台采用 SIEMENS 3M 系统的数控机床，在排除数控机床找不到参考点故障时，发现 Y 轴编码器有问题，更换编码器时，系统出现报警 114：Control loop hardware（控制环硬件），指示 Y 轴伺服控制环出现问题。经检查发现编码器电缆插头没有连接好。

同样，一台 TC1000 型加工中心，一启动就发生 114 号报警，经检查发现 Y 轴光栅适配器插头松脱。有了这样的经验后，数控机床以后出现 114 号报警时，从检查伺服反馈回路入手，很快就能确诊故障。

利用直观检查，可有针对性地检查疑似故障的元器件，判断明显的故障，如热继电器脱扣、熔断丝状况、线路板状况（损坏、断裂、过热等）、连接线路、更改的线路是否与原线路相符等。外观检查的同时，注意获取故障发生时的振动、声音、焦煳味、异常发热、冷却风扇运行是否正常等信息。

观察设备内部器件或外部连接状态变化，如电气方面可观察线路元器件连接是否松动，是否有断线或铜箔断裂，继电器、接触器与开关触点是否烧蚀或压力失常，发热元器件表面是否过热变色，电解电容表面是否膨胀变形，保护器件是否脱扣，耐压元器件是否有明显电击点以及碳刷接触表面与接触压力是否正常。另外，对开机发生的火花、亮点等异常现象应重点检查。在机械故障方面，主要观察传动链中的组件是否间隙过大，固定锁紧装置是否松动，工作台导轨面、滚珠丝杠、齿轮及传动轴等表面润滑状况是否正常，是否有其他明显碰撞、磨损与变形现象等。

【例 1.6】 某厂一台 TH715 加工中心在三包期内，正常工作时，CRT 突然无显示，打开操作系统控制台后盖板，发现视频单元高压包变色烧毁，换装备件后，故障排除。

2. 自诊断功能法

维修人员根据 CRT 上显示的报警信息、各模块上的发光二极管等指示，获取到可靠的信息，从而迅速找到故障源。也能显示出系统与主机间接口信号的状态，判断出故障发生在机械部分还是系统部分，指示出故障的大致部位。

【例 1.7】 某厂一数控车床，配置 FANUC 10TE－F 系统，故障显示如下：

FS10TE　　1399B

ROM　　TEST：END

RAM　　TEST：

故障分析：CRT 显示表明 ROM 测试通过，RAM 测试未能通过。RAM 测试未能通过，不一定就是 RAM 故障，也可能是由于 RAM 中参数丢失或电池接触不良引起参数丢失引起的，经检查，故障原因是更换电池后电池接触不良，故开机时出现上述故障现象。

3. 拔出插入法

拔出插入法是通过相关的接头、插卡或插拔件拔出再插入的过程，确定连接件是否为故障部位。有些只是接插件接触不良而引起的故障，经过重新插入后，问题就能解决。

在插件板或组件拔出再插入的过程中，改变状态的部位可能不只是接口。因此，不能因为拔出插入后故障消失，就肯定是接口的接触不良，还存在内部的焊点虚焊恢复接触状态、内部的短路点恢复正常等的可能性（虽然这些可能性很小）。

4. 参数检查法

参数是经过理论计算并通过一系列试验、调整而获得的数据，是保证机床正常运行的前提条件。参数通常存放在系统的 RAM 中或存放在需由电池保持的 CMOS RAM 中，电池电量不足、外界干扰或系统长期不供电，可能导致个别参数丢失或变化。

通过核对、调整参数，有时可以迅速排除故障。在机床长期不用情况下，参数丢失现象经常发生。随着机械传动部件的磨损，电气元件性能变化，也需对有关参数进行调整。有些故障往往是由于未及时修改某些不适宜的参数所致。

【例 1.8】 配置某系统的 XK715 型数控立铣床，开机后不久出现 403 伺服未准备好，

420、421、422(X、Y、Z 各轴超速)报警。

故障分析:该现象常与参数有关,检查参数,发现数据混乱。将参数重新输入,上述报警消失。再对存储器进行重新分配后,机床恢复正常。

在排除某些故障时,对一些参数还需进行调整。因为有些参数(如各轴的漂移补偿值、螺距误差补偿值、KV系统、反向间隙补偿值、定位允差等)虽安装调整过,但由于加工的局限、加工要求或控制要求的改变,个别参数会有不适应的情况。

同样,由于长时间运行,机械传动部件会磨损,电气元件性能变化或调换零部件需要对参数进行调整。

在进行参数调整、修改前,有的系统要求输入保密参数值。

5. 功能测试法

功能测试法是通过功能测试程序检查机床的实际动作来判别故障的一种方法。机床经过长期闲置,当重新开机加工零件时,加工误差较大,不能确定是程序错误,还是操作引起。此时可对系统的功能(直线,圆弧插补,螺纹切削,G、M、S、T、F功能)进行测试,即编制功能测试程序,通过运行测试程序来检查机床执行这些功能的准确性和可靠性,判断出故障的原因。适用于以下场合:

• 机床加工造成废品而不能确定是编程错误还是操作不当,这是数控系统故障。

• 系统出现随机故障,一时难以区别是否是外来干扰,这是系统稳定性不好。如不能可靠执行各加工指令,可连续循环执行功能测试程序来诊断系统的稳定性。

• 闲置较长时间的机床再次投入使用,或对机床进行定期检修时。

【例1.9】 一台采用FANUC 6M系统的数控铣床,在对工件进行曲线加工时,出现爬行现象。

故障分析:执行功能测试程序,机床能顺利运行完成各项预定动作,说明机床数控系统工作正常,于是对所用曲线加工程序进行检查,发现在编程时采用了G61指令,即每加工一段就要进行1次到位停止检查,从而使机床出现爬行现象,将G61指令改用G64(连续切削方式)指令代替之后,爬行现象消除。

【例1.10】 配备FANUC 7CM数控系统的加工中心,出现零件尺寸相差甚大故障,且系统无报警。

故障分析:使用功能测试法,将功能测试程序输入数控系统空运行。当运行到含有G01、G02、G03、G18、G19、G41等指令的四角带圆弧长方形典型程序时,发现机床运行轨迹与所要求的图形尺寸不符,从而确认机床刀补功能不良。该系统的刀补软件存放在EPROM芯片中,调换该集成电路后机床加工恢复正常。

6. 部件替换法

部件替换法就是在分析故障大致起因,确认了故障范围的情况下,利用同样的电路板、模板、集成电路芯片或元器件替换有疑点的部分,把故障范围缩小到线路或芯片一级。这同时也是在验证分析的正确性。

在替换备板之前,应仔细检查备板是否完好,并应检查备板状态使与原板状态完全一致。在替换CNC的存储器板时,还需要对系统做存储器的初始化操作,重新设置各种数据。

【例1.11】 某数控车床,X 轴不动,其他功能正常。X、Z 轴连接如图1.6所示。

故障分析:X 轴不能动,故障可能发生在数控系统、驱动器或电机,可采用部件替换法进行诊断。将 X、Z 两轴步进电机驱动电缆交换,发现 X 轴电机正常,而 Z 轴电机不动,说明原 X 轴电机正常，数控系统与驱动器之间信号也正常，由此判断原 X 轴驱动器损坏。后经更换相同型号驱动器，故障排除。

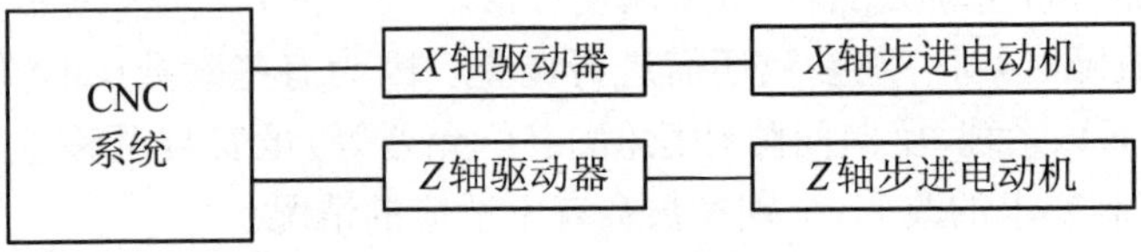

图 1.6　X、Z 轴连接示意图

对怀疑有问题的零件，用相同的替换件换上后，故障范围大都能分辨出来。但是，如果使用不当，也会带来人为故障。正确认识和掌握部件替换法的使用范围和操作方法，可提高工作效率和避免人为故障。

采用部件替换法，应注意使用范围。对比较简单的电气元件，如接触器、继电器、开关、保护电气及其他单一电气元件，在对其有怀疑而又不能确定故障部位的情况下，使用部件替换法效果较好。对于由电子元件组成的各种电路板、控制器、功率放大器及所接的负载，替换时应谨慎。如果无备件替换，需从其他设备上拆卸时则应慎重从事，以防故障没找到，替换的新部件又损坏。

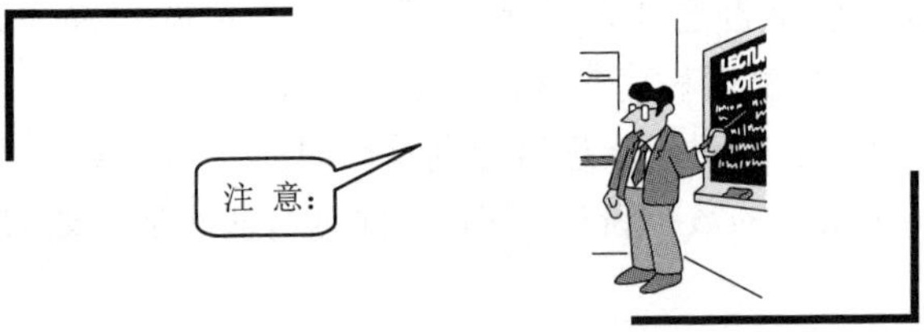

- 在替换备件前，检查、确认部件的外部工作条件。在线路中存在短路、过电压等情况时，不可轻易更换。如 PLC 的 I/O 板上有地址开关，要相应改变设置值。
- 有的电路板上有跳线及桥接调整电阻、电容，应调整到与原板相同时方可替换。
- 模块的输入、输出必须相同，型号相同。若不同，则要考虑接口、功能的影响，避免故障扩大。如果是替换电路板，新板替换前要检查其使用电压。
- 无相同替换元件时，应采用技术参数相近的，且主要参数最好能覆盖被替换的元件。
- 在拆卸时应做好记录，保证接线正确，防止误接。
- 备件应完好。
- 在有反馈环节的线路中，更换时要注意信号的极性。

7. 隔离法

对于某些故障（如轴抖动、爬行等），一时难以区分故障部位时，常采用隔离法来处理。隔离法将机电分离，将系统与伺服系统分开，将闭环分开做开环处理，将复杂问题简单化。

【例 1.12】 配置某系统的 XH715G 立式加工中心工作时，Z 轴突然出现异常振动声。

故障分析：立即停机检查，将 Z 轴电机与滚珠丝杠分开，试车时仍然振动，可见振动不是由机械传动机构的原因所造成。为区分是伺服单元故障还是电机故障，采用 Y 轴伺服单元控制 Z 轴电机的方法，还是振动。判断为 Z 轴电机故障，更换后，故障排除。

8. 升降温法

当机床运行时间比较长或环境温度较高时，元器件均会老化，性能会变坏，机床容易出现故障。可人为地(例如可用电热器或红外灯直接照射)将可疑的元器件温度升高或降低(应注意器件的温度参数),加速一些温度特性较差的元器件产生“病症”或使“病症”消除来寻找故障原因。

【例 1.13】 配有某系统的一台 XK715 型数控立式铣床工作数小时后,液晶显示屏(CRT)中部逐渐变白,直至全部变暗,无显示。关机一段时间,再开机工作数小时后,故障重新出现。

故障分析:故障发生时机床其他部分工作正常,估计故障在 CRT 部分,且与温度有关。打开数控系统,故意将内部冷却风扇停转,使温度上升,发现开机后,马上就出现上述故障,可见该显示器散热参数不符合条件。更换此 CRT 后,故障消除。

采用此法时,注意元器件的温度参数,不要将原来好的器件烤坏。

9. 电源拉偏法

电源拉偏法常用于工作较长时间才出现故障,或怀疑电网波动引起故障等场合,具体方法是拉偏(升高或降低电压,但不能反极性)正常电源电压,制造异常状态,暴露故障或薄弱环节,便于查找故障或处于临界状态的组件、元器件位置。

拉偏正常电源电压,可能导致具有破坏性的结果。在使用拉偏法时,要先分析整个系统是否有降额设计或保险系数,控制拉偏范围(为正常工作电压的 85%～120%),要经过充分思考,不要盲目动手。

10. 对比法

对比法就是测量、比较正常电路板和故障电路板间的电压或波形的差异,进而分析、判断故障原因及故障所在位置。还可对正常的电路板人为制造“故障”,进而判断真实故障。还可纠正因电路板上的调整、设置不当而造成的故障。

应了解完好的电路板关键部位、易出故障部位的正常电压值、正确波形,进行比较分析,数据应随时做好记录。

【例 1.14】 某数控立式铣床,Y 轴移动时出现振动,快速时尤为明显,甚至伴有大的冲击,而其他轴均运行正常。

故障分析:将故障轴 Y 与正常轴 X 进行对比,用示波器观察低速时 X 轴和 Y 轴测速发电机的输出,电压波形如图 1.7 所示。从图中可以看出,Y 轴测速发电机输出的电压纹波明显大于 X 轴。拆开 Y 轴测速发电机检查,发现其电枢被碳刷粉末污染。清除碳粉后再测其波形,纹波大为减小。移动 Y 轴,原抖动故障消除。

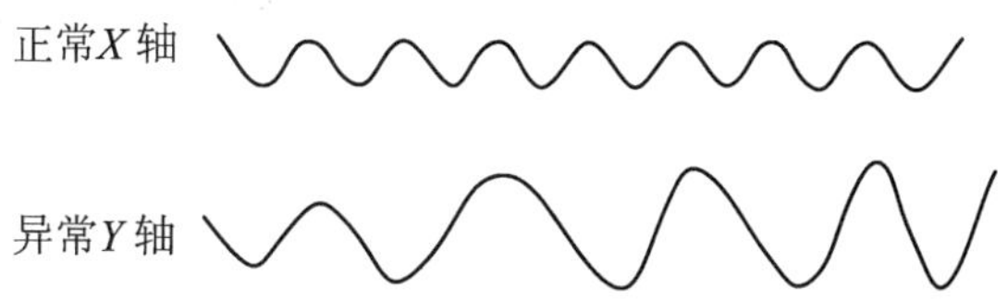

图 1.7　X、Y 轴测速波形

11. 原理分析法

通过追踪与故障相关联的信号,根据系统原理图,从前往后或从后往前地检查有关信号的有无、性质、大小及不同运行方式的状态,并与正常情况比较,看有无差异或是否符合逻辑关系,从中找到故障单元。

对于串联线路,可依次、逐一地定位故障单元位置;对于两个相同线路,可对它们进行部分交换试验，例如把一个电机从其电源上拆下，接到另一个电源上去试验电机，也可在这个电源上另接一个电机试验电源，从而判断出电机有问题还是电源有问题。交换单元，要保证该单元所处大环节(即位置控制环)的完整性，否则可能导致闭环受到破坏，保护环节失效，积分调节器输入不平衡。

当其他检查方法难以奏效时，可从电路的基本原理出发，一步一步地进行检查。必须对整个系统或每个电路的原理有清楚的、较深的了解。

【例 1.15】 一台配有华中世纪星 CK6140 的数控车床，出现 Y 轴进给失控，无论是点动还是程序进给，导轨一旦移动起来就不能停下，直到按下紧急停止按钮为止。

故障分析：根据系统位置控制的基本原理，确定故障出在 Y 轴的位置环上，很可能是位置反馈信号丢失，一旦数控装置给出进给量的指令位置，反馈的实际位置始终为零，位置误差始终不能消除，导致机床进给的失控，拆下位置测量装置脉冲编码器进行检查，发现编码器里灯丝已断，导致无反馈输入信号，更换 Y 轴编码器后，故障排除。

硬接线(继电器—接触器)系统具有可见接线、接线端子、测试点等，当出现故障时，可用试电笔、万用表、示波器等简单测试工具测量电压、电流信号的大小、性质、变化状态，电路的短路、断路及电阻值变化等，判断出故障原因。

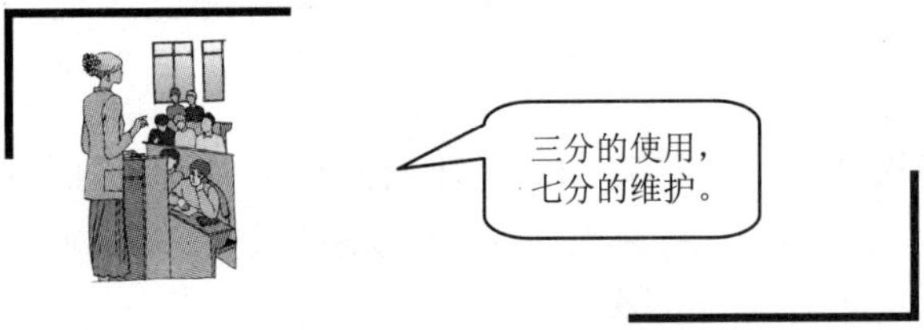

1.2.8　数控机床预防性维护

1. 预防性维护的重要性

机床在运行一定时间后，元器件或机械部件难免会出现损坏或故障，如何延长元器件的寿命和零部件的磨损周期，预防各种事故，提高系统平均无故障工作时间和使用寿命？做好预防性维护非常重要。

级别较低的报警，虽然不影响一时运行，但如果怕停机影响生产，而不及时维护和排除，让其长时间“带病”工作，往往会酿成重大损失。

例如有些地区电网质量差，电压波动大，常常造成数控系统跳闸，有些使用者对此现象并不重视，使系统继续在恶劣的供电环境中运行，造成主要模块烧坏。

2. 严格遵循操作规程

系统编程、操作和维修人员必须熟悉机床的机械系统、数控系统、强电设备、液压、气源等，以及使用环境、加工条件，应按机床和系统说明书的要求合理地使用，避免因操作不当引起故障。

首次采用数控机床或由不熟练工人来操作，在使用的第 1 年内，有 1/3 以上的系统故障是由于操作不当引起。应按操作规程进行日常维护，有些地方需要天天清理，有些部件需要定时加油和定期更换。

3. 提高机床利用率

机床出现故障时用户难以排除，用户从“保护”设备出发，经常闲置机床，只有万不得已时才使用，设备利用率极低，这种“保护”方法不可取，因为数控系统电子元器件多，其性能和寿命具有很高的离散性，长期闲置，会使数控系统故障率增加。

4. 预防性维护内容

对机床的维护要有科学的方法，有计划、有目的地制定相应的规章制度。对维护过程中发现的故障隐患应及时加以清除，避免停机待修。系统维护保养通常是点检和日常维护。数控机床日常维护的检查顺序如表 1.1 所示。

表 1.1　数控机床的日常维护

序号	检查周期	检查部位	检查要求
1	每天	导轨润滑油箱	检查油量，及时添加润滑油，检查润滑泵是否定时启动打油及停止
2	每天	主轴润滑恒温油箱	工作是否正常，油量是否充足，温度范围是否合适
3	每天	机床液压系统	油箱油泵有无异常噪声，工作油面高度是否合适，压力表指示是否正常，管路及各接头有无泄漏
4	每天	压缩空气气源压力	气动控制系统压力是否在正常范围之内
5	每天	液压平衡系统	平衡力指示是否正常，快速移动时平衡阀工作是否正常
6	每天	分水滤汽器，空气干燥器	及时清理分水器中滤出的水分
7	每天	气液转换器和增压器油面	油量不够时要及时补足
8	每天	X、Y、Z 轴导轨面	清除切屑和脏物，检查导轨面，润滑油是否充足
9	每天	CNC 输入、输出单元	如光电阅读机的清洁，检查机械润滑是否良好等
10	每天	各防护装置	导轨、机床防护罩等是否齐全有效
11	每天	电气柜各散热通风装置	冷却风扇工作是否正常，过滤网有无堵塞；清洗过滤器
12	每天	各电气柜过滤网	清洗吸附的灰尘
13	不定期	冷却油箱、水箱	检查液面高度，及时添加油或水，太脏时要更换；清洗油箱（水箱）和过滤器
14	不定期	废油池	及时取走积存在废油池中的废油，以免溢出
15	不定期	排屑器	经常清理切屑，检查有无卡住等现象
16	半年	主轴驱动带	按机床说明书要求调整驱动带的松紧程度
17	半年	各轴导轨上的镶条、压紧滚轮	按机床说明书要求调整松紧
18	1 年	电机碳刷	检查换向器表面，去除毛刺，吹净碳粉；及时更换磨损过短的碳刷
19	1 年	液压油路	清洗溢流阀、减压阀、滤油器；过滤液压油或更换

续表 1.1

序号	检查周期	检查部位	检查要求
20	1年	主轴润滑恒温油箱	清洗过滤器、油箱,更换润滑油
21	1年	润滑油泵,过滤器	清洗润滑油池,更换过滤器
22	1年	滚珠丝杠	清洗丝杠上旧的润滑脂,涂上新油脂

1.3 实　　训

1.3.1 维修器具与元器件使用项目

1. 项目构思(Conceive)

(1) 了解各种常用维修器具的使用方法与工作原理。

(2) 了解各种元器件的维修方法。

(3) 加深对维修器具与各种元器件的感性认识。

2. 项目设计(Design)

(1) 常用测量仪器、仪表。

(2) 常用维修器具。

(3) 常用故障分析仪。

3. 项目实施(Implement)

(1) 练习使用长度测量工具(如千分表、百分表等)、示波器、万用表、相序表、数字转速表、PLC 编程器、IC 测试仪和 IC 在线测试仪、逻辑分析仪、脉冲信号笔。

(2) 练习使用钳类工具、旋具类工具、扁平集成电路拔放台、吸锡器、电烙铁、扳手类工具。

(3) 练习使用常用故障分析仪。

(4) 认识各种元器件。

4. 项目运作(Operate)

(1) 列举常用测量仪器、仪表的使用方法与注意事项。

(2) 列举常用维修器具的使用方法与注意事项。

(3) 列举元器件的保存方法。

1.3.2　数控机床的日常维护和保养项目

1. 项目构思(Conceive)

练习标准日常维护和保养技能,养成文明使用数控机床的好习惯。

2. 项目设计(Design)

常用维修工具,XH715D数控加工中心。

3. 项目实施(Implement)

(1) 防止数控装置过热检查

清理数控装置的散热通风系统,检查各冷却风扇工作是否正常。具体方法如下:

① 拧下螺钉,拆下空气过滤器。

② 轻轻振动过滤器,用压缩空气由里向外吹掉空气过滤器内的灰尘。

③ 过滤器太脏时,可用中性清洁剂(清洁剂和水的配比为1∶6)冲洗(但不可揉擦),置于阴凉处晾干。

(2) 数控系统电网电压的监视

数控系统允许的电压为不超过额定值的－15%～＋10%,超出此范围,系统工作不稳定,会造成电子元部件损坏,故应注意电网电压波动。对于电网质量比较恶劣的地区,应配置数控系统专用交流稳压电源装置,降低故障发生率。

(3) 防止尘埃进入数控装置

除检修时,尽量少开电气柜门,因为这样易使空气中飘浮的灰尘和金属粉末落在电路板和电器接插件上,造成元器件间的绝缘电阻下降,甚至造成元器件损坏。有些数控机床的主轴控制系统安置在强电柜中,强电柜门关得不严是使电器元件损坏、系统控制失灵的一个原因。夏天气温过高时,干脆打开数控柜门,采用电风扇往数控柜内吹风,以降低机内温度,机床勉强工作,最终会导致系统加速损坏。

一些已受外部尘埃、油雾污染的电路板和接插件可采用电子清洁剂喷洗。在清洁接插件时,对插孔喷射足够的液雾后,将原插头或插脚插入,再拔出,即可将脏物带出,可反复进行。接插部位插好后,多余的喷液自然滴出,将其擦干即可。经过一段时间后,自然干燥的喷液会在非接触表面形成绝缘层,使其绝缘良好。在清洗受污染的电路板时,将电路板竖放,使尘污随多余的液体一起流出,待晾干后即可使用。电火花加工设备和火焰切割设备,周围金属粉尘大,防止外部尘埃进入数控柜内。

(4) 电池和电刷的检查

数控系统存储的内容在断电期间靠电池供电保持,为避免系统在断电时或不通电期间存储器内数据、参数与加工程序丢失,RAM存储器设有电池维持电路。当电源断电时,由电池来维持存储器内的信息。定期检查电池电压,当该电压下降至限定值或出现电池电压报警时,及时更换电池。即使电池尚未消耗完,也应每年更换一次。电路板长期不用时易出故障,将备用电路板定期装到CNC系统上通电运行。

检查方法:用直流电表测量电池是否达到要求的电压值,如达到,一般可保证数据在3个月内不会丢失。每月累计开机时间在10小时以上,可保证数据不丢失。更换电池时,应在CNC装置通电状态下进行，这样所存储信息才不至丢失。

直流电机与测速发电机电刷的过度磨损，将影响电机的运行性能，甚至导致电机损坏，应半年或一年检查、清扫一次。

(5) 机床长期不用时的维护

数控机床不宜长期封存，要尽快投入生产使用。机床闲置时间过长会使电子元器件受潮，加快其技术性能下降或损坏。当机床长期闲置不用时，应定期对系统进行维护保养，保证每周对CNC通电1～2次，每次不少于3小时，在机床锁住不动的情况下，让其空运行，利用电器元件本身发热驱走潮气。

如数控机床闲置半年时间以上，应将电刷从电机中取出，以免化学腐蚀作用导致换向性能变坏。

不仅电池要定期充电，通电也有利于系统中电子元器件的“健康”。长期闲置机床的电子元器件易氧化或腐蚀，在湿度大的地区，重新开机时，多数会发生故障。

(6) 检查因维护不当而引发故障的元器件

- 易污染：传感器、接触器的铁芯截面、过滤器、风道、低压控制电器。
- 易击穿：电容器、大功率管。
- 有寿命要求：存储器电池及其电路、光电池、继电器以及高频接触器等。
- 易氧化与腐蚀：继电器与接触器触头、接插件接头、保险丝卡座、接地点等。
- 易磨损：测速发电机的碳刷、离合器的摩擦片、轴承、高频动作的接触器。
- 易疲劳失效：含有弹簧元器件的弹性失效，常拖动弯曲的电缆断线。
- 易松动：机械手的传感器、定位机构、位置开关、编码器、测速发电机。
- 易卡死：因润滑不良造成不能接触，如热继电器、位置开关、电磁开关、电磁阀。
- 易温升：回路中的大功率元件，如稳压电源、变压器、继电器、接触器、电机等。
- 易泄漏：冷却液、润滑油、液压回路等。

4. 项目运作(Operate)

(1) 简述更换电池的目的和操作要点。

(2) 如何减少干扰，减少故障的发生率？

(3) 简述日常维护和保养的重要性和必要性。

(4) 如何减少和防止故障的发生，提高机床的使用寿命？

(5) 如何诊断和维修因年久失修或维护不当而引发故障的元器件？

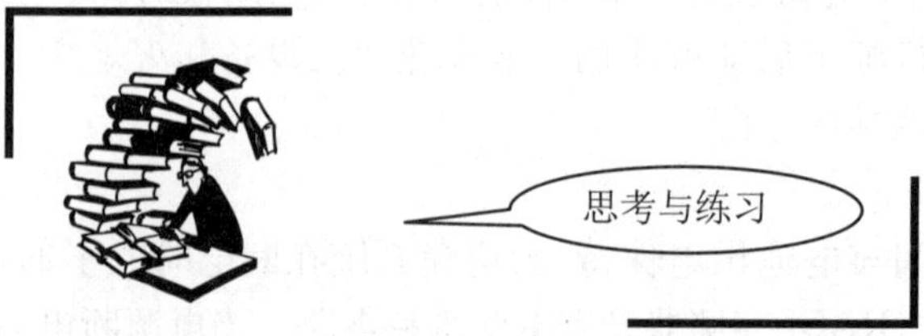

1. 数控机床故障常见类型有哪些？
2. 数控系统由哪几部分组成？简述每部分的功能。
3. 数控系统故障如何分类？
4. 请简述故障排除的过程。
5. 请列举故障排除的原则。

6. 什么是CNC故障自诊断？
7. 试说明数控机床故障的常规处理方法。
8. 结合实际，为某数控机床制定一份维护安排表。
9. 数控机床故障诊断与维修的意义是什么？
10. 数控机床故障诊断常用的工具有哪些？各有什么用途？
11. 数控机床维护的内容有哪些？
12. 维修前现场调查些什么？为什么？
13. 常用的故障检测方法有哪些？

第 2 章　数控机床的安装、调试与验收

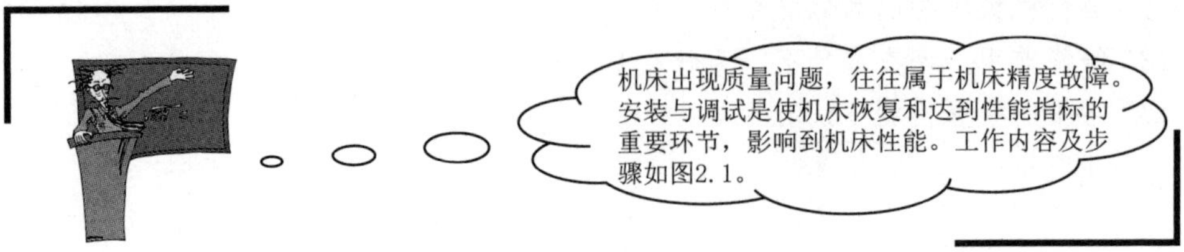

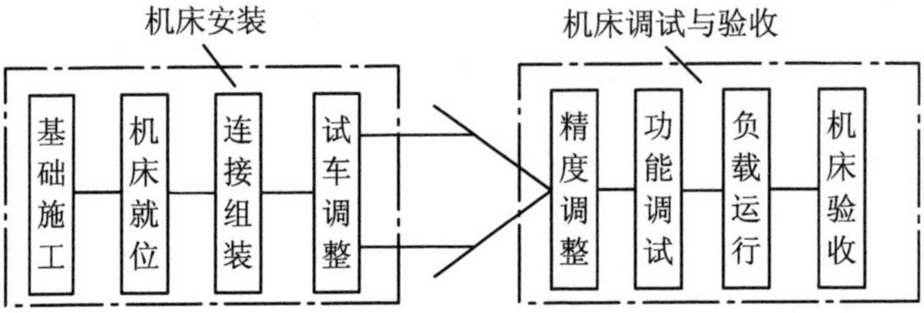

图 2.1　数控机床安装与调试过程框图

2.1　数控机床安装

2.1.1　工作环境

数控机床要求在恒温条件下，保证机床的可靠运行，保持机床的精度与加工精度。良好的工作环境是提高机床可靠性的必要条件。由于电子元器件工作温度的限制，环境温度过高将导致故障率增加。

机床对工作车间的洁净度要求较高，必须保持车间空气的流通与洁净。油雾和金属粉末会使电子元器件间的绝缘下降，甚至短路。

为保证安全和减少电磁干扰，机床应良好接地。CNC 装置、伺服驱动系统虽进行了电磁兼容设计，但其抗干扰能力有限，强电磁干扰会导致系统失控。机床要远离焊机、大型吊车和有强电磁干扰的设备，应远离振源，避免阳光照射。

2.1.2　开箱、基础处理和就位

1. 拆箱

用户自行开箱，不是单纯的“拆开”包装，而是“开箱验收”。拆箱时，不要倾倒或损伤工作面与零部件。先检查外观：包装箱与充填物是否完好、有无受潮；外观有无明显损坏，是否有锈蚀、脱漆或脱落现象。

先找到随机文件与装箱清单，包括使用说明书与技术文件，检查技术文件是否齐全。技术文件包括机床工作原理图、结构图、组成图、电气原理图、电气接线图（手册）、维修手册、气液压管路图等，还包括机械结构与零件图。

随机软件包括系统运行软件、用户通信界面及诊断软件等。按照装箱清单清点技术资料、零部件、备用件和工具，核对实物与装箱清单及订货合同是否一致。

2. 机床的起吊

检查机床整体，包括有无锲铁或紧固件移动与部件受损情况，检查其安全措施。采用制造厂提供的专用起吊工具，按照说明书指导的方法进行起吊与就位。如无特殊起吊工具，必须使用指定直径的钢丝绳，按规定部位进行起吊和就位。

确认钢丝绳的安全选择、起吊位置与起吊方式。

例如，升降式数控铣床的重量一般在5 t以内，应使用直径为 14 mm 的钢丝绳，挂于底座前后起吊用的凹槽处，进行水平式起吊。

机床起吊过程中的注意事项：

- 应尽量降低机床重心，将机床升降台降至最低位置。
- 把横向移动的床鞍退到紧靠床身处。
- 纵向移动的工作台调至中央位置。
- 将底座上接油盘拆下，固定好旋转式按钮站，避免跌落或砸伤。
- 按吊装图示铺垫木块或厚布，防止钢丝绳碰伤机床面与油漆表面。
- 在铣头与工作台间、升降台与底座间用立木支撑，防止颤动与下滑。
- 仔细检查悬吊是否稳定，然后缓移就位。

3. 基础及位置

基础对于机床精度的保持和安全稳定的运行具有重要意义，根据提供的地基图设计进行施工，按照要求的工艺流程做好地基，应该安装在坚实平整的基础上。考虑机床重量与重心位置、电缆连接及其管道，预留地脚螺栓、预埋件的位置。

设备间距要满足安装施工与调整、产品加工活动的空间需求，以及安全操作与维护的需要。基础的厚度可根据《地基设计规范》来计算，不稳固或易变形的基础会导致承载变形误差。由于微电子电路、控制电器具有触点工作特点，要求有特殊的工作环境。

4. 机床的安装就位

将机床放置在基础上，使大部件分别就位，拆除运输用的紧固零件，防止下滑、倾倒、震颤，将垫铁、调整垫铁及地脚螺栓等紧固件相应地对号入座。避免为了适应水平调整，而使机床产生强迫变形的安装，这将导致导轨及与导轨相配的各机构零件的配合和连接的变形。

除拆除一些用于运输的紧固件（如紧固螺钉、连接板、压板等）之外，不允许随意拆下或更换机床附件，不允许随意移动可移动部件，以免导致机床内应力重新分配，影响装配精度。

按图纸将机床各部件组装成整机(如将电气柜、刀库机械手等就位)。

2.1.3 数控机床部件组装

将各分散的机床部件重新组装成整机。

如主床身与加长床身的连接,将立柱、数控柜和电气柜安装在床身上,将刀库机械手安装在立柱上。组装前应清洗所有连接面、导轨、定位和运动面上的防锈涂料,清洗各部件外表面。使用随机所带的定位销、定位块、定位元件,使安装位置恢复到机床拆卸前的状态,以利于进一步的精度调整。

部件组装完成后,进行电缆、油管和气管的连接。机床说明书中有电气连接图、液压及气动管路连接图,根据这些图做出标记,对号接好或连好。连接时要特别注意清洁工作和可靠的接触与密封,随时检查连接部位有无松动或损坏。电缆等插上后,应拧紧螺钉,防止异物从接口进入管路,造成液压系统故障。每个接头都要拧紧,注意接触密封的可靠,否则试车时,如果在分油器上有一根管子渗漏,往往需要拆下一批管件。电缆和油管连接完毕后,做好管线的就位固定,以及防护罩壳的安装。完成机床部件的组装后,按照说明书和电缆、管道接头的标记连接电缆、油管、气管和水管,将其可靠地插接和密封,不能出现漏油、漏气和漏水。

2.1.4 数控系统连接与调整

1. 系统开箱检查

开箱后应检查数控装置与 MDI/CRT 单元、位置显示单元、电源单元、各电路板和伺服单元等,查看有无损伤和污染,电缆和屏蔽层有无破损或伤痕,脉冲编码器的码盘是否有外伤痕迹,发现问题及时补救或更换。

检查系统本体和与之配套的进给速度控制单元和伺服电机、主轴控制单元和主轴电机,检查包装是否完整无损,实物与订单是否相符。最后应检查数控柜内各接插件有无松动,接触是否良好。

2. 外部电缆连接

外部电缆连接包括数控装置与 MDI/CRT 单元、强电柜、操作面板、进给伺服电机和主轴电机动力线与反馈信号线、电机动力线与反馈信号线及手摇脉冲发生器等的连接。连接中的插件是否到位,紧固螺钉是否可靠,应引起重视。使这些连接符合随机提供的《连接手册》的规定。

地线连接应采用一点接地型,即辐射式接地法。这种接地要求将数控柜中的信号接地、强电良好接地、机床接地等连接到公共的接地点上,而且数控柜与强电柜之间应有足够粗的保护接地电缆。

3. 电源线连接

指数控柜电源变压器输入电缆的连接。厂家为了适应不同的供电方式，一般都将系统的电源变压器设计成有多个插头。

根据供电情况正确连接电源线，切断数控柜电源开关，连接数控柜电源变压器的输入电缆。检查电源变压器与伺服变压器绕组抽头连接，进口数控设备与机床更要注意，国外电源电压等级与我国不同，在厂家调整时，没有恢复成所需电压。

4. 设置确认

系统内的电路板上有许多短路棒，已由厂家设置完成，用户只需确认与记录。对于单个购入的数控装置，根据需要自行设置。数控装置出厂时，按标准方式设置，不一定完全适合用户的具体要求。设置确认一般包括以下 3 方面内容：

① 确认控制部分电路板的设置。主要确认主板、ROM 板、连接单元、附加控制板以及旋转变压器或感应同步器控制板上的设置。这些设置与机床返回基准点的方式、速度检测方式以及分度精度调节等有关。

② 确认速度控制单元电路板的设置。速度控制单元上的设置点可用于选择检测元件的种类、回路增益及各种报警。

③ 确认主轴控制单元电路板的设置。主轴控制单元设有用来选择电机电流极限和主轴转数的设置点。数字式交流主轴控制单元已用数字设置代替短路棒的设置，故只能在通电时才能进行设置与确认。

5. 电源电压及相序确认

- 检查确认变压器的容量是否满足控制单元和伺服系统的电能消耗。
- 检查电源电压波动范围是否在数控系统允许的范围内，否则要外加交流稳压器。
- 检查采用晶闸管控制元件的速度控制单元和主轴控制单元的供电电源，在相序不正确的情况下接通电源，可能会使速度控制单元的熔丝烧断。
- 相序检查方法：一是用相序表测量，当相序接法正确时，相序表按顺时针方向旋转；另一方法可用示波器测量二相之间的波形，确定相序。

6. 接通电源

系统内部直流稳压电源提供+5 V、±15 V、+24 V 直流电压，应检查这些电源的负载，用万能表来确认是否对地有短路现象。

为确保安全，接通电源前应将电机动力线断开，这样在系统工作时就不会引起机床运动。根据说明书要求，对速度控制单元做必要的设置，不致因断开动力线而造成报警。

接通电源后，检查风扇情况，确认电源是否接通。检查各电路板上的电压、直流电压是否在允许的范围内，对供给逻辑电路+5 V 电源的电压要求波动范围在±5%以内。

7. 参数设置

应合理设置系统参数，包括 PC 参数。即使是同种数控系统，其参数设置也因机而异。通过按 PARAM 键，来显示已存入系统存储器的参数。显示的参数应与机床安装调试完成后的参数表一致。

对于数字式进给和主轴控制系统，是用数字设置参数，而不用短路棒，需根据随机说明书予以确认。

8. 确认系统与机床的接口

PLC 可反映从 NC 到 PLC,从 PLC 到 MT(机床)及 MT 到 PLC,从 PC 到 NC 的各种信号状态。至于信号的含义及相互逻辑关系,随 PLC 梯形图而异。根据厂家提供的梯形图,通过自诊断画面确认系统与机床间的接口信号状态。

2.2　数控机床调试

2.2.1　通电试车

机床试车包括通电试运转和粗调机床的精度。考虑到机床基础及安装的可靠性,通电试车前应检查以下内容:

1. 外观检查

检查机床与电柜外部是否有明显碰撞痕迹;显示器是否固定,有无碰撞;机床操作面板是否碰伤;电柜内部各插头是否松脱;紧固螺钉是否松脱;有无悬空未接的线。

2. 粗调几何精度

对数控机床的主要几何精度进行初步调试。

3. 安装数控及机械部分

确认电柜、吊挂放置位置及现场布线方式后,确定数控机床外部线(电柜至机床各部分电器的连线,电柜至伺服电机的电源线、编码器线等)的长度,开始布线、焊线、接线等安装前期工作。

4. 通电调试

① 检查 380 V 主电源进线电压是否符合要求的 380×(1－15%)～380×(1＋10%),即 323～418 V,如符合要求,则接入电柜。

② 通电检查系统情况,显示器是否显示正常,将各轴的伺服电机不联动运行,检查其运行情况,有无跳动、飞车等。

③ 检查床身各电器开关的动作有效性,有无输入信号,输入点是否和原理图一致。

④ 根据丝杠螺距及机械齿轮传动比,设置相应的轴参数。

⑤ 松开急停,点动各坐标轴,检查机械运动的方向,若不正确,应修改轴参数。以低速点动各坐标轴,使之去压其正、负限位开关,仔细观察是否能压到限位开关,若到位后压不到限位开关,应立即停止点动;若压到,则应观察轴是否立即自动停止移动,屏幕上是否显示正确的报警号,报警号不对时应调换正、负限位的接线。

⑥ 选“手轮”挡方式，正向旋转手摇脉冲发生器，观察轴移动方向是否为正向，若不对应，调换 A、B 两相的接线。

⑦ 工作方式选“回零”挡，令所选坐标轴执行回零操作，仔细观察轴是否能压到参考点开关，若到位后压不到开关，立即按下“急停”按钮；若压到，则应观察回零过程是否正确，参考点是否已找到。

⑧ 找到参考点后再回到手动方式，点动坐标轴去压正、负限位开关，屏幕上显示的正、负数值即为此坐标轴的正、负行程，以此为基准减微小的裕量，作为正、负软极限。

⑨ 回参考点后用手动检查正、负软限位是否正常。

⑩ 检查机床的辅助电机，如冷却、液压、排屑等电机的三相是否平衡，是否有缺相或短路，若正常可逐一控制各辅助电机运行。

⑪ 检查执行器件的线圈，有无断路或短路，控制线是否对地短路，依次控制各电磁阀动作，若不正确，检查相应的接线或修改 PLC 程序，启动液压装置，调整压力至正常，依次控制各阀动作。

⑫ 检查主轴电机三相平衡，是否缺相或短路；若正常主轴旋转，检查其转向是否正确。涉及换刀等组合控制的机床应进行联调，观察整个控制过程。

5. 检查有无异常情况

检查机床运转时有无异常声音，主轴是否跳动，各电机是否过热。

最后，执行返回基准点动作，基准点是机床进行加工的程序基准位置，必须检查有无返回基准点功能，以及每次返回基准点的位置是否一致。

2.2.2　机床精度和功能调试

1. 机床精度调整

包括精调床身水平和几何精度。地基固化后，利用地脚螺栓和调整垫铁精调床身水平，对于高精度机床，水平仪读数不超过 0.02 mm/1000 mm。然后移动床身上各移动部件，观察各坐标全行程内机床水平的变化情况，调整几何精度，使之达到允差范围。大中型机床床身大多是多点垫铁支承，要求在床身自由状态下调整水平，各支承垫铁全部起作用后，再压紧地脚螺栓。

检测工具有精密水平仪、标准方尺、平尺、平行光管等。主要以调整垫铁为主，可稍微改变导轨上的镶条和预紧滚轮。让机床自动运动到刀具交换位置（可用 G28 Y0 Z0 或 G30 Y0 Z0 等）。手动方式调整装刀机械手和卸刀机械手相对主轴的位置。采用心棒进行校对检测，有误差时可调整机械手的行程，移动机械手支座和刀库位置，还可修改换刀位置点设置（改变系统内的参数）。带 APC 装置的机床要把工作台运动到交换位置，调整托盘站与交换台面的相对位置，使得变换时动作平稳、可靠。在 70%～80%的允许负载下，经过多次自动交换，无误后，紧固有关螺钉。

2. 机床功能调试

机床试车调整后，检查和调试机床功能。检查系统及 PLC 的设置参数，试验各主要操作功能、安全措施、运行行程及常用指令执行情况等，如手动操作方式、点动方式、编辑方式、数据输入方式、自动运行方式、行程的极限保护（软件和硬件保护）及主轴挂挡指令和各级转速指令等。

最后检查机床辅助功能及附件，如照明灯、冷却防护罩和各种护板；加满切削液，试验喷管能否喷切削液，在使用冷却防护罩时是否外漏；排屑器工作是否正常；主轴箱、恒温箱是否起作用等。

对于加工中心，还应调整机械手的位置。让机床自动运行到刀具交换位置，以手动操作方式调整装刀机械手和卸刀机械手对主轴的相对位置，紧固调整螺钉和刀库地脚螺钉，装上接近允许质量的刀柄，进行多次从刀库到主轴位置的自动交换，满足动作正确、不撞击和不掉刀。

2.2.3 试运行

机床安装完毕，在一定负载下，进行较长时间的自动运行，以全面检查机床功能及工作可靠性。运行时间一般采用每天运行 8 h，连续运行 2～3 天，或每天运行 24 h，连续运行 1～2 天，称作安装后的试运行。

试运行中采用的程序叫作考机程序，包括检测主要数控系统的功能使用，自动更换，取用刀库中 2/3 的刀具，主轴的最高、最低及常用转速，快速和常用的进给速度，工作台面的自动交换，M 指令的使用。试运行时，机床刀库应插满刀柄，取用刀柄质量应接近规定质量，交换工作台面上应加上负载。

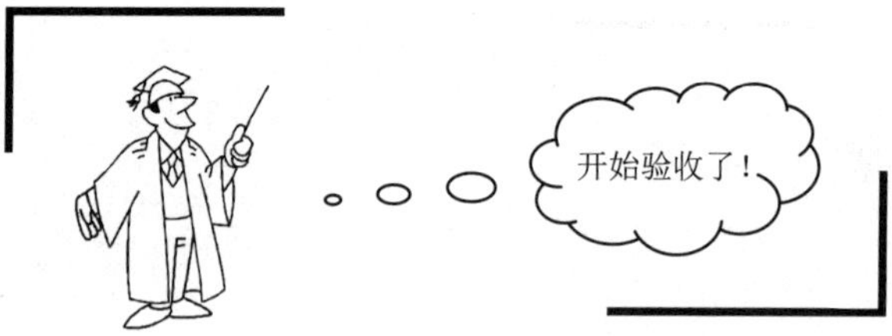

2.3 数控机床验收

2.3.1 检测与验收工具

用平尺、直角尺、精密方箱、平行光管、带锥柄的检验棒、顶尖、角尺、精密水平仪、百分表、千分表、杠杆表、磁力表座等对机床的几何精度进行检测。

用激光干涉仪及块规对位置精度进行检测。

用千分尺及三坐标测量仪等对加工精度进行检验。

用噪声仪测试机床运行噪声，用点温计或红外热像仪测试机床温升，测试机床外观用光电光泽度仪。

检测工具的精度等级必须比所测的几何精度高出一个等级，例如用平尺检验 X 轴方向移动对工作台的平行度，要求公差为 0.025/750 mm，则平尺的直线度及上下基面平行度应在 0.01/750 mm 以内。

2.3.2　噪声、温升及外观检测与验收

外观检测主要检测数控机床油漆表面质量，包括油漆有无损伤、油漆色差、流挂及油漆的光泽度等。启动数控机床，检查其运行的噪声情况，一般不允许超过 83 dB。数控机床不得有渗油、渗水、渗气现象。检查主轴运行温度稳定后的温升情况，一般温度最高不超过 70 ℃，温升不超过 32 ℃。

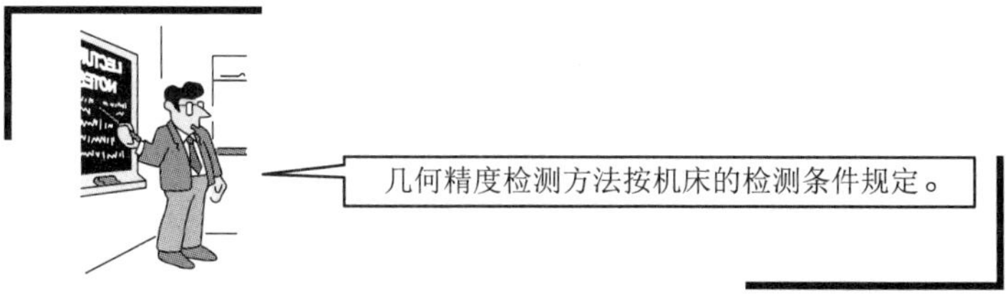

2.3.3　几何精度检测与验收

注意消除检测工具和检测方法的误差，在通电后各移动坐标往复运动，主轴在中等转速下回转几分钟，有预热的状态下检测。

1. 动作与功能试验

- 检查操作面板与机床上各按键、开关的动作灵活性、平稳性与功能可靠性。
- 手动操作检测：进行手动回零操作，观察回零动作的正确性。
- 点动检测：选择点动方式，分步进行各坐标正反向的点动操作，用手按与点动方向相对应的超程保护开关，验证其可靠性。
- 行程保护检测：检测机床软件超程与硬件超程。
- 进给变换检测：变化快移开关和进给倍率开关，观察速度变化与位置显示。
- 进给轴的进给量变换与进给速度变换：观察运动的平稳性。
- 刀架正反向转位检测与夹紧检测：正反向点动刀架，观察转位的正确性与夹紧的可靠性，以及换刀系统的换刀时间与灵活性。
- 卡盘检测：检查卡盘夹紧、松开的灵活性与可靠性。
- 主轴变挡检测：主轴低速度，主轴正转、反转、停止试验与手动主轴变速试验；锁住机床，进行主轴任意换挡与变速试验，观察主轴运转的平稳性，测量主轴实际转速、主轴挂挡的准停。
- 进行编辑检测：试验各种控制指令与补偿功能的可靠性、灵活性。
- 液压、润滑与冷却检测：手动润滑，观察导轨的润滑情况，检测密封性与平稳性。

2. 数控车床几何精度检测

根据数控车床加工特点及范围，要求其加工的零件外圆圆度和圆柱度、加工平面的平面度在要求公差范围内；位置精度要达到一定精度等级，以保证被加工零件的尺寸精度和形状公差，每个部件均有相应精度要求。

3. 数控铣床几何精度检测

数控铣床的 3 个直线运动轴构成直角坐标系的 3 个坐标轴。铣床几何精度围绕着“垂直”和“平行”展开，主要检测内容包括：

- 工作台面的平面度。
- 坐标方向移动的相互垂直度。
- X 坐标方向移动时工作台面的平行度。
- Y 坐标方向移动时工作台面的平行度。
- X 坐标方向移动时工作台面 T 形槽侧面的平行度。
- 主轴轴向窜动。
- 主轴孔的径向圆跳动。
- 主轴箱沿 Z 坐标方向移动时主轴轴线的平行度。
- 主轴回转轴心线对工作台面的垂直度。
- 主轴在 Z 坐标方向移动的直线度。

4. 工作精度验收

机床质量的考核标准是加工零件的质量，对于机床一般精度与标准存在一定范围的偏差时，以机床加工精度为准。以 CK6140、XK714G 为例进行说明，对一个综合试件的加工质量进行评价，具体要求有相关的规定。

对有地基及地脚螺栓的数控机床，精调时，把床身调到较精密的水平面，再精调其他几何精度，机床使用数月到半年以后再精调一次水平。中小型数控机床的床身大件具有很高的刚度，可以在对地基没有特殊要求的情况下保持其几何精度，为了长期工作的稳定，需要调整到较好的机床水平，使所有垫铁都处于垫紧状态。

有些几何精度是互相联系的，如在立式加工中心的检测中，发现 Y 轴和 Z 轴方向移动的相互垂直度误差较大，则可适当地调整立柱底部床身垫铁，使立柱适当前倾或后仰，来减小该误差，这样也会改变主轴回转轴心线对工作台面的垂直度误差。因此，对机床各项几何精度的检测工作应在精调后一次完成，不允许分别进行，否则会造成由于调整后一项精度而把已检测合格的前一项精度调成不合格。

要尽可能地消除检测工具和检测方法的误差，如检测主轴回转精度时，检验心棒自身振摆和弯曲等误差；安装千分表和测微仪时，表架刚度带来的误差；在卧式机床上使用回转测微仪对重力的影响；在测头抬头位置和低头位置的测量数据误差，等等。

2.3.4　数控柜外观检查

1. 外表检查

检查数控柜中 MDI/CRT 单元、位置显示单元、直流稳压单元和各电路板(包括伺服单元)等有无破损、污染,连接电缆捆绑处有无破损,屏蔽线屏蔽层有无剥落等。

对带有脉冲编码器的伺服电机的外壳应做认真检查,尤其是后端盖处。如发现有磕碰现象,应将电机后盖打开,取下脉冲编码器外壳,检查光码盘是否碎裂。

2. 紧固情况检查

螺钉紧固检查:检查输入变压器、伺服用电源变压器、输入单元、电源单元等接线端子处螺钉的拧紧情况,盖罩的接线端子座(该处电压较高)的盖罩情况。

联接器紧固检查:所有联接器、扁平电缆插座等应紧固,保证连接牢固,接触良好。

电路板紧固检查:检查固定电路板的紧固螺钉是否拧紧(大板与小板间的连接螺钉),还应检查电路板上 EPROM 和 RAM 等的插入情况。

2.3.5　机床定位精度检查

根据《金属切削机床试验规范总则》规定,定位精度检查包括可靠性、静刚度、空运转振动、定位精度、回转精度、直线运动不均匀性及加工精度等检查。根据实测精度,判断能达到的加工精度。主要检查内容包括:

- 直线运动定位精度(X、Y、Z、U、V、W 轴)、重复定位精度。
- 直线运动轴机械原点的返回精度、失动量的测定。
- 回转运动定位精度(转台 A、B、C 轴)、回转轴运动失动量的测定。
- 回转运动的重复定位精度,回转原点的返回精度。

1. 定位精度检测

直线运动定位精度(A)的检测在空载条件下进行,检测方法如图 2.2 所示。按国家标准和 ISO 标准规定,以激光测量为准。检测精度与检测技巧有关,理想情况下可控制到(0.004～0.005)/1000,而激光测量的测量精度较标准尺检测方法可提高 1 倍。

ISO 标准规定每一个定位点按 5 次测量数据算出平均值和散差$\pm 3\sigma$,反映了多次定位的全部误差。定位精度曲线已不是一条曲线,而是由各定位点平均值连贯起来的一条曲线加上 3σ 散差构成的定位点误差,如图 2.3 所示。

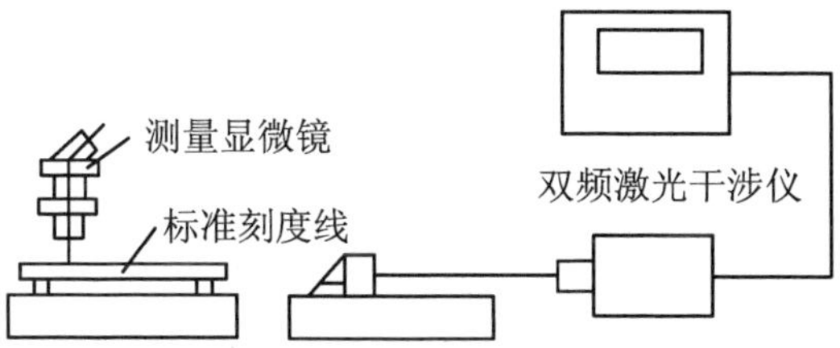

图 2.2　直线运动定位精度检测

现有定位精度都以快速定位测定,是不全面的,在进给传动链刚度不太好的机床上,采用各种进给速度定位时会得到不同的定位精度曲线和不同的反向死区(间隙),对质量要求不高的数控机床,即使有很好的出厂定位精度,也不一定能成批加工出高加工精度的零件。

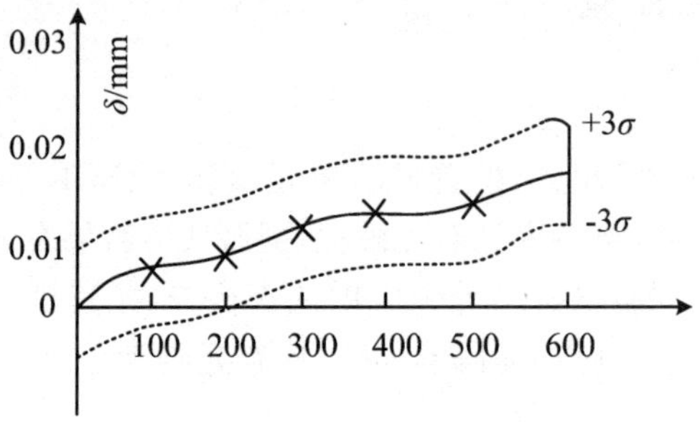

图 2.3　定位精度曲线

另外,机床运行时正、反向定位精度曲线由于综合原因,不可能完全重合,甚至会出现图 2.4所示的几种情况。

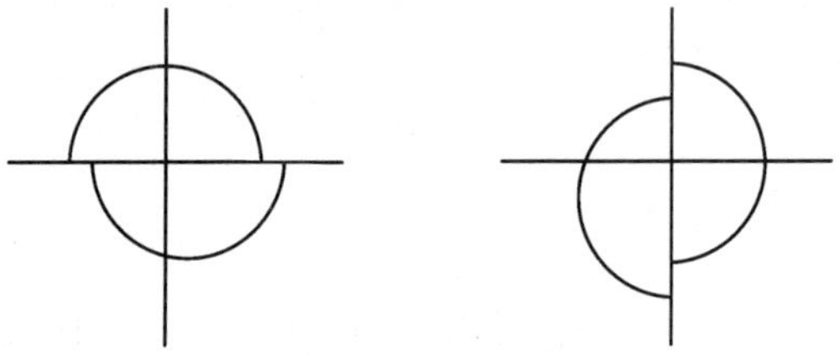

(a) X向　　　　(b) Y向

图 2.4　两半圆错位的圆度误差

(1) 平行形曲线

平行形曲线即正向曲线和反向曲线在垂直坐标上很均匀地拉开一段距离,反映了该坐标轴的反向间隙。可用间隙补偿功能修改补偿值来使正、反向曲线接近。

(2) 交叉形与喇叭形曲线

这两类曲线都是由于被测坐标轴上各段反向间隙不均匀造成的。滚珠丝杠在行程内各段间隙过盈不一致和导轨副在行程内负载不一致,造成反向间隙不均匀。

反向间隙不均匀在全行程内一头松一头紧,得到喇叭形的正、反向定位曲线。如果能及时地使用间隙补偿功能,就会形成交叉形曲线。

定位精度曲线与环境温度、工作状态有关。在半闭环伺服系统中,不能补偿滚珠丝杠的热伸长,热伸长能使 1 m 行程上相差 0.01～0.02 mm。已有机床采用预拉伸丝杠的方法来减少热伸长的影响。

2. 重复定位精度(*R*)检测

在靠近各坐标行程中点及两端的任意三个位置进行测量,每个位置用快速移动定位,重复做 7 次定位,测出停止位置的数值,求出读数最大差值。以 3 个位置中最大差值的 1/2,附上正负符号，作为该坐标的重复定位精度。重复定位精度是反映轴运动精度稳定性的最基本指标，无法通过数控系统参数补偿方法来修正。若重复定位精度超差，只能调整传动系统。

3. 原点返回精度

使用相对位置检测装置的数控机床，每个坐标轴都要有精确的定位起点，即为坐标轴的参考点。每次重新开机、加工过程中到达的参考点位置应保持一致，即达到一定的重复定位精度。可采取降速、参考点偏移补偿等措施来提高参考点的返回精度。参考点返回精度检验，可视作该坐标轴上特殊点的重复定位精度，测量方法与数据计算类似于重复定位精度，只是参考点的位置精度比其他点要高，检测次数提高到7次以上。

4. 失动量的测定

失动量即反向偏差，用B表示。在工作台进给运动到某个位置后向相反方向移动时，尽管已经发出反方向运动信号，但运动部件却没有立刻移动，产生滞后现象（失动），这一误差称之为“反向偏差”或“失动量”。它是该轴进给传动链上的驱动件反向“死区”，是各机械传动的反向间隙和弹性变形等误差的综合反映。由于反向偏差产生圆度误差，将会出现如图2.4所示的现象。

反向偏差越大，定位精度与重复定位精度就越低。反向偏差是由于进给传动链刚性不足、滚珠丝杠预紧力不够、导轨副过紧或松动等原因造成，只有通过修理和调整有关零部件来加以解决。系统通过反向间隙补偿，最大能补偿0.20～0.30 mm的失动量，这种补偿要在全程失动量均匀的情况下才有较好效果。软件补偿量越大，表明该坐标轴上影响定位误差的随机因素越多，则该机床的综合定位精度越低。

5. 回转轴运动精度的测量

回转轴运动各项精度的测定方法与上述各项直线运动精度的测定方法相同，用于回转精度测定的仪器包括标准转台、平行光管（准直仪）等。考虑到使用要求，一般对0°、90°、180°、270°这几个直角等分点做重点测量，这些点的精度要求较其他角度位置高。

2.3.6　机床切削精度检查

切削精度的检查是在切削加工条件下对几何精度和定位精度的综合考核，分为单项加工精度检查和综合性试件精度检查。单项加工精度检查包括：① 镗孔精度；② 铣削平面精度（$X-Y$平面）；③ 镗孔的孔距精度和孔径分散度；④ 直线铣削精度；⑤ 斜线铣削精度；⑥ 圆弧铣削精度。对于卧式机床，还有箱体掉头镗孔同心度和水平转台回转90°铣四方加工精度的检查。特殊要求的机床，要做金属切削量试验。

试验材料一般采用1级铸铁，硬质合金刀具，按标准的切削用量切削。镗孔精度试验如图2.5(a)所示。这项精度与切削用量、刀具材料、刀具几何角度有关，考核主轴运动精度及低速走刀时的平稳性。主轴都装配有高精度带有负荷的成组滚动轴承，进给伺服系统带有摩擦因数小、灵敏度高的导轨副及高灵敏度的驱动部件，这项精度都能达到。

图 2.5(b)中给出了用精调过的多齿端面铣刀精铣平面的方向，主要反映 X 轴和 Y 轴两轴运动的平面度及主轴中心线对 $X-Y$ 运动平面的垂直度(直接在阶梯上表现)。一般精度的机床的平面度和阶梯差在 0.01 mm 左右。

镗孔的孔距精度和孔径分散度检查按图 2.5(c)所示进行，以快速移动进给定位精镗 4 个孔，测量各孔位置的 X 坐标和 Y 坐标的值，以实测值和指令值之差的最大值作为孔距精度测量值。对角线方向的孔距可由各坐标方向的坐标值经计算求得，或各孔插入配合紧密的检验心轴后，用千分尺测量对角线距离。而孔径分散度则通过在同一深度上测量各孔 X 坐标方向和 Y 坐标方向的直径最大差值求得。一般 X、Y 坐标方向的孔距精度为0.02 mm，对角线方向孔距精度为 0.03 mm，孔径分散度为 0.015 mm。

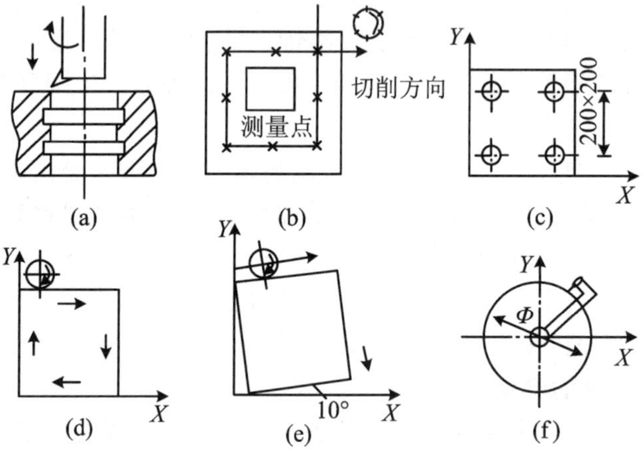

图 2.5　各种单项精度试验

直线铣削精度检查，可按图 2.5(d)进行。由 X、Y 坐标分别进给走刀，用圆柱立铣刀侧刃精铣工件四周。测量各边的垂直度、对边平行度、邻边垂直度和对边距离尺寸差，考核各向导轨运动的几何精度。

斜线铣削精度检查是用圆柱立铣刀侧刃精铣工件周边，如图 2.5(e)所示。它是同时控制 X 和 Y 两个坐标合成速度形成，反映两轴直线插补运动的品质特性。精度检查时，会发现在加工面上(两直角边上)出现一边密、一边稀的规律性条纹，这是由于两轴联动的一轴进给速度不均匀造成的，可通过修调该轴速度控制和位置控制回路来解决。也可能是由于负载变化不均匀造成。导轨低速爬行、导轨防护板不均匀摩擦及位置检测反馈元件传动不均匀等也会造成上述条纹。

圆弧铣削精度检查是用立铣刀侧刃精铣外圆表面，如图 2.5(f)所示，在圆度仪上测出圆度曲线。一般铣削直径在 200～300 mm 时，圆度可达 0.03 mm，粗糙度在 3.2 μm 左右。

图 2.4 所示两个半圆错位的形状，反映了由于一个坐标轴或两个轴的反向间隙造成的圆度误差。新机床进给传动链刚度较差，在进行定位精度检查时，虽然反向间隙合适，但在铣圆时出现半圆错位，表明该轴在不同运动速度下反向间隙有变化。反向间隙可通过改变数控系统的失动量补偿参数或修调该坐标传动链精度来改善。

出现如图 2.6 所示的斜椭圆，是由于两坐标的进给伺服系统增益不一致，造成实际圆弧插补运动中一个坐标跟随特性滞后,形成椭圆轨迹,可适当调整其中一个轴的速度反馈增益或位置环增益来改善。在调整过程中,开始时不易确定调整的方向,可试着调整到任意一个方向,再试铣削一次圆周,测量椭圆的长短轴方向是否改善,确认调整方向。

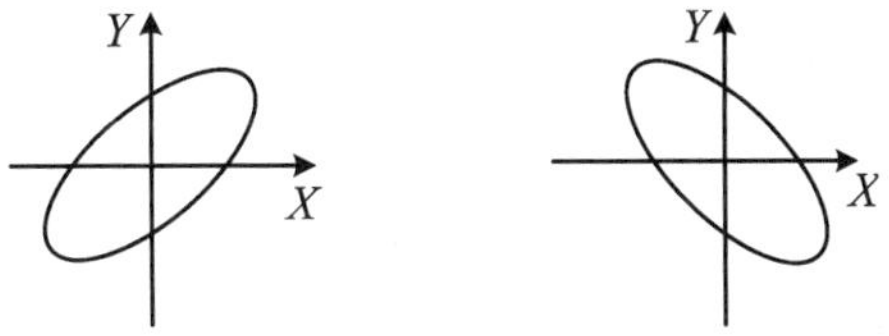

图 2.6　斜椭圆的圆度误差

如图 2.7 所示,圆柱面上出现锯齿形条纹的原因与切削斜边时出现条纹的原因相同,也是由于有一个轴或两个轴的进给速度不均匀造成。

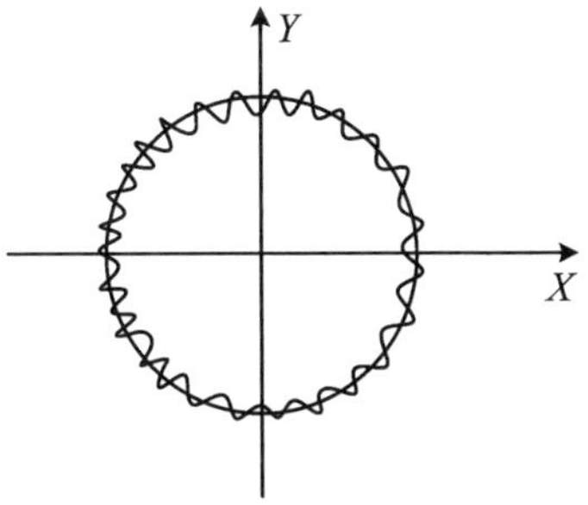

图 2.7　锯齿形条纹的圆度误差

2.3.7　机床性能及 NC 功能试验

数控机床性能试验内容较多,下面以立式加工中心为例,说明主要的项目。

1. 主轴系统性能

• 选择主轴高、中、低挡,连续执行 5 次正转和反转启动和停止动作,试验主轴动作的灵活性及可靠性。

• 采用数据输入方式,主轴从最低一级转速开始运转,逐级提高到最高允许速度,实测各级转速,允差为设置值的±10%,主轴长时间高速运转后(2 h),允许温升 15 K。

• 连续操作主轴准停装置 5 次,试验动作的可靠性和灵活性。

2. 进给系统性能

• 对各坐标进行手动操作,试验正、反方向的低、中、高速进给,快速移动启动、停止、点动等动作的平稳性和可靠性。

• 用数据输入方式或 MDI 方式测定 G00 和 G01 下的进给速度,允差±5%。

3. 自动换刀系统与噪声

• 检查自动换刀系统，包括手动操作和自动运行时刀库满负载条件下的运行情况，机械手抓取最大允许质量刀柄的可靠性，刀号选择的准确性，换刀时间。

• 机床运转总噪声不得超过标准规定(80 dB)。由于大量采用电调速装置，齿轮不是最大的噪声源，冷却风扇和液压泵的噪声可能是噪声源。

4. 电气与安全装置

• 在试运转前后分别进行绝缘检查，检查接地线的质量，确认绝缘的可靠性。

• 安全性和保护功能检查，如安全防护罩，各运动坐标行程极限保护，自动停止功能，电流、电压、过载保护和主轴电机过热、过负荷时的紧急停止功能。

5. 气、液、润滑与附属装置

• 检查压缩空气和液压管路的密封、调压性能，液压油箱的工作情况。

• 检查定时定量润滑装置的可靠性、油路密封、各润滑点分配的油量。

• 检查机床附属装置的工作可靠性，如冷却液装置、排屑装置、防护装置、APC 交换工作台、工作台面自动交换、测量装置。

6. 连续无载荷运转

机床在出厂前经过了 80 h 自动连续运行，用户验收时，不一定要求再长时间地检验，但进行一次 8～16 h 自动连续运行还是必要的，以考核机床是否已比较稳定(机床 8 h 连续运行不出故障，表明可靠性已达到一定水平)。选择运行动作功能比较齐全的程序，应包括：

• 主轴转动，包括最低、中间及最高转速的 5 种以上速度的正转、反转及停止。

• 坐标运动，包括最低、中间和最高进给速度及快速移动，进给移动范围应接近全行程，快速移动距离应在各轴行程的一半以上。

• 一般加工所用的功能与代码应尽量用到。

• 换刀应至少交换刀库中 2/3 以上的刀号，应装中等以上质量的刀柄实际交换。

• 特殊功能，如测量、APC 交换和用户宏程序等。

2.4 实　　训

2.4.1 机床水平调试项目

1. 项目构思(Conceive)

练习机床水平调试工具的使用，掌握机床水平调试方法。

2. 项目设计(Design)

框式水平仪,常用扳手,XH715D 数控加工中心。

3. 项目实施(Implement)

将工作台置于导轨行程中间位置,将两个水平仪分别沿 X 和 Y 坐标轴置于工作台中央,调整机床垫铁高度,使水平仪水泡处于读数中间位置;分别沿 Y 和 X 坐标轴全行程移动工作台,观察水平仪读数的变化,调整机床垫铁高度,使工作台沿 Y 和 X 坐标轴全行程移动时水平仪读数的变化范围小于 2 格,且读数处于中间位置即可。

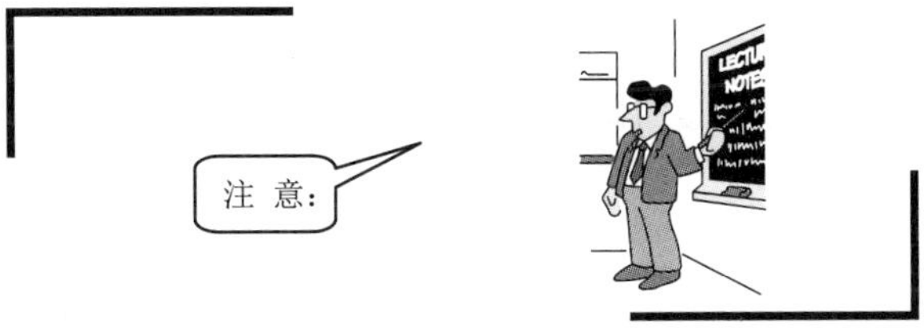

- 调试时间段选择:应选择一天中温度最稳定的时段。
- 测量工具需在现场恒定温度下放置一段时间后方可起用。
- 机床应在自由状态下找平。
- 找正安装水平的基准面,为机床的主要工作面基面,例如机床导轨或装配面。
- 不允许调整对机床精度和性能有影响的零件。
- 均匀地锁紧各地脚螺丝。紧固不可过于用力,防止基础件或机床部件的强迫变形。
- 不同级别的机床,应满足不同的检验精度要求。
- 高精度机床的地脚可采用橡胶隔振垫作弹性支撑,便于调整与抑制机床的振动。垫铁、地脚螺栓及其垫圈随机附带,应符合说明书规定要求。

4. 项目运作(Operate)

(1) 简述调试机床水平的意义和作用。

(2) 如何调试数控车床的水平?

(3) 如何调试数控铣床(加工中心)的水平?

(4) 简述数控机床调试水平的操作要点。

2.4.2 直线定位精度的简易测试项目

1. 项目构思(Conceive)

练习使用量块和量表测量机床的直线定位精度。

2. 项目设计(Design)

相应规格的量块、百分表(千分表)及磁性表座等,CK6140 数控车床。

3. 项目实施(Implement)

按照国家标准规定,检验定位精度需要使用激光测量仪或读数显微镜和金属纹线尺。在不具备这些工具的情况下,学生实训可用量块和百分表完成简单的定位精度检验。

(1) 定位精度检测

① 取用 3 块量块,按如图 2.8 所示平放在工作台面上,量块 2、量块 3 与量块 1 相互垂直,L 为量块 1 的长度,W 为量块 2 的宽度。

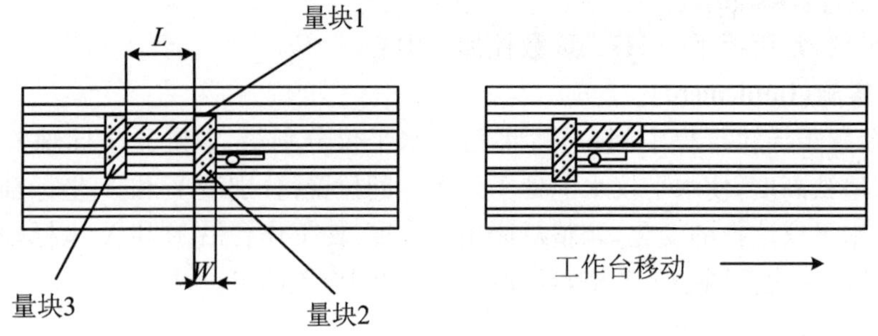

(a) 简易测量　　(b) 工作台移动

图 2.8　定位精度简易测量

② 将表座固定在主轴上。

③ 移动工作台,使测杆接触到量块 2,然后百分表对零。

④ 轻轻抽出量块 2,不要移动其他量块。

⑤ 用程序使工作台向量块 3 方向移动,移动距离为 $L+W$。

⑥ 工作台停止移动,百分表测杆接触量块 3,指示的数值即为误差值。重复操作 7 次,取平均值就是该位置的定位精度。

⑦ 移动量块位置及从相反方向检验,可得到整个行程范围内各点的定位精度。

(2) *反向偏差检测*

在测量位置放一量块,机床被测试轴沿正(负)方向移动几毫米,把百分表放在固定的位置,使测杆接触量块表面,并且压入几格,如图 2.9 所示。记录显示器上显示的坐标位置,然后用步进按钮或手动脉冲发生器使机床向负(正)方向移动,每次移动 0.001 mm 或 0.01 mm,在移动的同时观察百分表。从开始反方向移动到百分表指针开始变化(工作台开始移动),显示器上的坐标位置变化量就是反向偏差。一般在工作台的两端和中央再各取 1 个测量点,重复检测。

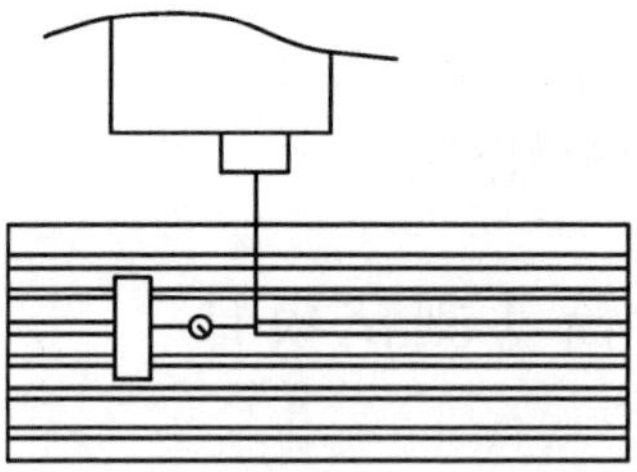

图 2.9　反向偏差的简易测量

4. 项目运作(Operate)

(1) 简述测试数控机床直线定位精度的作用。

(2) 简述测试数控机床定位精度的具体步骤和注意事项。

(3) 简述测试数控机床反向偏差的具体步骤和注意事项。

思考与练习

1. 接通伺服动力电源应注意哪些问题?
2. 数控机床对工作环境有哪些要求?
3. 数控机床通电试车前要检查哪些内容?
4. 对数控车床做几何精度检验,在垂直平面内与水平平面内,主轴轴线对溜板移动的平行度只许向上偏与向前偏,为什么?
5. 数控机床的位置精度测试包括哪些内容?
6. 如何理解定位精度对加工精度的影响?
7. 数控机床一般如何安装、如何调试?
8. 什么是数控机床的几何精度? 主要包括哪些方面?
9. 什么是数控机床的定位精度? 主要包括哪些方面?
10. 什么是数控机床的工作精度? 主要包括哪些方面?
11. 数控机床性能检验主要包括哪些项目? 数控功能包括哪些内容?
12. 简述数控机床安装与调试的工作内容。
13. 数控机床通过几何精度、运动精度检验后为何还要进行切削精度检验?
14. 举例说明反向间隙对零件加工的影响。
15. 接线检查的主要内容有哪些?

第 3 章　数控系统故障诊断与维修

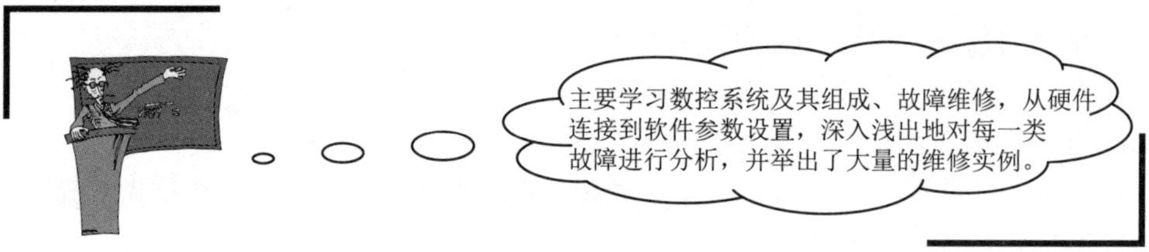

3.1　数控系统概述

3.1.1　数控系统基本组成

1. 数控系统的结构

数控系统包括输入/输出装置、CNC 装置、主轴单元、伺服单元、驱动装置、PLC 及电气控制装置、测量装置、辅助装置等，如图 3.1 所示。数控系统与物理机床一起构成数控机床。

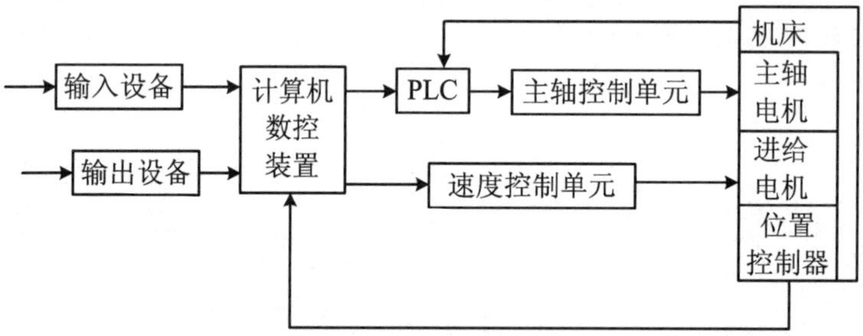

图 3.1　数控系统的组成

(1) I/O 接口

I/O 接口用于接收机床操作面板上的开关、按钮信号及机床的限位开关信号，用来把工作状态、指示灯信号送到机床操作面板，把控制机床动作的信号送到强电柜，在 CNC 装置与机床、操作面板间进行信号传递。

(2) CNC 装置

CNC 装置是数控系统的核心，包括微处理器、存储器、外围逻辑电路及与数控系统其他组成部分联系的接口。其原理是根据输入的数据段插补出理想的运动轨迹，然后输出到执行部件，加工出所需要的零件。输入、轨迹插补和位置控制是数控装置的基本部分。

(3) PLC

PLC 接受 CNC 发出的数控辅助功能控制指令，进行操作面板及机电控制、监测机构的逻辑处理和监控，对 PLC 控制代码 M、S、T 等进行译码，转换成对应的控制信号，控制辅助装置完成相应动作，为系统提供机床状态和有关应答信号，如工件的装夹、刀具的更换、冷却液的开关等；接收来自操作面板的指令，控制机床动作，另一方面将指令送往数控装置用于加工过程的控制。数控机床专用 PLC 又称 PMC。

（4）驱动控制装置

驱动控制装置用于控制轴的运动，位置控制在数控装置中常以硬件位置控制模块或软件位置调节器实现，即数控装置接收实际位置反馈信号，将其与插补计算出的命令位置相比较，通过位置调节器作为轴位置控制给定量，再输出给伺服驱动系统。

2. 工作过程

CNC 装置以存储程序方式工作，在硬件支持下，执行软件的全过程。CNC 装置内部的工作过程如图 3.2 所示。

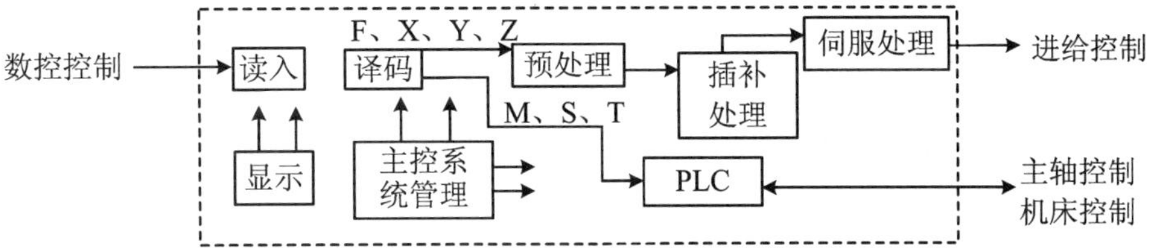

图 3.2　CNC 装置内部工作过程

（1）输入

指输入 CNC 装置的零件程序、控制参数和补偿量。工作方式有存储工作方式和手工直接输入工作方式，有键盘输入、DNC 接口输入、网络输入等形式。CNC 在输入时还要完成无效码删除、代码校验和代码转换等工作。

（2）译码

根据一定的语言规则，将输入的零件加工程序中的零件轮廓信息、进给速度和其他辅助信息，解释成计算机能够识别的数据形式，并以一定的数据格式存放在指定的内存专用区间中。

在译码过程中，以程序段为单位，完成对程序段的语法检查，发现错误报警。

（3）数据处理

包括刀具补偿、速度计算及辅助功能的处理等。

刀具补偿分刀具长度补偿和刀具半径补偿，还包括程序段间的自动转接和过切削判断，有些 CNC 装置的软件自动加减速也是在这里处理。

（4）插补

指通过插补计算程序，在已知起点和终点的曲线上进行“数据点的密化”。插补程序在每个插补周期运行一次，在每个插补周期内，根据指令进给速度计算出一个微小的直线数据段。

（5）位置控制及 I/O 处理

将理论位置与实际反馈位置相比较，用其差值去控制伺服电机，完成位置回路的增益调整。I/O 处理包括 CNC 装置面板开关信号、电气信号的输入、输出和控制。

（6）显示与诊断

CNC 显示通常用于零件程序显示、参数显示、刀具位置显示、机床状态显示、报警显示等，有些 CNC 还有刀具加工轨迹静态和动态图形显示。

联机诊断是指 CNC 装置中程序的自诊断。脱机诊断是指系统运转条件下的诊断,CNC 配备脱机诊断程序,以检查存储器、CRT、I/O 接口等。也可把用户 CNC 通过网络与远程通信诊断中心相连。

3.1.2 典型数控系统结构

1. CNC 装置硬件结构

CNC 装置控制功能取决于硬件结构,按其应用分为专用型和通用型,按处理器的数目分为单微处理器结构和多微处理器结构。

(1) 单微处理器结构

单微处理器 CNC 装置的硬件由厂家设计制造,不具备通用性,以集中控制、分时处理方式完成各任务。有些 CNC 虽然有两个以上的微处理器,但只有一个能够控制系统总线,其他微处理器只作为专用控制部件,不能控制系统总线,不能访问主存储器,只能作为智能部件,组成主从结构,如图 3.3 所示。

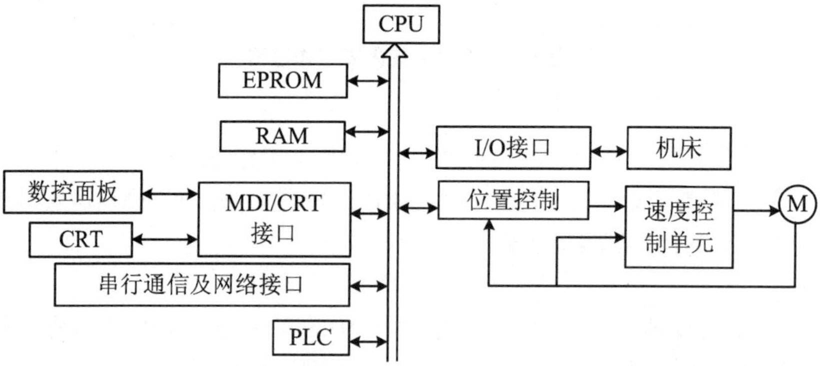

图 3.3　单微处理器结构

① 微处理器和总线

CPU 是 CNC 装置的核心,由运算器和控制器组成。

② MDI/CRT 接口

MDI 手动数据输入通过面板上的键盘操作。当扫描到有键按下时,将数据送入寄存器,经数据处理判别其属性及有效性,监控处理。CRT 接口在 CNC 软件控制下,实现字符和图形显示,实时显示数控代码程序、参数、补偿数据、坐标位置、故障信息、人机对话编程菜单、零件图形和动态刀具轨迹等。

③ 位置控制模块

位置控制模块包括速度控制、位置反馈。对机床进给坐标,最终控制的不仅有速度、加速度,更重要的是位置量。

位置环的实现,是衡量系统好坏的重要指标。系统对位置环的控制应有无超调、无滞后、抗干扰能力,速度环应有大惯性、大调速比特性等。

④ 存储器

存储器用于存放数据、参数和程序。系统控制程序存放在 EPROM 中,程序只能由 CPU 读出,不能随机写入,必要时可用紫外线擦除 EPROM。

运算的中间结果存放在 RAM 中，能随机地进行读写，但如不采取适当的措施，断电后存放信息会丢失。基于 PC 平台的 CNC 系统多采用硬盘、软盘、电子盘等存放程序。

⑤ I/O 接口

CNC 装置和机床之间的信号通过 I/O 电路传递。接口电路的主要任务是：进行电气隔离，防止干扰信号引起误动作；进行电平转换和功率放大。

⑥ 通信接口

当 CNC 装置用作设备和工作层控制器组成分布式数控系统直接 DNC 或 FMS 时，采用 RS - 232C 接口进行数字通信。

(2) 多微处理器结构

多微处理器 CNC 装置的结构有紧耦合和松耦合两种。多微处理器结构 CNC 的运算速度快，适合于多轴控制、高进给速度、高精度、高效率等要求。

CNC 功能模块包括 NC 管理模块、CNC 插补模块、位置控制模块、数据输入输出及显示模块等。各模块间的互联和通信主要采用共享总线和共享存储器结构。

共享总线结构是将各功能模块插在配有总线插座的机箱内，由系统总线把各个模块有效地连接在一起。共享总线结构框图如图 3.4 所示。

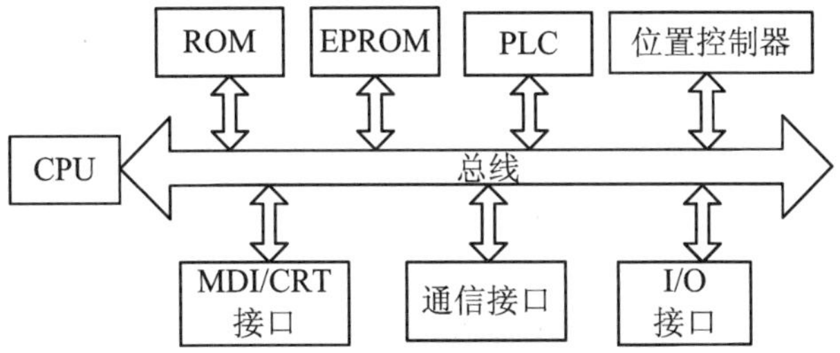

图 3.4　多微处理器共享总线结构框图

共享存储器结构采用多端口存储器实现各微处理器间的互联和通信，每个端口都配有一套数据、地址、控制线。图 3.5 所示为具有 4 个微处理器的共享存储器结构框图。

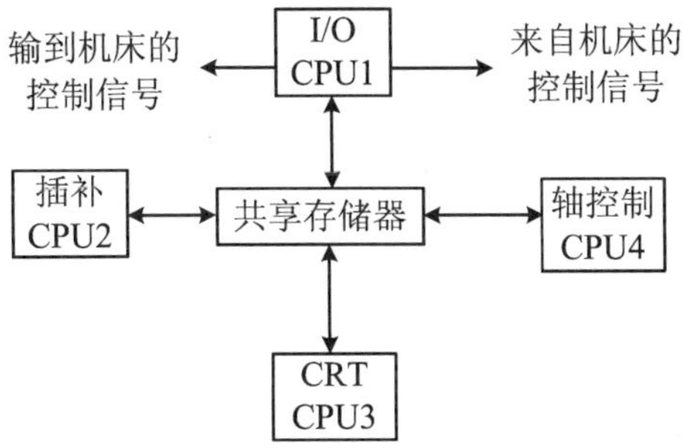

图 3.5　多微处理器共享存储器结构框图

3.1.3 CNC 装置软件结构

软件结构取决于软件和硬件的分工，也取决于软件本身所能完成的管理和控制。

管理软件包括 I/O 处理软件、显示软件和诊断软件。控制软件包括译码软件、刀具补偿软件、速度处理软件、插补计算软件、位置控制软件。软件结构与硬件结构相互配合，共同完成系统的具体功能。CNC 装置软件结构如图 3.6 所示。

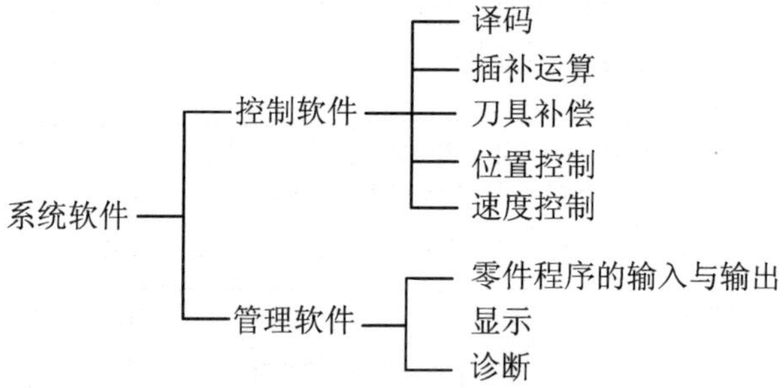

图 3.6　CNC 装置软件结构

CNC 装置是专用实时多任务系统，它的控制软件，以多任务并行处理、前后台型软件和中断型软件结构为特点。

① 多任务并行处理：CNC 的管理和控制工作同时进行(并行处理)。

② 前后台型软件结构：软件可设计成不同的结构，对任务的安排、管理也不相同。

③ 中断型软件结构：根据实时的不同，对控制程序安排不同级别的中断服务程序。

④ 软件设计技术：CNC 需要做多项工作，需要在同一时间间隔完成两项或两项以上的工作，通常采用资源分时共享和资源重叠的流水线处理技术。

3.1.4 常用数控系统

1. FANUC 系统

FANUC 数控系统以其高质量、低成本、高性能、较全的功能，拥有较高的市场占有率。

(1) 可靠性高

① FANUC系统采用模块化结构，集成FROM、SRAM、PMC、存储器和伺服模块。

② 采用机器人焊板，实现全自动的制造，避免了人为失误，提高了可靠性。

③ 具有很强的抵抗环境影响能力，环境温度为0～45 ℃，相对湿度为75%，抗振动能力为0.5g，电网波动为10%～15%。

④ 具有较完善的保护措施，采用比较好的保护电路。

(2) 功能全、适用范围广

① 具有齐全的功能。对于一般机床来说，基本功能完全能满足使用要求。增加功能时，只需将相应的功能参数打开或加相应板卡即可。

② 丰富的PMC信号和PMC功能指令。这些信号和编程指令便于用户编制机床的PMC程序，编程灵活。

③ 提供RS-232C传输接口，可实现高速度DNC操作。FANUC 0i系统增加了多段程序预读、HRV(高响应矢量)及HSSB(高速串行总线)控制功能。

④ 丰富的维修报警和诊断功能。FANUC维修手册提供了大量的报警信息，按不同的类别进行分类。

(3) 系统简介

FANUC公司的产品有：① FS-0；② FS-Power mate 0；③ FS-0i；④ FS-21/18/16；⑤ FS-21i/18i/16i/210i/180i/160i；⑥ FS-Power mate D/E/F/H；⑦ FS-15。

数控装置已由大块板结构转向模块化结构，电路板采用多层板和高密度表面安装技术(SMT)，使用专用大规模集成电路芯片(LSI)。LSI有总线仲裁控制器(BAC)、输入/输出控制器(IOC)、位置控制MB87103。MB87103包括了数字积分法(DDA)插补、误差寄存器、基准计数器、脉宽调制和检测倍率(DMR)。

(4) F0系列

F0系列是多微处理器系统。主CPU为80186，F0B的主CPU为80286，F0C的主CPU为80386。内置PLC的CPU为8086。F0C是F0系列中的中高档产品，增加了远程缓冲器，实现了计算机DNC。

F0系列数控装置适用于各种中小型数控机床：

F0MA、F0MB、F0MEA、F0MC适用于加工中心、镗床、铣床。

F0MF是对话型数控装置，适用于加工中心、镗床、铣床。

F0TA、F0TB、F0TEA、F0TC适用于车床。

F0TO、F0TF是对话型数控装置，适用于车床。

F0TTA、F0TTB、F0TTC适用于主轴双刀架或两个主轴双刀架的四轴车床。

F0GA、F0GB适用于磨床。

F0PB适用于回转头压力机。

FANUC 0i系列数控系统适用于数控车床、数控铣床和加工中心。FANUC 0i-MC数控系统后视图如图3.7所示，综合连接如图3.8所示。

(5) F10、F11、F12系列

F10、F11、F12系列有M、T、TT等型号。M型适用于加工中心、铣床、镗床，T型适用于车床，TT型用于双刀架车床。

F10、F11的主板采用大板结构，其他模块采用了小板。F12中所有电路板分别安装在两个底板上。F10、F11、F12 为多微处理器系统，主 CPU 和 PLC 的 CPU 为 68000。

电路板使用专用 LSI 芯片，包括 BAC、系统支持单元(SSU)、IOC、操作面板控制器(OPC)、MB87103，提供 RS-232C、RS-422 接口。

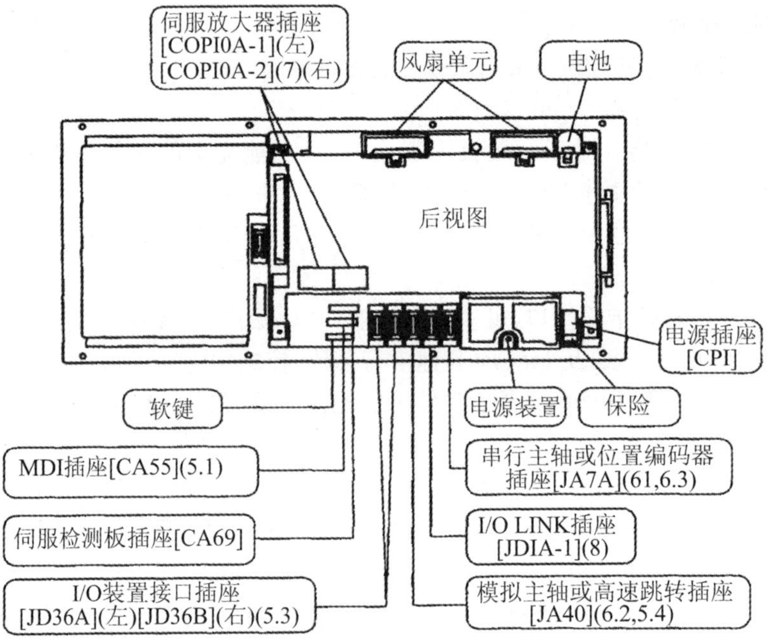

图 3.7　FANUC 0i-MC 数控系统后视图

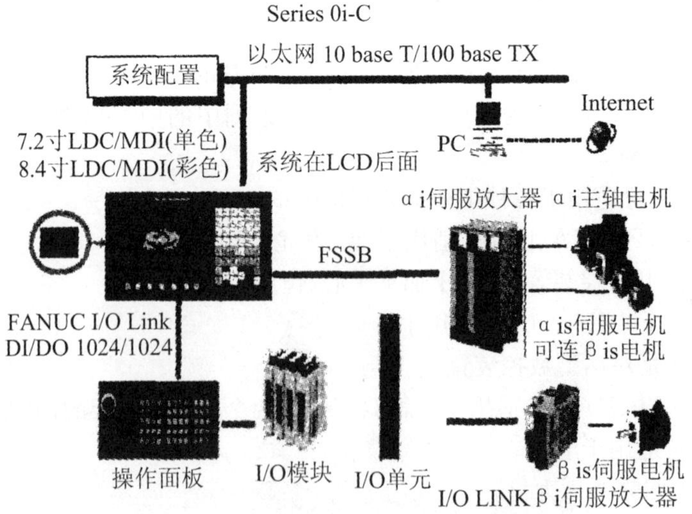

图 3.8　FANUC 0i-MC 综合连接图

(6) F15 系列

F15 系列是 32 位人工智能(AI)型，结构为模块化多主控总线(FANUC Bus)，主 CPU 为 68020，在 PLC、轴控制、图形控制、通信、自动编程功能中有各自的 CPU。

FS15 系列可构成 2～15 轴，适用于大型机床、多系统和多轴控制的数控机床。

(7) F16、F18 系列

F16 系列的性能位于 F15 系列和 F0 系列之间，为多主控总线，在采用了 32 位 CISC 处理器的基础上，增加了高速处理器。

F18 系列是 32 位数控装置，性能位于 F15 系列和 F0 系列之间，但低于 F16 系列。其特点是可进行 4 轴伺服和 2 轴主轴控制。

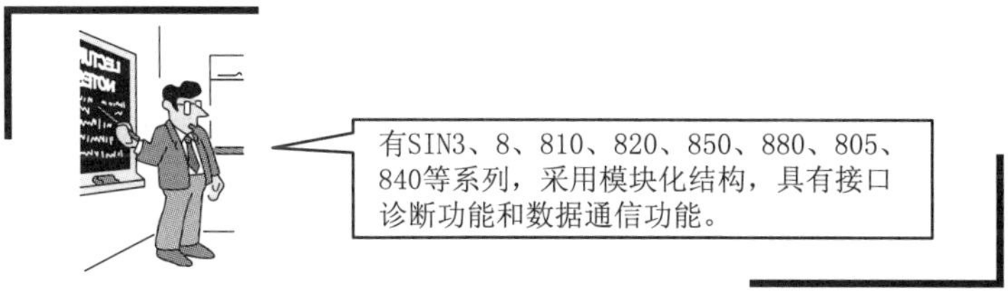

2. SIEMENS 系统

(1) SIN810 系列

SIN810 系列按功能分为 810T、810G、810N，按型号分为 810Ⅰ、810Ⅱ、810Ⅲ。810 系列适用于中低档的中小型机床。

SIN810 系列的主 CPU 为 80186，具有轮廓监控、主轴监控和接口诊断等功能。SIN810 数控系统后视图如图 3.9 所示。

(2) SIN3 型

SIN3 型是标准 16 位微处理机系统，CPU 为 8086，可控制 4 轴，联动 3 轴，内置 PLC 输入、输出各 512 点，适用于多种机床。

(3) SIN850、880 型

SIN850、880 型适用于复杂功能机床及 FMS、CIMS。850、880 型主 CPU 为 80386，内置 PLC 输入、输出点数为 1024，有 256 个定时器和 128 个计数器。

采用 SINEC H1 总线连线方式联网，SINEC 具有很强的通信功能。880 型可控制 24 轴。

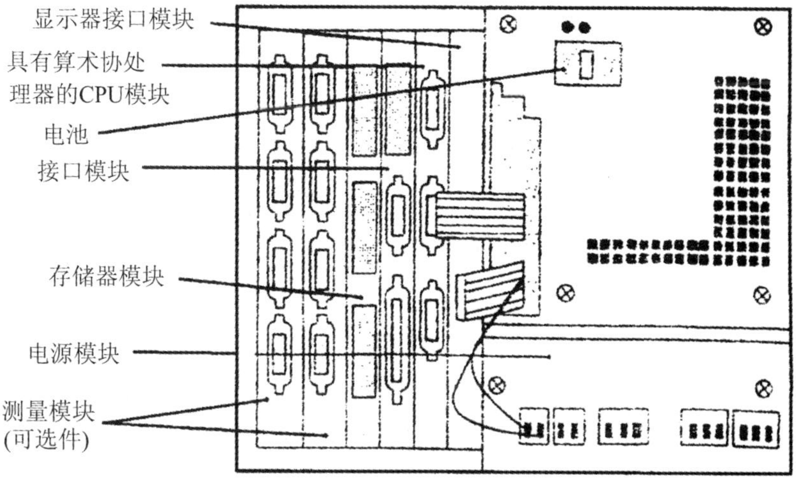

图 3.9　SIN810 系统后视图

(4) SIN840C 型

SIN840C 是 32 位微处理机系统，具有 CAD 功能，能控制多轴，可 5 轴联动。内置 PLC 容量为 32 KB，可扩展到 256 MB。840C 型可用于加工中心、FMS 和 CIMS。

(5) SIN8 型

SIN8 型适用于柔性制造系统，采用多微处理器结构，CPU 为 8086，可扩展到控制 12 个轴，适用于车床、镗床、铣床和加工中心。

3.2　数控系统维修

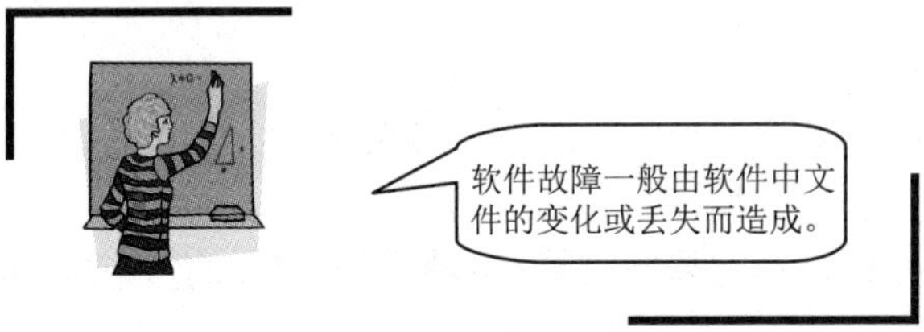

3.2.1　数控系统软件故障维修

软件存储在 RAM 中，引起软件故障的原因如下：

- 信号干扰：电源的波动或干扰脉冲串入系统总线，引起错误或停止运行。
- 电池电压不足：为 RAM 供电的电池电压不足或电池短路、断路、接触不良等都会造成 RAM 得不到电压，使系统丢失软件及参数。
- 误操作：操作者通过键盘删除或更改了软件内容，造成软件故障。
- 软件溢出：修改的参数不合理，进行了错误的操作，造成了软件溢出。
- 系统内存不足：在系统进行大量计算时，系统的内存不足，引起系统死机。
- 软件死循环：运行复杂程序或大量计算时，造成系统死循环，引起系统中断，造成软件故障。

数控系统软件故障及排除见表 3.1。

表 3.1　数控系统软件故障及排除

故障现象	故障原因	排除方法
RS－232C 接口不正常工作	输入/输出设备设置错误或硬件故障	对设备重新设置，更换损坏的硬件
	参数设置错误	按照系统的要求正确地设置参数
	通信电缆出现问题	对通信电缆进行重新焊接或更换

续表 3.1

故障现象	故障原因	排除方法
运行或操作中出现死机或重新启动	参数设置不当	正确设置系统参数
	从已损坏的软盘上调用程序	停止正在运行或调用的程序
	正从软盘或网络调用较大的程序	
	同时运行了系统以外的其他内存驻留程序	
	系统文件被破坏	对系统杀毒，或重新安装系统软件
I/O输入输出开关不正常	I/O控制板电源没有接通或电压不稳	检查线路，改善电源
	电磁阀、抱闸连接续流二极管损坏	更换续流二极管
操作键盘不能输入或部分不能输入	控制键盘的芯片出现问题	更换控制芯片
	系统文件被破坏	重新安装数控系统
	主板电路或连接电缆出现问题	修复或更换
	CPU故障	更换CPU
系统面板出现乱码	参数设置不合理	正确设置系统参数
	系统内存不足或操作不当	清理系统文件，删除垃圾文件
不能进入系统，运行时无显示界面	系统文件被病毒破坏或丢失，也可能是系统软件中有文件损坏或丢失	重新安装数控系统，将计算机的CMOS设为A盘启动；重新安装数控系统
	电子盘或硬盘物理损坏	修复或更换电子盘或硬盘
	系统CMOS设置不当	更改计算机的CMOS设置
系统网络连接不正常	系统参数设置或文件配置不正确	按照系统要求，正确设置参数
	通信电缆出现问题	对通信电缆进行重新焊接或更换
	硬件故障	对损坏的硬件进行更换

有些软件故障可显示报警、信息或内容，有些软件故障则必须调用相关状态参数的实时诊断画面来获得信息。

3.2.2　数控系统硬件故障维修

1. 数控系统硬件故障现象

数控系统常见硬件故障现象如表3.2所示。

表 3.2　数控系统常见硬件故障现象

无输出			输出不正常		
不能启动	不动作	无反应	失控	异常	
系统不能启动 系统不能运行 显示器不显示	轴不动 程序中断 故障停机 刀架不转 刀架不回落 工作台不回落 机械手不抓刀	键盘输入后 无相应动作	不能回零 刀架转而不停 飞车 超程 超差	偶尔停机 振动与噪声 显示器混乱/不稳 轴运行不稳 频繁停机 加工质量差(表面振纹)	过压 过热 过载 欠压 过流

表 3.2 中的故障现象，有些表现为硬件不工作或异常，实际成因可能是软件或参数设置问题。例如控制开关位置选错。控制开关不动作可能是由于参数设置为"0"状态，而开关位置正常状态(如急停、机床锁住与进给保持开关)可能要求参数设置中为"1"状态等。如伺服轴电机的高频振动就与电流环增益参数设置有关。又如，超程与不能回零可能是由于软超程参数与参照点设置不当引起。

2. 硬件故障诊断与维修方法

(1) 常规检查

① 外观检查。运用感官感受判断出明显故障，有针对性地检查可疑元件，查看空气断路器、继电器是否脱扣，继电器有无断开，熔丝是否熔断；检查电路板的开关位置、电位器设置、短路棒选择、线路更改与原来状态是否相符。

② 连接电缆、连接线检查。检查易受力、疲劳的接线及电缆。

③ 连接端及接插件检查。针对故障部位，检查接线端子、单元接插件。这些部件易松动、发热、氧化、电化腐蚀而造成断线或接触不良。

④ 恶劣环境下工作的元器件检查。故障部位的元器件容易受热、受潮、受振动、粘附灰尘或油污而失效或老化。

⑤ 易损部位的元器件检查。直流伺服电机电枢电刷及整流子、测速发电机电刷及整流子都容易磨损或粘附污物，前者造成转速下降，后者造成转速不稳。

⑥ 定期保养部件及元器件的检查。部件、元器件应及时清洗润滑，如冷却风扇不及时清洗风道，就易造成过负载。

⑦ 电源电压检查。电源不正常，会造成故障停机，有时还会造成控制系统动作紊乱。对硬件故障，检查电源电压不可忽视！检查步骤可参考调试说明，方法是参照上述电源系统，从前(电源侧)向后地检查各种电源电压。

注 意：

电源组功率大、易发热，容易出故障。不仅要检查电源自身馈电线路，还应检查由它馈

电的无电源部分是否获得了正常的电压；不仅要注意正常时的供电状态，还要观察故障发生时电源的瞬时变化。

（2）现象分析法

组织机械、电气技术人员及操作者共同捕捉出现故障时机器的异常现象，分析产品检验结果及仪器记录内容，必要（会出现故障发生时刻的现象）和可能（设备还可以运行到这种故障再现而无危险）时可以让故障再现，找到故障规律和线索。

（3）面板显示与指示灯显示分析法

面板CRT可把大部分被监控的故障以报警方式给出。对于具体故障，系统有固定的报警号和文字显示给予提示。系统会根据故障情况、故障类型，提示或同时中断运行而停机。指示灯只能粗略地提示故障部位及类型。

程序显示指出报警出现时程序的中断部位，坐标值显示提示故障出现时运动部件的坐标位置，状态显示能提示功能执行结果。

（4）系统分析法

根据每一控制系统方框的功能，将方框划分为独立的单元。首先检查被怀疑单元的输入，追查上一级单元；在输入正常的情况下而输出不正常，故障即在本单元内部。把与该单元有关的单元脱开后，可提供必要的输出电压，观察其输出结果。

（5）信号追踪法

按照系统框图检查信号的有无、性质、大小及运行方式，与正常情况比较，看有无差异或是否符合逻辑。如线路由各元件“串联”组成，则出现故障时“串联”的所有元件和连接线都值得怀疑。在较长“串联”电路中，应将电路分成两半，从中间开始向两个方向追踪。

可对相同路线进行交换试验，如把一个电机从其电源上拆下，接到另一个电源上试验电机，或在其电源上另接一电机试验该电源，判断电机故障还是电源故障。

① 接线系统信号追踪法

硬接线系统（继电器—接触器）具有可见接线、接线端子、测试点，可用试电笔、万用表、示波器等简单测试工具测量电压、电流信号大小、性质、变化状态，电路短路、断路，电阻值变化等判断故障的原因。

② NC、PLC状态显示法

NC、PLC程序是软件结构，显示其输入、输出及中间环节标志位等的状态，用于判别故障位置。例如，PLC的输出Q由输入10.0、中间标志位F0.1和来自NC的信号F0.2的与逻辑控制，可分别检查10.0、F0.1、F0.2的状态，若10.0=0，则检查F0.1的软件线路，若F0.2=0，则检查NC为什么不使其为“1”。

③ 硬接线系统强制

在追踪中，可在信号线上加上正常信号（很危险，因忽略了许多环节）。

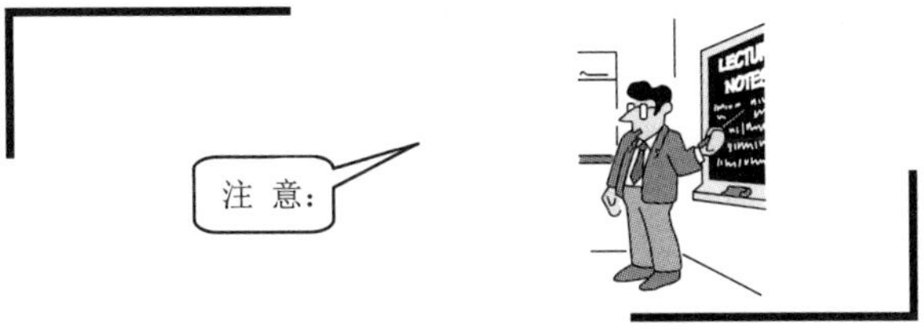

- 把涉及前级的线断开，避免所加电源对前级造成损害。

- 尽量移动可能移动的机床部分，使得较长时间移动不至触限位，以免撞车。
- 了解所加信号的类型，例如是直流还是脉冲，是恒流源还是恒压源。
- 设置要尽可能小(因为有时运动方式和速度与设置的关系很难确定)。
- 注意可能忽略的连锁，可能导致的后果。
- 观察运动情况，注意飞车超程。

④ NC、PLC控制变量强制

例如SIN8的ST方式可强制PLC输出，标志位置或复位，区分出故障在NC内、PLC内还是在外设。接在PLC输出上的执行元件不动作，可强制该输出为“1”，看该元件是否带电；由于PLC的一个中间标志位不为“1”的故障，可强制该标志为“1”。若程序中的该元素定义不可能为“1”，强制只能得到瞬间效果。通过标志位或输出长期强制，可把故障缩小到单元内部的插件、芯片、元件上。

(6) 静态、动态测量法

静态测量是指使用万用表测量在线电阻及PN结电压，用晶体管测试仪检查集成电路。

动态测量是指通过直观检查和静态测量后，根据电路原理图，加上必要的交直流电压、同步电压和输入信号，用万用表、示波器等对电路板输出电压、电流及波形进行全面诊断。

3.2.3　利用参数设置维修数控机床

1. 参数的意义与形式

(1) 数控系统参数的意义

数控系统类型不同，参数意义也不相同。

① 功能参数：数控厂家根据用户对系统功能的要求设置的参数，一部分参数对功能有一定的限制，并有密码保护，用户不可轻易修改。

② 用户参数：用户自行设置的参数，可随时进行调整，包括以下几种。

- 与机械有关的参数：如反向间隙补偿量，螺距补偿参数，主轴换挡速度，主轴准停速度，回参考点参数，行程极限范围，原点位置，位置测量方式等。
- 与伺服系统有关的参数：如位置误差极限，位置增益，漂移补偿值，快速移动速度(维修时可对该参数进行修改)，切削进给速度上限，加减速时间常数等。
- 与外设有关的参数：主要参数为波特率，不同串行通信方式输入/输出外设有不同的波特率，外设与数控装置连接时，应根据外设的波特率值设置数控装置参数。外设接上后不执行命令，应先检查接线，若接线无误，可能是波特率设置有误。
- PLC参数：设置PLC中容许用户修改的定时、计时、计数、刀具号及PLC中的一些控制功能参数。
- 参数应由数控机床专职维修人员负责修改、记录、管理，操作人员一般不能修改。

(2) 参数形式

参数以数据形式保存在数控装置的存储器里，可显示在CRT上，以人机交互方式设置、调整，通过参数与系统软件沟通，实现在硬件不变条件下的功能调整。

(3) 位参数

位参数即二进制的“1”或“0”，每位“1”或“0”可表示某个功能的“有”或“无”，也可表示不同功能形式的转换。

例如，某数控系统的12号（8位）参数在CRT上的显示是：

120000110

在技术手册上注明的名称、符号及说明是：

APRS

WSFT

DOFSI

PR69

OFFVY

EBCL

ISOT

1：返回参考点后坐标系自动设置；

0：返回参考点后不实现坐标系自动设置。

1：工件坐标系平移有效，平移的偏移号为0或100；

0：工件坐标系平移无效。

1：刀具偏置的直接测量输入有效；

0：刀具偏置的直接测量输入无效。

1：宏程序（程序号＞9000）不可显示及编辑；

0：宏程序可显示及编辑。

1：即使在MRDY信号输出之前DRDY信号为ON，也不产生驱动报警；

0：在MRDY编号输出之前DRDY信号为ON，产生驱动报警。

1：在程序显示时，EOB代码显示为"；"号；

0：在程序显示时，EOB代码显示为"＊"号。

1：在通电和急停后没有返回参考点，手动快速起作用；

0：在通电和急停后没有返回参考点，手动快速不起作用。

(4) 数据参数

数据参数多用十进制数表示，是某些功能的设置值或规定范围。例如某数控系统的53、54、55号参数在CRT上显示为：

053

054

055

在技术手册上注明的名称、符号及说明是：

BKLX、BKLY、BKLZ分别为各轴反向间隙补偿量。

设置量：0～2000单位，0.001 mm（mm输出）；0～2000单位，0.0001英寸（英寸输出）。

如下是一些有数据意义的参数（n代表某一个控制轴）：

n轴指令倍乘比	X X X	延迟时间；
n轴分频系数	M M M	n轴快速速率；
主轴换挡时的转速	M X	n轴直线加减速常数；

n轴间隙补偿量；

螺纹指数加减速常数；

回零点时低速；

n 轴正向软限位；

n 轴负向软限位；

n 轴零点坐标值；

固定循环的背吃刀量；

固定循环的切削量；

固定循环的循环次数；

固定循环的退刀量。

2. 典型系统功能参数解析

(1) FANUC 0i－MC 系统功能参数解析

FANUC 参数分为两大类：

用户参数：在 FANUC 资料中可以查到各参数的含义，约有 2000 个。

密级型参数：每个参数既无名称和符号，也无说明。在随机所带的参数表中有初始值，代表某些功能的有无。

FANUC 0i－MC 中的 900～939 参数，代表了 0i－MC 系统中的许多功能，参数共 40 个，每个参数为 8 位，即可设 320 个参数，但没有全部设置。基本功能参数如下(括号内小数点前数字代表参数号，小数点后数字代表参数中的第几位)：

- 用一个手摇脉冲发生器控制(900.3)；
- 中文显示(904.2)；
- 刀具偏置数 32 个(906.3)；
- 三轴联动(907.2)；
- 主轴定向(921.0)；
- 宏程序 A(902.6)；
- 时钟功能(911.3)；
- 手动倍率(908.3)。

FANUC 0i－MC 系统大部分软件已固化在主板上，不需要硬件配合其功能，只要将相应功能参数位的状态设置为“1”即可开通该功能。早期版本软件，可能没有完全固化，将该参数设置为“1”后，系统可能不启动或死机，将该参数置为“0”，即可恢复。

(2) 参数设置方法

功能参数设置方法：

① 压住紧急开关，打开系统电源(以下步骤请保持紧急开关在压住状态)；

② 将方法开关设置在 MDI 方式；

③ 按压 PARAMETER 键，选择显示参数画面；

④ 设置“PWE＝1”；

⑤ 按压 NO 键→输入参数号→INPUT；

⑥ 输入数据→INPUT；

⑦ 重复步骤⑤、⑥直到全部功能参数输入完成；

⑧ 设置“PWE＝0”(屏幕会出现“000”号报警，必须关机才能取消)；

⑨ 关闭机器电源，重新开机。

功能参数的输出/输入：

- 功能参数输出：选择 EDIT 模式→按 PARAMETER 键，选择显示参数画面→将外部接收设备设置在 STAND-BY(准备)状态→先按 EOB 键不放,再按 OUT-PUT 键,即可将包含 900~939 的参数输出。

• 功能参数输入:选择 EDIT 模式→按 PARAMETER 键,选择显示参数画面→设置"PWE=1"→按 INPUT 键→按传输器开始键→传输完毕后,设置"PWE=0"→关闭系统电源,重新开机。

3. 利用机床参数维修数控机床

(1) 参数设置错误引起的故障现象

• 系统不能正常启动,机床不能正常运行。

• 机床运行时经常报跟踪误差,机床轴运动方向或回零方向反向。

• 运行程序不正常,系统显示不正常。

• 螺纹加工不能够进行,死机。

【例 3.1】 手摇脉冲发生器损坏。

手摇脉冲发生器、插接件、接口故障都会导致手摇脉冲发生器不能使用,这样对刀具就不能进行微调。需要更换或修理故障件,当时又没有合适的备件,修理需要一定时间,而生产任务又很紧,希望机床在手摇脉冲发生器修理期间正常工作。

这时,先将参数 900.3 置为"0",暂将手摇脉冲发生器不用,改为用点动按钮单脉操作来进行刀具微调。待手摇脉冲发生器修好后再将该参数置为"1"。

【例 3.2】 机床开机后返回参考点时出现超行程报警。

本报警大部分是由于机床正在移动时,突然发生电源断电,由于机床惯性原因造成系统位置记忆与实际位置差异所致。处理方法有两种:

方法 1:若 X 轴在返回参考点时出现 511(或 510)超程报警,可将参数 0700LTIXl 数值修改为+99999999(或将 0704LTIX2 数值修改为 9999999)后,再一次返回参考点。若没有问题,将参数 0700(或参数 0704)数值改为原来数值即可。其他轴依此类推。

方法 2:同时按 P 和 CAN 键后开机,即可消除超程报警。

(2) 利用螺距误差补偿功能来修正机床定位精度

螺距误差补偿功能的软件参数号为 0902.5。

螺距误差补偿所需设置的参数如下:

① 设置螺距误差补偿基准点编号:

n000(PECORG X、Y、Z、4、5、6)。

设置:0~127(注:轴号 1:X 轴;2:Y 轴;3:Z 轴;4:第 4 轴;5:第 5 轴;6:第 6 轴)。

② 螺距误差补偿倍率。

③ 螺距误差补偿间隔:

0712　设置 X 轴螺距误差补偿间隔;

0713　设置 Y 轴螺距误差补偿间隔;

0714　设置 Z 轴螺距误差补偿间隔;

0715　设置第 4 轴螺距误差补偿间隔;

7713　设置第 5 轴螺距误差补偿间隔;

7714　设置第 6 轴螺距误差补偿间隔。

设置范围:0~999999×0.001 mm(当此参数设置为 0 时,不执行补偿)。

④ 螺距误差补偿量:

1001～6128　设置 X 轴至第 6 轴螺距误差补偿量。

设置范围：0～±7。

对于旋转轴，所有螺距误差补偿量每转一圈(360°)总和必须为 0。否则每转一圈后，螺距误差补偿量将会递增。

(3) M74 接口的使用

在 MEM 板上有两个 RS－232C 接口 M5 和 M74，通常标准配置只提供 M5 接口，当 M5 接口损坏或需要多一个接口时可利用 M74 接口。

有关 FANUC RS－232C 标准的通信协议如下：

- 起始位：1 位。
- 数据位：8 位。
- 奇偶校验位：无。
- 停止位：2 位。
- 波特率：4800。

M74 使用方法如下：

- 将 PWE 置为 1(修改参数有效)。
- 在设置画面上设置 I/O＝2。
- 将参数 0914.4 设置为 1(启用 M74)。
- 将参数 0050.0 设置为 1(设置停止位为 2 位)。
- 将参数 0250 设置为 10(设置波特率为 4800)。
- 设置参数 0038.4 和 0038.5(设置 I/O 装置)。

(4) 反向间隙补偿

① 半闭环：反向间隙补偿通过 0535～0540 参数来设置。

0535(BKLX)　X 轴反向间隙补偿；

0536(BKLY)　Y 轴反向间隙补偿；

0537(BKLZ)　Z 轴反向间隙补偿；

0538(BKL4)　第 4 轴反向间隙补偿；

0539(BKL5)　第 5 轴反向间隙补偿；

0540(BKL6)　第 6 轴反向间隙补偿。

设置范围：0～255×0.001 mm。

② 全闭环：查看 8n06.0(FCBLCM)，当 FCBLCM＝0 时，反向间隙补偿使用；当 FCBLCM＝1 时，反向间隙补偿不使用。

注：n＝0～5 时，分别为 X、Y、Z、4、5、6 轴。

③ 参数 0076.4：为防止用户随意修改反向间隙补偿，FANUC 0i 系统增设了参数 0076.4。含义如下：

0076.4=1:0535与0686的值一致时，X轴反向间隙才能修改；0536与0687的值一致时，Y轴反向间隙才能修改；0537与0688的值一致时，Z轴反向间隙才能修改。

0076.4=0:X轴反向间隙与参数0535有关与0687无关；Y轴反向间隙与参数0536有关与0688无关；Z轴反向间隙与参数0537有关与0689无关。

(5) 密级型参数0900～0939的传输方法

按FANUC 0i-MC操作说明进行参数传输，除密级型参数0900～0939外均能输出。保存机床参数或重新输入参数时，密级型参数0900～0939需用MDI方式输入。

传输包含密级型参数0900～0939的方法如下：

① 将方式开关设置在EDIT位置；

② 按PARAM键，选择显示参数画面；

③ 将外部接收设备设置在STAND-BY(准备)状态；

④ 按EOB键不放，再按OUT-PUT键即可将全部参数输出。

4. 系统参数丢失处理

系统参数丢失而引起的机床瘫痪称为死机。

(1) 参数丢失的原因

- 机床在DNC方式下加工或在进行数据传输时电网突然停电。
- 执行M51动作，进行DNC通信期间若断电，可能会出现死机。
- 后备电池失效。
- 误操作使参数丢失或破坏。
- 处理P/S报警，引起参数丢失。

处理方法有三种：

方法1：

① PWE=1；

② 按POWER OFF；

③ 同时按DELETE、POWER ON两键；

④ PWE=0。

方法2：

① PWE=1；

② 将参数901=01000100改为0；

③ 按DEL键；

④ 按POWER OFF；

⑤ 按POWER ON；

⑥ 参数901=010001000；

⑦ PWE=0。

方法3：

① 备份所有PC、NC、DGN参数(会死机)；

② 按POWER OFF；

③ 同时按RESET、POWER ON两键，并设置PWE=1；

④ 输入900以上参数，输入001～900参数，输入DGN参数；

⑤ 按POWER OFF；

⑥ 按 POWER ON；

⑦ 设置 PWE＝0。

按顺序排除，若方法 1、方法 2 不能排除，再用方法 3 排除，方法 3 会死机。

(2) 参数丢失后的状态显示

CRT 显示屏上出现如下报警：

417　X　AXIS　DGTL　PARAM

427　Y　AXIS　DGTL　PARAM

437　Z　AXIS　DGTL　PARAM

417、427、437 报警分别为 X、Y、Z(或第 3 轴)伺服电机参数设置异常。

417 报警：X 轴有以下条件之一，就会造成此警示。

- 在参数 8120 的伺服电机形式，设置指定范围以外的值。
- 在参数 8122 的伺服电机旋转方向，未设置正确值(111 或－111)。
- 在参数 8123 伺服电机每一转的速度反馈脉冲数，设置 0 以下的不正确值。
- 在参数 8124 伺服电机每一转的速度反馈脉冲数，设置 0 以下的不正确值。

427：Y 轴参数分别为 8220、8222、8223、8224。

437：Z 轴(OM)或第 3 轴(OT)参数分别为 8320、8322、8323、8324。

原因是所有轴的设置参数全部丢失，引起各轴伺服报警，此时机床瘫痪。

(3) 参数丢失的处理措施

在实际问题出现时，取得厂方支持的处理方法：

① CLEAR(清除)生产任务参数。同时按下 RESET、DELETE 两键，并按 POWER ON 直到 CRT 显示屏出现版本号，且变换后才松开。参数设定界面如图 3.10 所示，参数设定支持界面如图 3.11 所示。

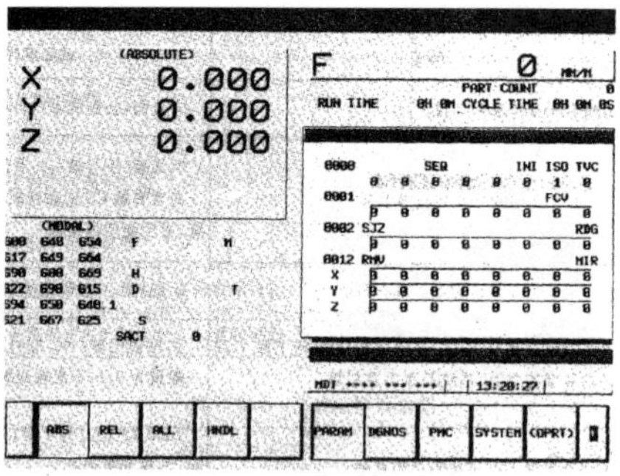

图 3.10　参数设定界面

② INPUT(输入)参数。选择 MDI 模式，打开参数(PARM)画面，按下急停，打开保护器，PWE 置 1，然后输入参数。输入方法有 MDI 和 DNC 两种：

- 手动输入：依照随机所附的参数表输入所有参数，包括所有 PC、NC 参数，900 以上的功能参数，DGN 参数。
- DNC 输入：需先设置，后进行输入操作。

(4) 试机检验功能和机床精度

步骤如下：

① 程序输入完后，先不要移动机床及执行 M、S、T 功能；

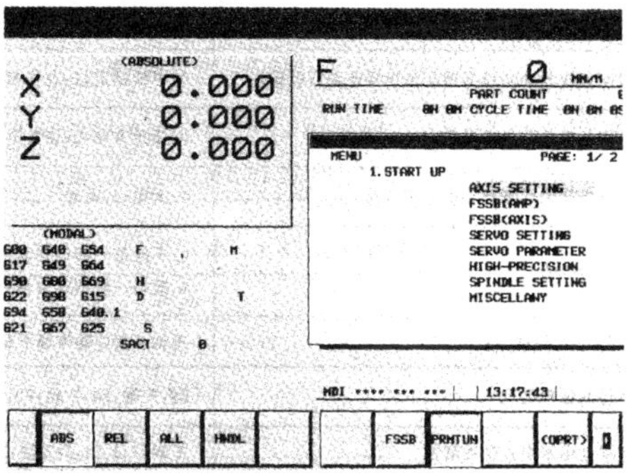

图 3.11　参数设定支持界面

② 设置参数 508＝0、509＝1、510＝0，700、701、702 先设为 99999999；

③ 各轴手动回零；

④ 输入参数 508、509、510(依照机床参数表)；

⑤ 断电后再送电，做手动回零(为防撞车，将各轴移至中间位置)；

⑥ 输入参数 700、701、702(依照机床参数表)；

⑦ 完成全部参数设置，检查各功能是否恢复正常，检验机床各项精度。

(5) 预防参数丢失和机床参数的备份

- 随机文件的参数表，交设备部门妥善保管；同一型号机床关键参数也会不一样。
- 有 DNC 通信软件的用户，将每台参数储存备份；标明该机床的编号参数类型。
- 按说明书的要求和方法更换电池，选用高性能、高容量电池。
- 执行 M51 时，不能执行 M30 自动断电。
- 在机床出现 P/S 报警时，需专职维修人员在场处理，严禁随意修改参数。

3.3　CNC 系统故障的自诊断

在机床硬件上，操作诊断内容是软性的，诊断由 PLC 完成，包括启动诊断、在线诊断与离线诊断。诊断的内容与特点如表 3.3 所示。

表 3.3　数控系统自诊断的分类、特点与内容

分　类	诊断特点	诊断内容
启动诊断	在通电启动时期 诊断时间小于 1 分钟 按系统内设程序进行	检查所有存储器内容总和 检查系统控制软件 检测主板等关键硬件
在线诊断	系统不断电情况下 系统在正常运行中 按内设程序进行	CNC 的硬件:总线及 I/O 装置,CRT/MDI 接口 CNC 主板(CNC 装置、位控、PLC 装置及其端口) 主轴伺服单元与主轴电机及关联的外部装置 伺服是否准备好
离线诊断	停机状态 脱机诊断 用专用诊断软件进行 冲掉 RAM 中存储的数据	CPU 与 RAM 测试(寻址测试、写入与读出测试) 位置控制器测试(坐标轴位置控制中的控制器状态) 各轴控制接口与 I/O 接口测试(影响机床启/停等)

3.3.1　启动自诊断

自诊断功能在开机时启动,只有在检查项目都被确认后,才进入正常运行准备状态,即 CRT 显示进入正常运行的基本画面(一般为位置显示画面)。如果检查出有错,系统进入报警状态,将故障定位到电路板或模块上,甚至可定位到芯片上,如指出哪块 EPROM 出了故障,一般仅将故障定位在某一范围内。

启动诊断主要是对数控系统主板进行检查,如 CPU、存储器、I/O 接口单元、CRT/MDI 单元等,或对外部设备进行自动检查,确定数控系统的安装、连接状态与性能。部分数控系统还能对芯片,如 RAM、ROM、专用 LSI 等进行诊断。

例如,FANUCⅡ系统在执行启动诊断时,其系统主板上的七段数码显示器以 0、9、8、7、6、5、4、3、2、1 倒序计数来反映诊断执行进程,每个数字代表诊断进程中所进行的检查内容。在某一阶段出错,会以不同字母显示从而给出故障信息。在技术资料中可查到启动诊断内容与报警信息。

启动诊断从复位 CPU、RAM 内存检查开始,若某一检查未通过,就终止诊断。终止诊断时显示未完成的诊断序号,或显示出错字母。有关系统和 PLC 控制软件问题,一般由 CRT 显示系统软件信息及报警信息。当 CRT 未能显示时,需要借助于七段显示器来判断。

【例 3.3】 由意大利 F90 钻床改制的大型数控导轨钻床,采用了 FUNAC - 6M 数控系统。每次数控系统通电后,进行开机自诊断时,CRT 上显示"SYSTEM ERROR 908"报警信息,数控系统不能进入正常工作状态。

调查发现这是启动诊断时的故障报警。查阅故障记录时发现:反复出现 908 号报警信息,偶尔也出现 081 号报警。现对磁泡存储器重新初始化,故障仍然存在。

维修手册上查知:908 为磁泡存储器(RAM)奇偶校验出错(软件故障),081 为 ROM 故障报警(硬件故障报警信息)。

故障分析:如果 ROM 硬件故障,必然出现相关的软件出错,并导致 RAM 软件故障。软件与硬件故障都可与 ROM 相关。

故障诊断:将备用磁泡存储器存储板(BMU)换上,调换前将备板的信息记下,以便对其进行初始化时输入新的信息。调换备板并进行初始化后，故障依然存在。初步判断故障不在 BMU 板上。

从故障记录上发现，该机在频繁出现 908 号报警时，曾在 CRT 上偶尔出现过 081 号（ROM 故障）报警。因此，可采用调换 ROM 板的方法来排除故障疑点。用备用 ROM 板替代原来的，然后重新系统上电，故障消失。

注：事实情况是维修人员匆忙，没有先查记录，对磁泡存储器重新初始化、重新输入数据无效，又用备用件替换等均无效后才查阅故障记录。

此例是开机后出现的报警，是软件报警，却是硬件故障。ROM 是只读式的，不能读则就是该器件故障，所以 081 号涉及的是 ROM 硬件故障信息，这也说明：

- RAM 中的参数丢失、混乱或修改出错时，启动诊断会发出报警而中止诊断。
- 同一报警信息可能涉及不同的故障成因，尤其是下位报警往往可能是由于上位输出不正常引起的，报警点不一定就是故障点。
- 软件报警可涉及硬件故障，软件故障可能具有软性成因，一种现象可能有多种成因。

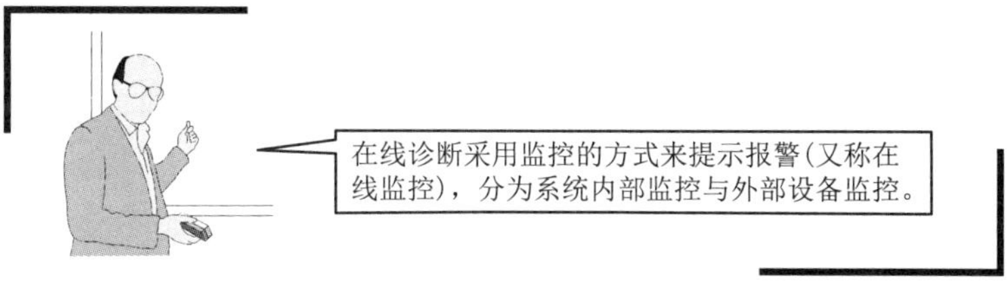

3.3.2　在线诊断

系统内部监控是通过内部程序，对每一部分的状态进行自动诊断、监视和检查。内部监控包括接口信号显示、内部状态显示和故障显示。

1. 接口信号显示

接口信号显示可显示 CNC 和 PLC、CNC 和机床间接口信号的状态，输入/输出数字信号的情况。

了解信号所代表的意义，以及信号产生、撤销应具备的条件。厂家提供的功能说明书、连接说明书及机床电气原理图都是检查的技术指南。

2. 内部状态显示

内部状态显示功能可显示以下内容：

- 显示造成循环指令（加工程序）不执行的外部原因。
- 复位状态显示。显示系统处于“急停”状态或“外部复位”信号接通状态。
- 存储器内容是否能被正常读取的显示。
- 负载电流的显示，位置跟随误差的显示。
- 伺服驱动部分控制信息的显示。
- 编码器、光栅等位置检测元件的输入脉冲显示。

3. 故障信息显示

故障信息以“报警显示”的形式在 CRT 上显示，都以“报警号”加文本形式出现。

通过计算机、PLC 编程器对 PLC 程序以梯形图或功能图的形式进行动态监测，可在厂家未提供 PLC 程序时，进行 PLC 程序的阅读、检查。伺服驱动、主轴驱动系统的动态性能测试、动态波形显示，也需要借助在线监控设备进行。

系统厂家通过网络对机床现场进行检测、监控，解决系统中出现的问题。在线诊断监视的信息一旦超限，诊断系统就会通过显示器或指示灯等发出报警，提供报警号，并配以适当注释。报警信息并不准确，仅仅是故障的可能原因，提供查找故障原因的一些线索。

自诊断功能报警号不完全相同，根据具体使用说明书和维修手册进行分析、诊断。报警编号是按机床上各元器件的功能编号，例如某型号 CNC 系统报警信号编组为：

- 与 CNC 系统硬件(存储器、伺服系统等)有关的报警编号为 1～99。
- 与机械控制有关的报警编号为 100～339。
- 与操作失误有关的报警编号为 400～499。
- 与外部通信对话有关的报警编号为 500～599。
- 与加工程序编制错误有关的报警编号为 600～699。

【例 3.4】 某配置 FANUC 0i 系统的加工中心，在工作过程中 Y、Z 轴突然不能动作，并发出 401 号报警，关机后再启动，还能继续工作，此后关机再启动也不起作用。

故障分析：401 号报警内容为 X、Y、Z 轴速度控制“READY”信号断开。据此检查 X、Y、Z 轴的速度控制单元板，发现 Y 轴速度控制单元板(A06B－6045－C001)的 TGLS 报警灯亮，说明是 Y 轴伺服系统的故障。提示可能原因有如下几个方面：

- 电路板设置不合理。
- 速度反馈无电压。
- 伺服电机电缆没有接到速度控制单元 TI 板的 5、6、7、8 端子或电缆短路。

经检查，Y 轴伺服电机因电刷损坏致使动力电缆烧断。更换电刷及电缆，故障排除。

3.3.3　离线诊断

CNC 系统停机检查故障，称为离线诊断(脱机诊断)。离线诊断的目的是把故障定位在尽可能小的范围内，如缩小到某一模块、线路板，甚至芯片或元器件。

离线诊断需要诊断软件或测试装置，只能在系统厂家或专门的维修部门使用。离线诊断软件正在逐步与 CNC 控制软件一体化，有的数控系统已将“通信诊断”、“自修复系统”、“专家系统”引入到故障诊断。

通过软件，只要在 CRT/MDI 上做简单的会话操作，即可诊断出系统或机床的故障。

例如，美国 A－B 公司离线诊断时，只需把诊断程序读入到 CNC，即可在运行中检查出故障。有些系统将诊断程序与控制程序一同存入 CNC 中，可用键盘调用诊断程序并使之运行，在 CRT 上观察诊断结果。离线诊断可以在现场、维修中心或系统厂家操作。

3.4 电源类故障诊断与维修

输出纹波过大，会引起系统不稳定，用示波器交流输入挡可检查纹波幅值，纹波大一般由集成稳压器损坏或滤波电容不良引起。有些运算放大器、比较器用单电源供电，有些则用双电源供电。用双电源的运放器，应正、负供电对称，其差值一般不能大于 0.2 V(具有调零功能的运放器除外)。

维修开关电源时，最好在电源输入端接一只 1∶1 的隔离变压器，以防触电。为防止元件损坏，或引发新的故障，最好按图 3.12 所示接线，使输入电压从 0 逐渐增大，在输入和输出回路中都有电流、电压检测，发现有过压或过流现象，即可关掉总电源。

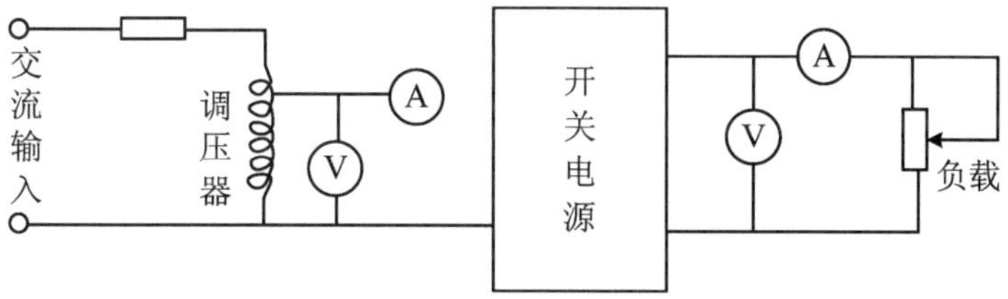

图 3.12 修理开关电源接线图

【例 3.5】 某厂一台 CK6140 数控车床，NC 启动后就自动断电，且 CRT 无显示。

故障分析：

① 初步分析可能是某处接地不良，经对各个接地点的检测处理，故障未能排除。

② 检查 CNC 各个板的电压，用示波器测量数字接口板上集成电路的工作电压时，发现有较强的纹波。

③ 检查电源低频滤波电容正常。

④ 在电源两端并接一小容量滤波电容，启动机床正常。

【例 3.6】 一配套 FANUC 0i 数控系统的数控车床，机床送电时，CRT 无显示，经查 NC 电源，+24 V、+15 V、−15 V、+5 V 均无输出。

故障分析：

① 初步分析可能是电源方面的问题，根据电气原理图从电源的输入端进行检查。

② 检查保险后的电噪声滤波器时发现性能不良，后面的整流、振荡电路均正常。

③ 拆开噪声滤波器外壳，发现里面烧焦，更换噪声滤波器后，数控系统故障排除。

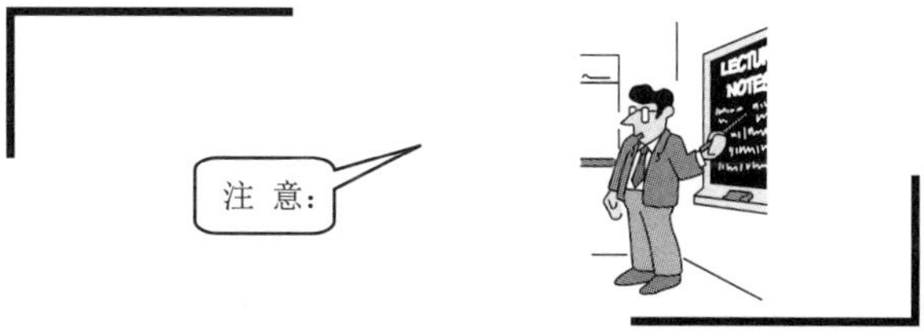

当遇到无法修复的电源时，可采用市面上出售的开关电源替换，但是一定要保证电压等级、容量符合要求。

对电源故障的排除先是使屏幕正常工作，有时也会是显示部分的原因，更多的是并存着多种故障，电源故障分析如表 3.4 所示。

表 3.4　电源故障分析

故障现象	故障原因	排除方法
运行中系统突然断电	切削力太大，使机床过载引起空气开关跳闸	调整切削参数
	机床空气开关容量过小，引起空气开关跳闸	更换空气开关
	机床出现漏电	检查线路
接通电源立即跳闸	变频器或伺服驱动功率较大，进线没有使用隔离变压器或电感器，在上强电时电流有较大的波动，超过了空气开关的限定电流，引起跳闸	在使用时外接一电抗
	系统强电电源接通条件未满足	检查电源强电所需要的各种条件
	空气开关容量过小，选择了一个较小的电流	更换空气开关，重新选用电流
系统上电指示灯不亮且电源不能接通	电源的保护装置跳闸或熔断形成了电源开路	合上开关，更换熔断器
	没有提供外部电源，电源电压过低、缺相或外部短路	检查外部电源
	PLC 的地址错误或者互锁装置使电源不能接通	更改 PLC 的地址或接线
	系统上电按钮接触不良或脱落	更换按钮，重新安装
	电源模块不良、元器件损坏	更换元器件或电源模块
系统上电指示灯亮且电源不能接通	接通电源的条件未满足	检查电源的接通条件是否满足
	系统黑屏	按说明书方法排除
	系统文件被破坏，没有进入系统	修复系统
电源模块故障	电源模块外部电源短路	调整线路
	续流二极管损坏引起短路	更换相应元器件
	整流桥损坏引起电源短路	
	滤波电容损坏引起的故障	
	供电电源功率不足使电源模块不能正常工作	增大供电电源的功率

【例 3.7】　某工厂一台加工中心，开机后打开急停，数控系统在复位的过程中，伺服强电上去后数控机床总空气开关马上跳闸。

故障分析：

① 对故障进行检查分析，怀疑是空气开关电流选择过小。

② 计算分析认为所选择的空气开关稍有偏小，但基本符合机床要求。

③ 观察上电时电流的波形变化，发现伺服强电在上电时电流冲击较大，电流波形变化较大，进一步分析发现所选伺服功率较大，且伺服内部未加阻抗装置。

④ 按要求加上阻抗后，机床上电恢复正常。

【例 3.8】 一台立式加工中心，开机时屏幕无显示，操作面板上的 NC 电源开关已按下，红、绿灯都亮，查看电柜中开关和主要部分无异常，关机后重开，故障一样。

故障分析：

① 初步分析确定其电源部分无故障，各处电压都正常。

② 检查发现数控系统有多处损坏。

③ 在更换显示器、显示控制板后屏幕出现了显示，使机床能进入其他的故障维修。

【例 3.9】 一台进口卧式加工中心，开机后屏幕无显示。

故障分析：

① 设备使用 FANUC 0i MC 系统，造成屏幕无显示的原因很多，检查后确认系统提供的外部电源正确，主板上的电压不正常，时有时无，确认是主板故障。

② 更换主板后，数控系统有显示。

③ 按系统参数设置步骤，对照参数表进行设置调整，重启后机床正常。

【例 3.10】 一台采用 FANUC 0TC 系统的数控机床出现自动开关跳闸报警，打开电气柜发现 110 V 电源的自动开关跳闸。

故障分析：检查负载没有发现电源短路和对地短路，但在接通电源开关时，电源总开关直接跳闸，怀疑出在 110 V 电源。将 110 V 电源自动开关下面连接的两根电源线拆下一根，开总电源时电源可以加上，但在系统准备好后，按准备按钮时，自动开关又自动跳闸。

检查 110 V 电源负载，发现卡盘卡紧电磁阀 3SOL1 线圈短路。如图 3.13 所示，当机床准备时，PLC 输出 Q3.1 输出高电平，继电器 K31 得电，K31 触点闭合，110 V 电源为电磁阀 3SOL1 供电，因线圈短路电流过大，使得 110 V 电源的开关跳闸。更换电磁阀后机床恢复正常。

为什么另一根电源线一接上，总电源开关接通后就跳闸呢？顺着这根连线进行检查，发现连接到电气柜的门开关上，接着发现经过门开关后又连接到电源总开关的脱扣线圈上，如图 3.14 所示，即起保护作用，当电气柜打开时，不允许非专业人员合上总电源。

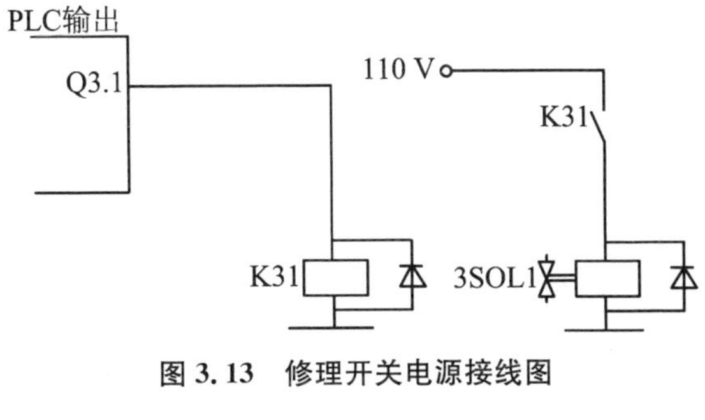

图 3.13　修理开关电源接线图

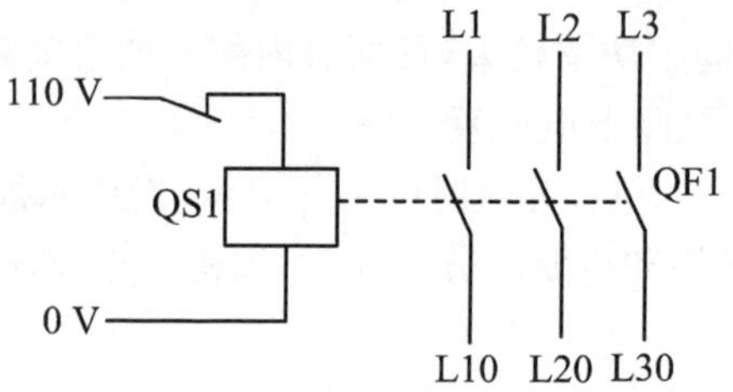

图 3.14　修理开关电源接线图

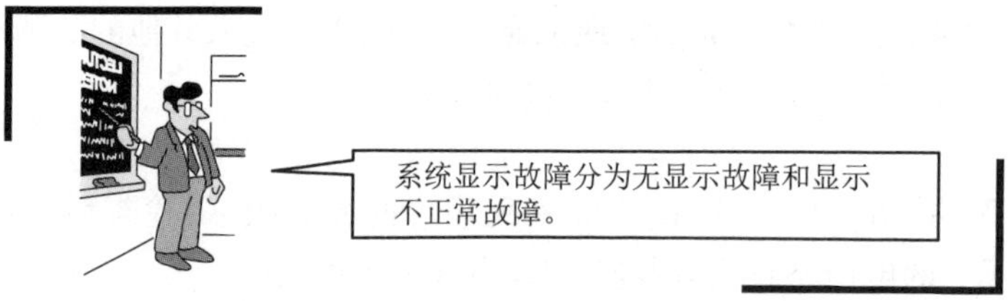

3.5　系统显示类故障诊断与维修

当系统电源、系统的其他部分工作正常时，系统无显示大多数的情况下是由硬件原因引起；而显示混乱或显示不正常，一般由系统软件引起。系统显示类常见故障及排除方法如表 3.5 所示。

表 3.5　系统显示类常见故障及排除

故障现象	故障原因	排除方法
运行中死机或重新启动	系统文件受到破坏或者感染了病毒	清除病毒或重新安装系统软件进行修复
	参数设置错误或参数设置不当	正确设置参数
	电源功率不够	确认负载能力是否符合系统要求
	同时运行了其他内存驻留程序，正从软盘或网络调用程序或从损坏盘上调用程序	停止部分正在运行或调用的程序
	系统元器件受到损坏	检查后更换
主轴有转速，但 CRT 无速度显示	主轴编码器损坏	更换主轴编码器
	编码器电缆脱落或断线，参数设置不当，反馈接口不对，没有选择主轴功能	重新焊接电缆，正确设置系统参数
系统上电后花屏或乱码	系统文件被破坏	修复系统文件或重装系统
	系统内存不足	整理系统，删除不必要的垃圾文件
	外部干扰	增加防干扰的措施

续表 3.5

故障现象	故障原因	排除方法
NC 电源指示灯亮，但是屏幕无显示或黑屏	显示模块损坏	更换显示模块
	显示模块电源不良或没有接通	对电源进行修复
	显示屏由于电压过高被烧坏	更换显示屏
	系统显示屏亮度调节过暗	对显示屏亮度进行重新调整
主轴实际转速与所发指令不符	主轴编码器每转脉冲数设置错误	正确设置编码器的每转脉冲数
	PLC 程序错误	改写 PLC 程序，重新调试
	速度控制信号电缆连接错误	重新焊接电缆
屏幕显示高亮，没有内容	数控系统显示屏亮度调节过亮	对亮度进行重新调整
	数控系统文件被破坏或者感染了病毒，显示控制板出现故障	清除病毒或者重新安装系统软件进行修复，更换显示控制板
屏幕显示暗淡，能正常操作、运行	数控系统显示屏亮度调节过暗	对亮度进行重新调整
	显示屏亮度灯管故障	更换显示器或显示器的灯管
	显示控制板出现故障	更换显示控制板
无转速显示；或进给时主轴转动，但进给轴不动	连接主轴编码器与主轴的齿形皮带断裂	更换皮带
	主轴位置编码器连接电缆断线	找出断线点，重新焊接或更换电缆
	主轴编码器的连接插头接触不良	重新将连接插头插紧
	主轴位置编码器损坏	更换主轴位置编码器

【例 3.11】 某工厂一数控机床系统工作后经常死机，停电后常丢失机床参数和程序。

故障分析：

① 故障的可能原因：电池接触不良；系统存储器出错；软件本身不稳定。

② 逐条进行检查：用万用表直接测量系统断电存储用电池，发现电池没有问题；测量主板上的电池电压，发现时有时无，进一步检查发现当用手按着主板一侧测量时电压正确，松开手时电压不正确，因此初步诊断为接触不良。

③ 拆下主板，检查发现该主板弯曲变形，校正后重新试验，故障排除。

【例 3.12】 某工厂一台数控车床配 FANUC 0TD 系统，在调试中时常出现 CRT 闪烁、发亮没有字符出现的现象。

故障分析：

① 故障的可能原因：CRT 亮度与灰度旋钮在运输过程中受到震动；系统在出厂时没有经过初始化调整；系统主板和存储板存在质量问题。

② 调整 CRT 的亮度和灰度旋钮，如果没有反应，再对数控系统进行一次初始化，同时按“RST”键和“DEL”键进行数控系统启动。

③ 调整 CRT 的亮度和灰度旋钮，如果 CRT 仍没有正常显示，则需更换数控系统主板或存储板。

【例 3.13】 某工厂有一台 HS00/50 卧式加工中心，开机时黑屏，操作面板上的 NC 电源开关已按下，红、绿灯都亮，查看电柜中开关和主要部分无异常，关机后重开，故障一样。

故障分析：

① 分析故障是由多处损坏造成。

② 更换显示器、显示控制板后屏幕出现了显示，使机床能进入其他的故障维修。

【例 3.14】 某工厂有一台 XH716G 立式加工中心，在安装调试时，CRT 突然无显示，而机床还可继续运转。停机后再开，又一切正常。在设备运转过程中经常出现这种故障。

故障分析：

① 分析检查，发现当车间上方的行车经过时，往往就会出现此故障，由此初步判断是元件连接不良。

② 检查显示板，用手触动板上元件，当触动某一集成块管脚时，CRT 上显示就会消失，发现该脚没有完全插入插座中。

③ 发现此集成块旁边的晶振有一个引脚没有焊锡。将这两个原因排除后，故障消除。

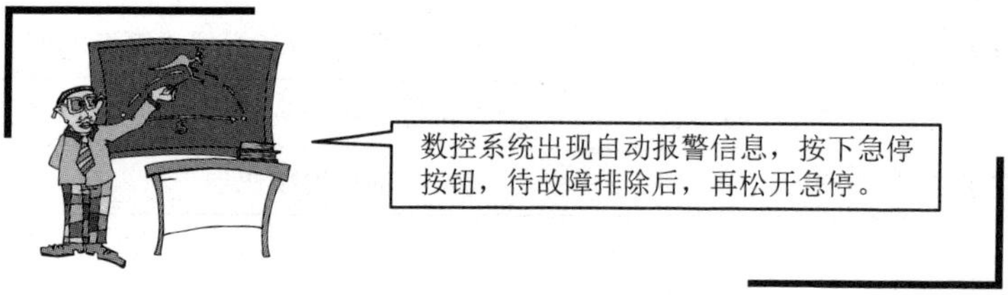

3.6 急停报警类故障诊断与维修

急停按钮及相关电路所控制继电器的触点，应接入数控装置的开关量输入接口，为系统提供复位信号。

1. 机床处于急停状态，不能复位

引起系统急停不能复位故障的原因有以下几种：

① 电气原因，如急停回路断路、限位开关损坏、急停按钮损坏等。应检查如下方面：

- 如果机床处于急停状态，先检查急停回路中继电器是否吸合。
- 继电器吸合而系统仍处于急停，可判断故障不是在电气回路，可从别的方面查找。
- 如果继电器没有吸合，可判断故障是因为急停回路断路引起，可利用万用表对整个急停回路进行检查，检查常闭触点。

② 系统参数错误，使系统信号不能正常，复位条件不能满足引起急停。

③ 松开急停按钮，按 PLC 中规定的系统复位所需要完成的信息，检查伺服动力电源情况，检查电源模块，检查电源模块接线，检查伺服动力电源空气开关。

④ PLC 程序编写错误。

检查逻辑电路，机床系统的各部分出现故障均有可能引起急停，常见故障现象及排除方法见表 3.6。

表 3.6　急停报警类故障及排除

故障现象	故障原因	排除方法
机床一直处于紧急状态，不能复位	电气方面的原因	检查急停回路，排除线路原因
	系统参数设置错误，使信号不能输入输出或复位；PLC 软件未向系统发送复位信息	正确设置参数
	PLC 复位条件未满足，如“伺服动力电源准备好”、“主轴驱动准备好”等信息未到达	根据电气原理图和检测功能，判断未满足的条件，进行排除
	PLC 程序编写错误	重新调试 PLC 程序
	防护门没有关紧	关紧防护门
自动运行时，跟踪误差过大报警引起的急停	负载过大，摩擦力或阻力过大，电机上的扭矩过大，使电机丢步，形成跟踪误差过大	减小负载，改变切削条件或装夹条件
	编码器的反馈出现问题，如编码器的电缆出现了松动	检查编码器的接口是否松动
	伺服驱动器报警或损坏	更换或维修伺服驱动器
	进给伺服驱动系统强电电压不稳或电源缺相	改善供电电压
	在复位时，电机打开抱闸时间过早，引起电机的实际位置发生了变动，产生了跟踪误差过大的报警	延长抱闸电机打开抱闸的时间
伺服单元报警引起的急停故障	伺服单元如果报警或者出现故障，PLC 检测后可使系统处在急停状态，如过载、过流、欠压、反馈断线	找出报警的原因，将伺服部分的故障排除，令系统重新复位
主轴单元报警引起的急停故障	主轴空开跳闸	减小负载或增大空开的限定电流
	负载过大	改变切削参数减小负载
	主轴过压、过流或干扰	清除主轴单元或驱动器的报警
	主轴单元报警或主轴驱动器出错	
由于伺服驱动器报警而出现的急停，可以通过系统复位来消除报警。		

【例 3.15】　一数控车床工作时突然停机，系统显示急停状态，并显示主轴温度报警。

故障分析：

① 实际测量检查，发现主轴温度正常，故判断故障出现在温度仪表上。

② 调整外围线路后报警消失。

③ 更换新仪表后恢复正常。

【例 3.16】 一台加工中心,在调试中 C 轴精度有很大偏差,机械精度经过检查没有发现问题。

故障分析:

① 分析直线轴与旋转轴伺服参数的计算有很大区别。

② 重新计算伺服参数,C 轴回到参考点,运行精度一切正常。

全面了解 PLC 梯形图和系统参数的设置,判断是强电问题还是系统问题,是系统参数问题还是 PLC 梯形图问题,充分利用报警信息和诊断画面。

【例 3.17】 一台立式加工中心采用国外进口控制系统,在自动方式下执行到 X 轴快速移动时就出现伺服单元报警。此报警是速度控制"OFF"和 X 轴伺服驱动异常。

故障分析:此故障出现后能通过重新启动消除,但每执行到 X 轴快速移动时就报警。经查,该伺服电机电源线插头因电弧爬行而引起相间短路,经修整后此故障排除。

3.7　操作类故障诊断与维修

操作类故障及排除方法见表 3.7。

表 3.7　操作类故障及排除

故障现象	故障原因		排除方法
手动运行数控机床,数控机床不动作	坐标显示无变化	倍率选择开关选择 0	正确选择运动倍率
		系统参数设置错误	重新设置系统参数
		硬极限超程	手动将超程解除
		手动按钮损坏或接触不良	更换按钮
		锁紧按钮损坏,机床处在锁紧状态	
	坐标有变化但轴不动作	驱动程序没有安装或安装不正确	重新安装驱动程序
		伺服驱动器报警或使能信号未到达	清除报警,查使能信号是否到达
		系统参数设置错误	重新设置系统参数
手摇无效	坐标无变化	脉冲发生器坏	更换或维修脉冲发生器
		系统参数设置不对	正确设置系统参数
		手摇功能无效或使能信号没有接通	检查使能信号是否给出
	坐标变化但轴不动作	锁紧按钮损坏,使机床一直处在锁住的状态	更换按钮
		伺服或主轴部分出现报警	清除报警

续表 3.7

故障现象	故障原因	排除方法
手动移动数控机床超程无法解除	机床超程信号接反或者是数控机床运动方向相反	更改轴的运动方向，或将超程信号进行互换
	PLC 编写错误	更改 PLC 程序
	参数设置错误	正确设置系统参数
S、M、T 有时执行有时不执行或动作不正确	参数设置错误或丢失，从而引起系统的控制紊乱	重新设置参数
	系统受到较强烈的干扰	增加防干扰的措施，排除干扰源
系统 G00、G01、G02、G03 指令均不能执行	系统选择每转进给，但是主轴未启动	在轴动作前先运转主轴
	PLC 中已设置的主轴速度到达信号没有到达系统	将主轴速度到达的限定范围加大
	轴的进给倍率选择了 0	选择正确的进给倍率
油泵、冷却泵不启动或启动后无油、冷却液	输入输出板或回路出现故障	维修或更换输入输出板
	电机电源相序不正确	调整三相电源的相序
	冷却箱过脏，电泵堵塞，冷却管堵塞或变形	清洗冷却箱，更换过脏的冷却液，更换变形的冷却管
系统发出主轴旋转的指令后，主轴不转动或只能向一个方向转动	系统控制主轴的模拟电压没有输出	测量是否有电压输出，是否随主轴转速的变化而变化
	输出接口与变频器的连接电缆断线或者短路	重新焊接电缆或更换
	连接器接触不良	重新将连接器接牢
	主轴的正、反转控制接触器损坏或接触不良	更换损坏的继电器
	主轴控制电路接触不良或有断线	根据电气原理图找出故障点
工作台运行时抖动，有时有卡滞现象	导轨拉伤产生爬行	清洗导轨或用油石清洗导轨表面
	丝杠轴承损坏	更换损坏的轴承
	传动链松动	检查传动系统，紧固松动部位
气动卡盘夹不紧工件	气压不足	增大气压
	电磁阀损坏	更换电磁阀
	压力继电器损坏	更换压力继电器

【例 3.18】 某加工中心在 JOG 方式下进给平稳,但自动方式下则不正常。

故障分析:先确定是 NC 故障还是伺服系统故障。断开伺服速度给定信号,用电池电压作为信号,故障依旧,说明 NC 系统没有问题。进一步检查发现是 Y 轴夹紧装置故障。

【例 3.19】 某加工中心采用直流主轴电机、逻辑无环可逆调速系统。当用 M03 指令启动时有"咔、咔"的冲击声,电机换向片上有轻微火花,启动后无明显异常现象。用 M05 指令使主轴停止时,换向片上出现强烈的火花,同时伴有"叭、叭"的放电声,随即交流回路的保险丝熔断,火花的强烈程度和电机的转速成正比。但若用急停方式停止主轴,换向片上没有任何火花。

故障分析:先急停(电阻能耗制动),再正常停机(回馈制动)。在任何时候都不允许正、反两组同时工作,有火花说明逆变电路故障。

【例 3.20】 数控车床在使用中手动移动正常,自动回零时移动一段距离后不动,重开手动移动又正常。

故障分析:该车床使用步进电机,手动移动时由于速度稍慢,移动正常,自动回零时快速移动距离较长,出现机械卡住现象。

根据故障现象进行分析,主要是机械原因,后经询问得知该机床因加工时尺寸不准,将另一台机床上的电机拆来使用后出现了该故障,经仔细检查是因变速箱中的齿轮间隙太小引起,重新调整后正常。

这是一人为因素造成的故障,在修理中如不加注意会经常发生。

【例 3.21】 配备 FANUC 0T 系统的数控车床,当脚踏尾座开关使套筒顶尖顶紧工件时,系统产生故障报警。

故障分析:在系统诊断状态下,调出 PLC 输入信号,发现脚踏开关 X04.2 为"1",尾座套筒转换开关 X17.3 为"1",润滑油液面开关 X17.6 为"1"。调出 PLC 输出信号,当脚踏向前开关时,输出 Y49.0 为"1",同时电磁阀也得电。这说明系统 PLC 输入、输出状态正常。

当电磁阀 YV4.1 得电后,液压油经溢流阀、流量控制阀和单向阀进入尾座套筒液压缸,使其向前顶紧工件。松开脚踏开关后,电磁换向阀处于中间位置,油路停止供油;由于单向阀的作用,尾座套筒向前时的油压得到保持,该油压使压力继电器常开触点接通,在系统 PLC 输入信号中 X00.2 为"1",但检查系统 PLC 输入信号 X00.2 为"0",说明压力继电器故障,经进一步检查发现其触点损坏。

【例 3.22】 一卧式加工中心,由于 Z 轴(立柱移动)位置环发生故障,机床在移动 Z 轴时立柱突然以很快的速度向相反方向冲去。位置检测回路修复后,Z 轴只能以很慢的速度移动(倍率开关置 20%以下),稍加快点 Z 轴就抖动,移动越快抖动越严重,严重时整个立柱几乎跳起来。

故障分析：更换伺服电机后，故障现象没有消除，由于驱动电机有许多保护环节，所以暂不考虑其余故障而怀疑机械部分有问题。通过检查发现润滑、轴承、导轨导向块等各项均良好，用手转动滚珠丝杠，立柱移动也很轻松；滚珠丝杠螺母与立柱连接良好；滚珠丝杠螺母副也无轴向间隙，预紧力适度，进而怀疑滚珠丝杠有问题，换上备件后，故障现象消失。经过检查又发现滚珠丝杠的弯曲度超过了 0.15 mm/m。由于撞车时速度很快，滚珠丝杠承受的轴向力很大，结果引起滚珠丝杠弯曲，低速时由于扭矩和轴向力都不大，所以影响不大，而高速时扭矩和轴向力都很大，加剧了滚珠丝杠的弯曲，使阻力增大，从而使 Z 轴不稳定，引起抖动。

【例 3.23】 配备 FANUC 7CM 系统的 XK715F 型数控立铣床，其旋转工作台（B 轴）低速时转动正常，中、高速时出现抖动。

故障分析：采用隔离法将电机从转盘上拆下后再运转，仍有抖动现象，再将位置环脱开，外加 VCMD 信号给速度单元，再运转，还是抖动。判断故障在电机或速度单元上。打开电机，发现大量冷却油进入内部。洗刷电机内部后再装好，运转时电机不再抖动。

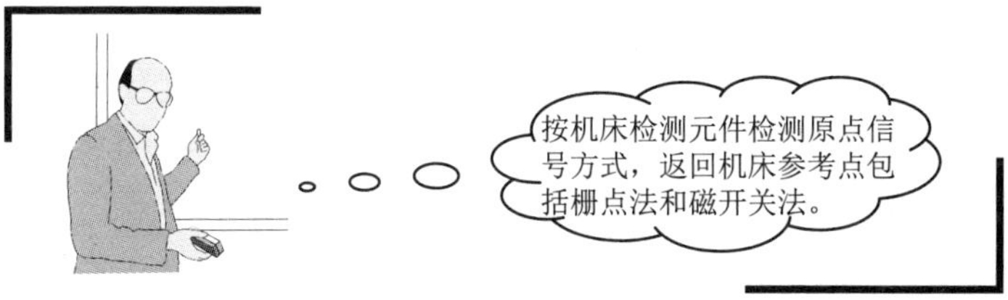

3.8　回参考点、编码器故障诊断与维修

3.8.1　回参考点原理

栅点法是检测器随着电机一转信号同时产生一个栅点或零位脉冲，在机械本体上安装减速挡块及减速开关，当减速挡块压下减速开关时，伺服电机减速到接近原点速度运行，当减速挡块离开减速开关时，即释放开关后，数控系统检测到的第一个栅点或零位信号即为原点。

磁开关法是在机械本体上安装磁铁及磁感应原点开关或者接近开关，当磁感应开关或接近开关检测到原点信号后，伺服电机立即停止运行，该停止点被认作原点。

使用栅点法，接近原点速度小于特定值，则伺服电机总是停止于同一点，即在进行回原点操作后，原点的保持性好。磁开关法的特点是软件及硬件简单，但原点位置随着伺服电机速度的变化而成比例地漂移，即原点不确定。多数机床采用栅点法。

栅点法中，按照检测元件分为以绝对脉冲编码器方式归零和以增量脉冲编码器方式归零。绝对脉冲编码器的机床调试时第一次开机，机床回零操作调整到合适的参考点后，只要后备电池有效，以后不必回参考点。增量脉冲编码器的机床回参考点一种是开机后在参考点回零模式下直接回零；另一种是在存储器模式下，第一次开机手动回原点，以后可用 G28

代码回零。

3.8.2 返回参考点方式

返回参考点方式分为如下几种：

① 手动回原点，回原点轴以快速移动速度向原点移动，当减速挡块压下原点减速开关时，回原点轴减速到较慢参考点定位速度，继续向前移动；当减速开关被释放后，系统开始检测编码器的栅点或零脉冲；当系统检测到第一个栅点或零脉冲后，电机停止转动，当前位置为零点。

② 回原点轴先以快速移动速度向原点移动，当减速挡块压下原点减速开关时，回零轴减速到较慢的速度，轴向相反方向移动；当减速开关被释放后，系统开始检测编码器的栅点或零脉冲；当系统检测到第一个栅点或零脉冲后，电机停止，当前位置即为零点。

③ 回原点轴先以快速移动速度向原点移动，当减速挡块压下原点减速开关时，回零轴减速到较慢的参考点定位速度，轴向相反方向移动；当减速开关被释放后，回零轴再次反向；当减速开关再次被压下后，系统开始检测编码器的栅点或零脉冲；当系统检测到第一个栅点或零脉冲后，电机停止，当前位置即为零点。

④ 回原点轴接到回零信号后，就在当前位置以一个较慢的速度向固定的方向移动，同时系统开始检测编码器的栅点或零脉冲；当系统检测到第一个栅点或零脉冲后，电机停止，当前位置即为零点。

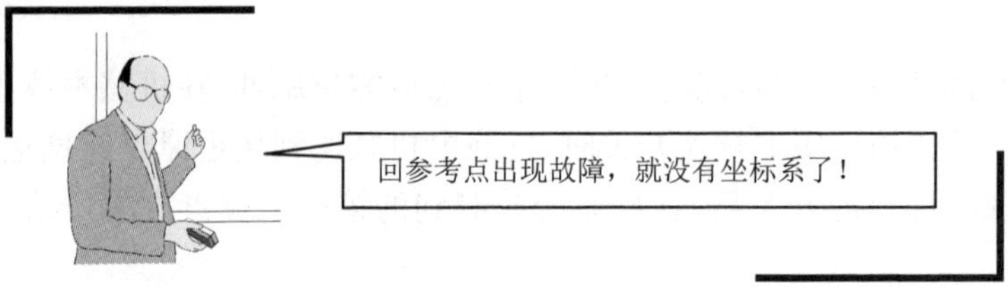

3.8.3 回参考点故障及排除

回参考点出现故障时，检查原点减速挡块是否松动，减速开关固定是否牢靠或损坏；用百分表或激光干涉仪进行测量，确定机械相对位置是否漂移；检查减速挡块的长度，安装的位置是否合理；检查回原点的起始位置、原点位置和减速开关的位置三者间的关系；确定回原点的模式是否正确；确定回原点所采用的反馈元器件的类型；检查有关回原点的参数设置；用示波器检查脉冲编码器或光栅尺的零点脉冲；检查 PLC 的回零信号的输入点。回参考点常见故障及排除见表 3.8。

表 3.8　回参考点常见故障及排除

<table>
<tr><th>故障现象</th><th colspan="2">故障原因</th><th>排除方法</th></tr>
<tr><td rowspan="5">回原点后，原点漂移或参考点发生整螺距偏移</td><td rowspan="2">参考点单个螺距偏移</td><td>减速开关与减速挡块安装不合理，使减速信号与零脉冲信号距离过近</td><td>调整减速开关或挡块。使机床轴开始减速的位置处在一个栅距或螺距的中间</td></tr>
<tr><td>机械安装不到位</td><td>调整机械部分</td></tr>
<tr><td rowspan="3">参考点多个螺距偏移</td><td>参考点减速信号不良</td><td>检查减速信号，检查接触是否良好</td></tr>
<tr><td>减速挡块固定不良引起寻找零脉冲的初始点发生了漂移</td><td>重新固定减速挡块</td></tr>
<tr><td>零脉冲不良</td><td>对码盘进行清洗</td></tr>
<tr><td rowspan="6">系统开机回不了参考点、回参考点不到位</td><td colspan="2">系统参数设置错误</td><td>重新设置系统参数</td></tr>
<tr><td colspan="2">零脉冲不良，回零时找不到零脉冲</td><td>清洗或者更换编码器</td></tr>
<tr><td colspan="2">减速开关损坏或者短路</td><td>维修或更换减速开关</td></tr>
<tr><td colspan="2">数控系统控制检测放大的线路板出错</td><td>更换线路板</td></tr>
<tr><td colspan="2">导轨、压板面、丝杠的平行度超差</td><td>重新调整平行度</td></tr>
<tr><td colspan="2">当采用全闭环控制时光栅尺粘附了油污</td><td>清洗光栅尺</td></tr>
<tr><td rowspan="6">找不到零点或回参考点超程</td><td colspan="2">位置调整不当，减速挡块限位开关行程过短</td><td>调整减速挡块的位置</td></tr>
<tr><td colspan="2">零脉冲不良引起的故障，回零时找不到零脉冲</td><td>对编码器进行清洗或者更换</td></tr>
<tr><td colspan="2">减速开关损坏或者短路</td><td>维修或更换减速开关</td></tr>
<tr><td colspan="2">数控系统控制检测放大的线路板出错</td><td>更换线路板</td></tr>
<tr><td colspan="2">导轨、压板面、丝杠的平行度超差</td><td>重新调整平行度</td></tr>
<tr><td colspan="2">当采用全闭环控制时光栅尺粘附了油污</td><td>清洗光栅尺</td></tr>
<tr><td rowspan="6">参考点随机性变化</td><td colspan="2">干扰</td><td>消除干扰</td></tr>
<tr><td colspan="2">编码器的供电电压过低</td><td>改善供电电源</td></tr>
<tr><td colspan="2">电机与丝杠的联轴节松动</td><td>紧固联轴节</td></tr>
<tr><td colspan="2">扭矩过低或伺服调节不良，跟踪误差过大</td><td>调节伺服参数，改变其运动特性</td></tr>
<tr><td colspan="2">零脉冲不良</td><td>对编码器进行清洗或者更换</td></tr>
<tr><td colspan="2">滚珠丝杠间隙增大</td><td>维修滚珠丝杠螺母调整垫片，重调间隙</td></tr>
<tr><td rowspan="3">攻丝或车螺纹时出现乱扣</td><td colspan="2">零脉冲不良引起的故障</td><td>对编码器进行清洗或者更换</td></tr>
<tr><td colspan="2">时钟不同步引起的故障</td><td>更换主板或更改程序</td></tr>
<tr><td colspan="2">转速不稳、跳动过大或主轴过载能力太差</td><td>重新调试主轴</td></tr>
<tr><td rowspan="3">主轴不能定向，不能镗孔、换刀</td><td colspan="2">脉冲编码器出现问题</td><td>维修或更换编码器</td></tr>
<tr><td colspan="2">机械部分出现问题</td><td>调整机械部分</td></tr>
<tr><td colspan="2">PLC 调试不良，定向过程没有处理好</td><td>重新调试 PLC</td></tr>
</table>

【例 3.24】 一台普通的数控铣床，开机回零，X 轴正常，Y 轴回零不成功。

故障分析：机床轴回零时有减速过程，说明减速信号已经到达系统，减速开关及其相关电气装置没有问题，问题可能出在编码器；用示波器测量编码器的波形，零脉冲正常，确定编码器没有问题，问题可能发生在接受零脉冲反馈信号的线路板上。

解决办法：更换线路板。若每个轴的检测线路板是分开的，将 X、Y 两轴的板子进行互换，确认问题的所在，然后更换坏板；若检测板与 NC 板集成在一块上，则可直接更换整个线路板。

【例 3.25】 某机床在回参考点时，发现机床回参考点的实际位置每次都不一样，漂移一个栅点或者是一个螺距的位置，并且时好时坏。

故障分析：如果每次漂移只限于一个栅点或螺距，有可能是减速开关与减速撞块安装不合理，机床轴开始减速时的位置距离光栅尺或脉冲编码器零点太近；由于机床加减速或惯量不同，机床轴在运行时过冲距离不同，使机床轴所找的零点位置发生变化。

解决办法：

① 改变减速开关与减速撞块的位置，使机床轴开始减速位置处在一个栅距或一个螺距的中间位置。

② 设置机床零点偏移量，适当减小机床回零速度或快移速度加减速时间常数。

【例 3.26】 一台数控车床，X、Z 轴使用半闭环控制，用户运行半年后发现 Z 轴每次回参考点总有 2～3 mm 的误差，而且误差没有规律。

故障分析：调整控制系统参数后故障没有消除，更换伺服电机后故障依然存在，后来仔细检查发现是丝杠末端没有锁紧，将螺母锁紧后故障排除。

【例 3.27】 某机床在回零时有减速过程，但是找不到零点。

故障分析：机床轴回零时有减速过程，说明减速信号已经到达系统，证明减速开关及其相关电气没有问题，问题可能出在编码器上；用示波器测量编码器的波形，找不到零脉冲，确定是编码器问题。

解决办法：将编码器拆开，观察里面是否有灰尘或者油污，再将编码器擦拭干净；用示波器测量，如发现零脉冲，则问题解决，否则可以更换编码器或者进行修理。

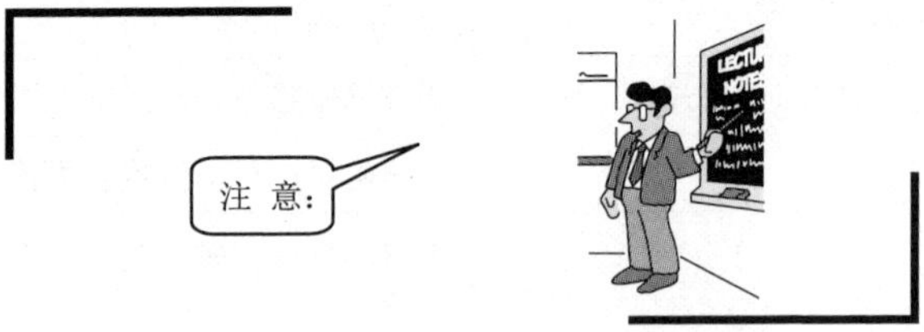

此类问题较多，如全闭环中使用的光栅尺，如果长时间不进行清洗，光栅尺的零点标记被灰尘或者油污遮住，就有可能出现类似的问题。

3.9 实　　训

3.9.1 数控系统原理及组成项目

1. 项目构思(Conceive)

(1) 了解数控系统的特点、基本组成和应用。

(2) 了解数控系统常用部件的原理及作用。

(3) 熟悉数控系统综合实验台，了解数控系统综合实验台的连接和基本操作。

2. 项目设计(Design)

(1) HED-21S数控系统综合实验台一套。

(2) 专用连接线一套。

3. 项目实施(Implement)

(1) 感性认识数控系统综合实验台的各组成部分。

① 指出数控系统综合实验台的各个组成部件及其原理或作用。

② 了解数控系统综合实验台各组成部件间的连接，查清各个信号线的来源和去向。

(2) 了解数控系统综合实验台的基本操作；了解数控系统综合实验台的上电顺序；了解HNC-21S数控车床的基本操作；进入数控系统，运行演示程序。

4. 项目运作(Operate)

(1) 简述数控系统的组成及原理。

(2) 列举一些数控系统应用的实例。

(3) 画出HED-21S数控系统综合实验台的结构框图。

(4) 列举HED-21S数控系统综合实验台的主要部件，并简述其作用。

(5) 简述HED-21S数控系统综合实验台的连接及基本操作。

3.9.2 数控系统的连接与调试项目

1. 项目构思(Conceive)

(1) 熟悉HED-21S数控系统综合实验台各个组成部件的接口。

(2) 读懂电气原理图，通过电气原理图能独立进行数控系统各部件之间的连接。

(3) 掌握数控系统的调试及运行方法。

2. 项目设计(Design)

(1) HED-21S数控系统综合实验台一套。

(2) 专用连接线一套。

(3) 万用表一只。

(4) 扳手、起子等工具一套。

3. 项目实施(Implement)

(1) 数控系统的连接

1) 电源回路的连接

① 参照原理图连接数控系统电源回路,注意不要连接其他电气设备。接完线后仔细复查,确保接线的正确。

② 断开所有开关,接入AC380 V电源,用万用表测量进线端电压。

③ 合上开关,测量初级线圈、次级线圈和进线端电压,测量整流电路输出端的电压(+35 V左右)。

④ 合上开关,测量输出端和初级线圈、次级线圈的电压。这时开关电源的指示灯亮,测量开关电源的输出电压(+24 V)。

⑤ 断开所有的空气开关,断开380 V电源。

2) 继电器和输入、输出开关量的连接

① 参照原理图连接数控系统的继电器和接触器。

② 参照原理图连接数控系统的输入开关量。

③ 参照原理图连接数控系统的输出开关量。

3) 数控装置和手摇单元的连接

① 参照原理图连接数控装置和手摇单元。

② 参照原理图连接数控装置和光栅尺。

4) 数控装置和变频主轴的连接

① 参照原理图连接主轴变频器和主轴电机强电电缆。

② 连接数控装置和主轴变频器信号线。

③ 确保地线可靠,且正确地连接。

5) 数控装置和步进电机驱动器的连接

① 参照原理图连接步进电机驱动器和步进电机。

② 连接步进电机驱动器的电源,连接数控装置和步进电机驱动器。

③ 确保地线可靠且正确地接地,进行数控装置和交流伺服的连接。

6) 交流伺服单元的连接

① 参照原理图连接交流伺服单元和交流伺服电机的强电电缆及码盘信号线。

② 连接交流伺服单元的电源,连接数控装置和交流伺服单元的信号线。

③ 确保地线可靠且正确地接地。

7) 数控系统刀架电机的连接

参照原理图连接刀架电机。

(2) 数控系统调试

1) 线路检查

① 变压器规格和进出线的方向与顺序。

② 主轴电机、伺服电机强电电缆的相序。

③ DC24 V 电源极性的连接，步进电机驱动器(步进驱动器)直流电源极性的连接。

④ 所有地线的连接。

2) 系统调试

• 通电：

① 按下急停按钮，断开系统中所有的空气开关。

② 合上空气开关，检查变压器电压是否正常。

③ 合上控制电源 DC24 V 开关，检查 DC24 V 情况。数控装置通电，检查指示灯情况，各个开关量接线端子和继电器板的电源指示灯情况。

④ 测量步进驱动器直流电源+V 和 GND 两脚间电压(DC35 V 左右)，合上开关。

⑤ 检查变压器的电压是否正常，检查设备用到的其他部分电源的电压是否正常。

⑥ 通过查看 PLC 状态，检查输入开关量是否和原理图一致。

• 系统功能检查：

① 左旋急停按钮，使系统复位；进入手动方式，软件操作界面的方式变为手动。

② 按"+X"或"−X"键，X 轴应产生正向或负向的连续移动。松开"+X"或"−X"键，X 轴即减速运动后停止。同样操作 Z 轴。

③ 在手动方式，点动 X 轴、Z 轴，使之压限位开关。观察是否能压到限位开关，若到位后压不到开关，应立即停止点动；若压到限位开关，观察轴是否立即停止运动，软件操作界面是否出现急停报警，这时按压超程解除按键，使该轴向反向退出；松开超程解除，若显示屏上运行状态栏运行正常取代了出错，表示恢复正常。检查完 X 轴、Z 轴正、负限位开关后，以手动方式将工作台移回中间位置。

④ 按下回零键，软件操作界面的工作方式变为回零。按下"+X"和"+Z"键，检查 X 轴、Z 轴是否回参考点。回参考点后，"+X"和"+Z"指示灯应点亮。

⑤ 在手动方式，按主轴正转键，主轴电机正转，检查主轴电机是否运转正常；按主轴停止键，使主轴停止正转。按主轴反转键，主轴电机反转，检查主轴电机是否运转正常；按主轴停止键，使主轴停止反转。

⑥ 在手动方式，按刀号选择键，选择所需的刀号，再按刀位转换键，转塔刀架应转动到所选的刀位。

⑦ 调入演示程序，自动运行程序，观察十字工作台的运行情况。

• 关机：

① 按下控制面板上的急停按钮。

② 断开 380 V 电源。

4. 项目运作(Operate)

(1) 总结数控系统连接、调试的一般步骤和方法。

(2) 简述交流伺服驱动系统、步进驱动系统采用的控制方式，分析其区别和特点。

(3) 根据实验过程中出现的问题，写出数控系统故障的一般分析和判断方法。

(4) 画出本实验数控系统的电气控制回路、电源回路连接的电气原理图。

(5) 如果实验过程中出现故障，写出关于故障现象及所采取措施的处理报告。

思考与练习

1. 数控系统的自诊断有哪几种？其中启动诊断有什么特点？

2. 列举数控系统故障诊断的一般步骤。

4. 数控机床常见参数有哪几种？

5. 容易造成数控系统软件故障的原因有哪些？如何排除软件故障？

6. 系统硬件故障的诊断方法有哪些？简要说明如何应用这些方法指导维修操作。

7. 简述急停回路在整个数控系统中的作用及回路所包含的内容。

8. 为什么维修前的准备与现场调查很重要？

9. 请用自己的方法归纳总结数控机床软件故障与硬件故障的现象及其相关成因。

10. 当机床出现故障，怀疑是控制信号问题时，请按位置半闭环原理列出所有可能存在的故障成因。

11. 上网查阅 FANUC 0i 系统的选项功能，这些选项功能安装时应注意哪些问题？

12. 如何进行参数的备份和恢复？

13. 简述数控系统的电池和熔断丝的更换要点，伺服电机的维护内容。

14. 简述 FANUC 系统的发展历程，说出产品系列名称，并指出各系列产品的特点。

15. 使用 FANUC 数控系统应获取哪些说明书？

16. 一开机就有故障，有报警与无报警时的诊断思路应该有什么不同？（提示：无报警可能是报警内容超出诊断范围，系统无法执行自诊断功能，或者有故障应该可以报警的却不报警等情况。有报警时需要分析报警机理，同时也存在误报警情况。那么，系统一上电，如果立即报警呢？）

第 4 章　主轴驱动系统故障诊断与维修

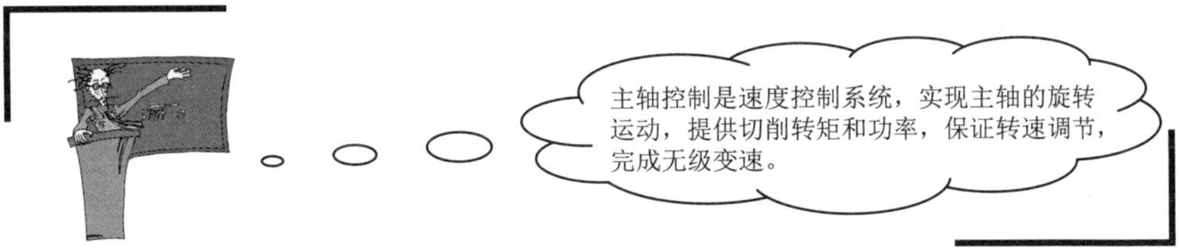

4.1　主轴驱动系统概述

4.1.1　数控机床对主轴驱动系统的要求

1. 调速范围宽

为保证加工时能选用合适的切削用量，获得最佳的生产率、加工精度和表面质量，特别是具有自动换刀功能的加工中心，为适应各种刀具、工序和材料的加工要求，对主轴的调速范围要求很高，要求主轴能在较宽的转速范围内根据数控系统的指令自动实现无级调速，并减少中间传动环节，简化主轴箱。

目前主轴驱动的恒转矩调速范围已可达 1∶100，恒功率调速范围可达 1∶30，一般过载 1.5 倍时可持续工作 30 min。

主轴变速分为有级变速、无级变速和分段无级变速等形式，其中有级变速仅用于经济型机床，大多数机床均采用无级变速或分段无级变速。

2. 恒功率范围宽

主轴在全速范围内均能提供切削所需功率，并尽可能在全速范围内提供主轴电机的最大功率。由于主轴电机与驱动装置的限制，主轴在低速段均为恒转矩输出。为满足数控机床低速、强力切削的需要，常采用分段无级变速的方法，以扩大输出转矩。

3. 位置控制及四象限驱动

要求具有进给功能（C 轴功能）和定向功能（准停功能），满足加工中心自动换刀、刚性攻丝、螺纹切削以及车削中心的某些加工工艺需要。

要求主轴在正、反向转动时均可进行自动加、减速控制，且加、减速时间短。目前一般伺服主轴可以在 1 s 内从静止加速到 6000 r/min。

4. 精度与刚度高，传动平稳，噪音低

数控机床加工精度的提高与主轴系统的精度密切相关。为提高传动件的制造精度与刚度，采用齿轮传动时齿轮齿面应采用高频感应加热淬火工艺，以增加其耐磨性，最后一级一般用斜齿轮传动，以使传动更平稳。

采用带传动时应采用齿型带，采用精度高的轴承及合理的支撑跨距提高主轴组件的刚性。在结构允许时，应适当增加齿轮宽度，提高齿轮的重叠系数。变速滑移齿轮一般都用花键传动，采用内径定心。侧面定心的花键对降低噪声更为有利，该定心方式传动间隙小，接触面大。

5. 良好的抗振性和热稳定性

长时间持续切削、加工余量不均匀、运动部件不平衡及切削过程中的自振等引起冲击力和交变力，会使主轴产生振动，影响加工精度和表面粗糙度，甚至损坏刀具和主轴系统中的零件。

主轴系统的发热使其中的零部件产生热变形，降低传动效率，影响零部件之间的相对位置精度和运动精度，从而造成加工误差。因此，主轴组件要有较高的固有频率，较好的动平衡，且要保持合适的配合间隙，能进行循环润滑。

4.1.2 主轴系统的特点和应用

1. 鼠笼式异步电机配齿轮变速箱

这是一种经济型的主轴配置方式，只能实现有级调速。

由于电机始终工作在额定转速下，经齿轮减速后，在主轴低速下输出力矩大，重切削能力强，非常适合粗加工和半精工的要求。如果加工产品比较单一，对主轴转速没有太高的要求，配置在数控机床上也能起到很好的效果。

其缺点是噪音大，由于电机工作在工频下，主轴转速范围不大，不适合有色金属切削和需要频繁变换主轴速度的加工场合。

2. 鼠笼式异步电机配简易型变频器

这种主轴配置方式可实现主轴的无级调速，主轴电机只有工作在500 r/min以上时才能有比较满意的力矩输出，否则很容易出现堵转，尤其是车床；一般采用两挡齿轮或皮带变速，主轴仍然只能工作在中高速范围。受普通电机最高转速的限制，主轴的转速范围受到较大的限制。

这种方案适用于需要无级调速，但对低速和高速都没有要求的场合。

3. 鼠笼式异步电机配通用变频器

通用变频器，除了具有U/f曲线调节外，一般还具有无反馈矢量控制功能，对电机的低速特性有所改善；配合两级齿轮变速，基本上可以满足车床低速（100～200 r/min）小余量的加工，但同样受电机最高转速的限制，是经济型机床常用的主轴驱动系统。

4. 专用变频电机配通用变频器

一般采用有反馈矢量控制，低速甚至零速时都可以有较大力矩输出，有些还具有定向甚至分度进给的功能，是非常有竞争力的产品。以YPNC系列变频电机为例：电压，三相200 V、220 V、380 V、400 V可选；输出功率1.5～18.5 kW；变频范围2～200 Hz；30 min150%过载能力；支持V/f控制、V/f+PG（编码器）控制、无PG矢量控制、有PG矢量控制。

中档数控机床主要采用的主轴传动两挡变速，甚至仅一挡即可实现转速在100～200 r/min时车、铣的重力切削。有定向功能的还可以应用于要求精镗加工的镗铣床。若应用在加工中心上，必须采用其他辅助机构完成定向换刀功能，而且不能满足刚性攻丝的要求。

5. 伺服主轴驱动系统

伺服主轴驱动系统具有响应快、速度高、过载能力强的特点，可实现定向和进给功能，主要应用于加工中心上，以满足系统自动换刀、刚性攻丝、主轴 C 轴进给等要求，对主轴位置控制性能要求很高。

6. 电主轴

电主轴是主轴电机的一种结构形式，驱动器可以是变频器或主轴伺服，也可不要驱动器。由于电主轴将电机和主轴合二为一，没有传动机构，简化了主轴的结构并提高了主轴精度，但抗冲击能力较弱，且功率不能太大，一般在 10 kW 以下。由于结构上的优势，电主轴向高速方向发展，一般在 8000 r/min 以上，最高可达 150000 r/min。

安装电主轴的机床主要用于精加工和高速加工，例如高速精密加工中心。在雕刻机和有色金属及非金属材料加工机床上应用也较多，这些机床由于只对主轴高转速有要求，因此往往不用主轴驱动器。

4.1.3　主轴驱动系统介绍

1. FANUC 公司主轴驱动系统

有三大系列：

- S 系列电机，额定输出功率范围 1.5～37 kW。
- H 系列电机，额定输出功率范围 1.5～22 kW。
- P 系列电机，额定输出功率范围 3.7～37 kW。

该交流主轴驱动系统的主要特点：

- 采用微处理器控制技术，进行矢量计算，从而实现最佳控制。
- 主回路采用晶体管 PWM 逆变器，使电机电流非常接近正弦波形。
- 具有主轴定向控制、数字和模拟输入接口等功能。

以 FANUC S 系列主轴单元伺服系统为例进行说明。S 系列主轴单元伺服系统的连接方法如图 4.1 所示。

K1 为从变压器副边输出的 AC200 V 的三相电，电源电缆应接到主轴伺服单元的 R、S、T 和 G 端。

K2 为从主轴单元的 U、V、W 和 G 端输出到电机的动力线，应与接线盒内的指示相符。

K3 为主轴伺服单元端子 T 上的 R0、S0 和 T0 输出到主轴风扇电机的动力线，应使风扇向外排风。

K4 为主轴电机的编码器反馈电缆，PA、PB、RA、RB 用作速度反馈信号，OH1、OH2 为电机的温控开关接点，SS 为屏蔽线。

K5 为从 NC 和 PMC 输出到主轴伺服单元的控制信号电缆，接到主轴伺服单元的 50 芯插座 CN1，其中的信号含义见表 4.1。

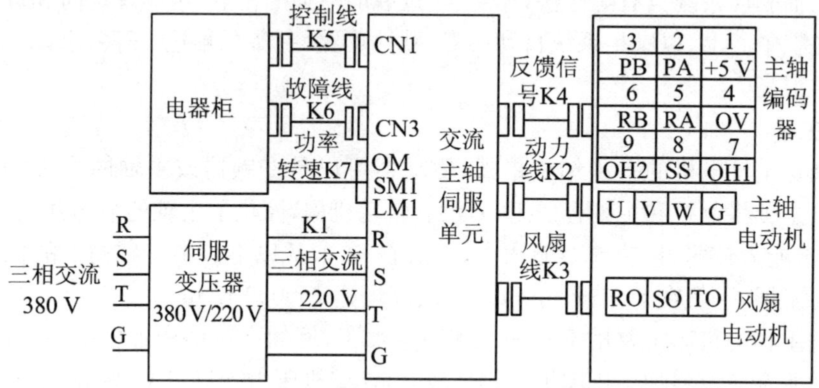

图 4.1　S 系列主轴单元伺服系统连接

K6 电缆从主轴伺服单元的 20 芯插座 CN3 输出主轴故障识别信号，该信号由 AL8、AL4、AL2、ALl 以及 COM 组成，由它们产生的 16 种二进制状态表示相应的故障类型，这些信号进入 PMC 后，由相应的译码程序处理后显示在 CRT 上。

表 4.1　主轴控制信号一览表

插头信号	信号名称	功　能
1,2	SAR1,2	主轴速度到达信号(输出)
3,4	SST1,2	主轴零速信号(输出)
5	TLML	主轴扭矩限制信号(输出)
6	OT	TLML、TMLH 信号地线
7,8	MRDY1,2	主轴运行准备信号(输出)
9,10	TLM5,6	主轴扭矩限制信号(输出)
11,12	ALM1,2	主轴故障(输出)
13	OR	主轴故障报警公共线
14	OS	主轴速度连续修调，正反转信号地线
15,16	STD1,2	主轴速度检测信号(输出)
17	CTH	主轴高速挡信号(输入)
18	OM	主轴转速表/功率表地线
19,20	ARST1,2	主轴报警复位信号(输入)
21	TLMH	主轴扭矩限制信号(大扭矩)(输入)
22,23	ORAR1,2	主轴定向完成信号(输出)
24	CTM	主轴中挡信号(输入)
25,26	ORCM1,2	主轴定向命令信号(输入)
27,28	OVR1,2	主轴速度连续修调命令(信号)
29	+15	+15 V 电源

续表 4.1

插头信号	信号名称	功　能
30,31	DA2,E	主轴速度命令(模拟电压)(输入)
45	SFR	主轴正转命令(输入)
46	SRV	主轴反转命令(输入)
47,48	EPS1,2	主轴急停命令(输入)
49	LM1	主轴功率表信号(输出)
50	SM1	主轴速度表信号(输出)

2. SIEMENS 公司主轴驱动系统

SIEMENS 公司的直流主轴电机有 1GG5、1GF5、1GL5 和 1GH5 这 4 个系列,与这 4 个系列电机配套的 6RA24、6RA27 系列驱动装置采用晶闸管控制。

SIEMENS 交流主轴电机有两个系列:1PH5 和 1PH6,功率范围为 3～100 kW,驱动装置为 6SC650 系列交流主轴驱动装置或 6SC611A(SIMODRIVE 611A)主轴驱动模块,主回路采用晶体管 SPWM 变频器控制的方式,具有能量再生制动功能。

另外,采用微处理器 80186 可进行闭环转速、转矩控制及磁场计算,完成矢量控制。

3. 通用主轴变频器系统

日立公司的主轴变频器有:L100 系列变频器,额定输出功率为 0.2～7.5 kW,V/f 特性可选恒转矩/降转矩,可手动/自动提升转矩,载波频率在 0.5～16 Hz 内连续可调;SJ100 系列变频器,额定输出功率范围为 0.2～7.5 kW,载波频率在 0.5～16 Hz 内连续可调,加减速过程中可分段改变加减速时间,可内部/外部启动直流制动;SJ200/300 系列变频器,额定输出功率范围为 0.75～132 kW,具有两台电机同时无速度传感器矢量控制运行,且具有电机常数在线/离线自整定功能。

4.1.4　主轴伺服故障及诊断

1. 主轴伺服系统分类

主轴伺服系统分为直流主轴驱动系统和交流主轴驱动系统,生产中多采用交流主轴驱动系统,即交流主轴电机配备变频器(或主轴伺服驱动器控制)方式。

直流电机具有调速性能良好,输出力矩大,过载能力强,精度高,控制原理简单,易于调整等特点。交流主轴伺服系统保持了直流主轴伺服系统的优越性,且交流电机具有无需维护,便于制造,不受环境影响的优点,因此目前交流主轴伺服系统逐步取代了直流主轴伺服系统。

交流主轴伺服驱动系统已走向数字化,驱动系统中的电流环、速度环的反馈控制已全部数字化，系统的控制模型和动态补偿均由高速微处理器实时处理，增强了系统自诊断能力，提高了系统的快速性和精度。

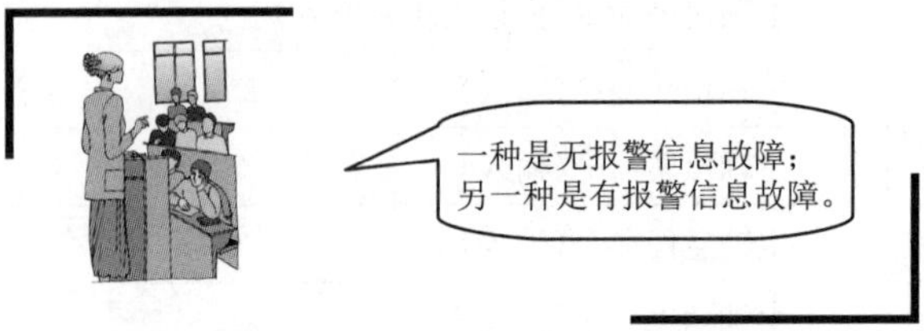

2. 主轴伺服系统故障形式

(1) 主轴转速与指示值不符

一般是 CNC 装置输出的－10 V～＋10 V 转速模拟量偏离转速指令对应的数值。检查 CNC 装置模拟量输出，检查模拟量输出电缆线连接是否松动，检查 CNC 装置和变频器模拟量的参数设置。

(2) 过载

故障原因可能是在加工过程中，因切削量过大、主轴正反转频繁、主轴电机冷却系统不良、主轴电机内部风扇损坏、主轴电机与主轴驱动装置之间的连线断开或接触不良等因素引起。过载时，主轴电机过热，CNC 和主轴驱动装置提示报警信息。

(3) 外界干扰

当 CNC 没有输出速度指令时，主轴有往返运动，调整零速平衡和漂移补偿不能消除该故障，多半是由电磁干扰、屏蔽和接地措施不良造成。电源进线要采取抗干扰措施，走线要合理，信号线和反馈线要进行屏蔽，接地要可靠。

(4) 主轴噪声和振动

在主轴恒速运行过程中，反馈信号正常，主轴电机在自由停车过程中有异常噪声和振动，一般属于主轴机械的问题。

如果噪声和振动周期与主轴转速有关，基本上是主轴机械部分的问题。

(5) 主轴异常噪声和振动

若故障发生在主轴减速时，可能是主轴驱动装置内再生回路的晶体管模块损坏。

若异常噪声和振动周期与主轴转速无关，可能是主轴驱动装置未调整好或驱动装置的控制电路不良、测速装置等故障。

(6) 主轴转速偏离指令值

主轴电机负载过大或主轴转速极限值设置太小，造成主轴电机过载，引起主轴转速偏离指令值。

如果问题发生在主轴减速过程中，可能是再生回路的控制有故障或再生回路中的晶体管模块损坏。

速度反馈信号出现故障，速度反馈信号电缆线接触不良或断线，主轴驱动装置有故障，也可能引起主轴转速偏离指令值。

(7) 主轴转速与进给不同步

当数控机床进行螺纹切削、攻丝或其他需要主轴转速与进给坐标轴进行同步配合的加工动作时，要依靠脉冲编码器配合工作。当主轴转速与进给不同步时，一般是由于脉冲编码器有故障、反馈信号异常。

(8) 主轴定位抖动

主轴定位一般分为机械准停定位、电气准停定位和脉冲编码器准停定位。主轴定位抖动时,准停装置可能有故障。

主轴定位要有一个减速过程,如果减速或增益参数设置不当,将引起主轴定位抖动。

(9) 主轴电机不转

CNC 装置没有速度信号输出,速度信号传输有故障,致使信号没有接通,主轴的启动条件如润滑、冷却等制约了主轴启动。

如果有主轴准停信号,则是参数设置不当或准停装置故障。

3. 主轴故障实例

【例 4.1】 某工厂一台加工中心,采用的直流主轴在运转时抖动、噪声大。

故障诊断:检查主轴电机、主轴箱、主轴驱动装置均正常。测量到测速发电机反馈信号伴有不该出现的脉冲信号,进一步检查测速发电机,发现换向器被炭粉堵塞,绕组短路,使得测速反馈信号出现规律性脉冲,速度调节系统不稳定,从而造成主轴电机抖动和噪声大,清除炭粉后,故障排除。

【例 4.2】 某工厂数控车床主轴在点动时往返摆动,停车时产生很大的响声。

故障诊断:检查主轴电机、主轴箱均正常。测量主轴驱动装置的工作电压时,发现 ±20 V直流电压的波纹竟然达到 4 V 峰值,更换直流电源板中的 100 DF 和 1000 DF 的滤波电容后,主轴往返摆动的故障排除。

检查启动、停车的过滤时间电位器和增益电位器时,发现电位器的调节箭头位置与随机图纸中的箭头位置不符。启动、停车的过渡时间由图纸上的 15 s 变成了 10 s。增益电位器箭头的错误位置使增益值比图纸上的增益参考值高许多,按图纸中的箭头位置重新调整,故障排除。

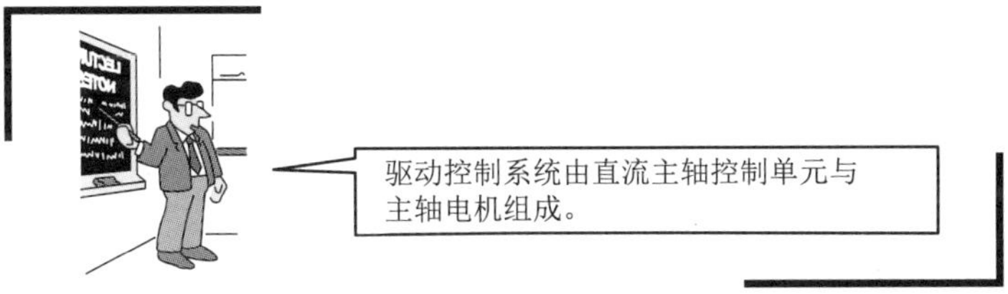

4.2　直流主轴驱动系统故障诊断与维修

4.2.1　直流主轴驱动系统介绍

直流主轴电机的转子由电枢绕组和换向器组成,定子上不但有主磁极绕组,还带有补偿绕组,主轴电机一般都有过载能力。

直流主轴电机驱动器分为可控硅调速和脉宽调制调速。脉宽调制调速具有很好的调速性能,在对静、动态性能要求较高的机床上广泛使用。而三相全控可控硅调速装置则适用于大功率场合。

直流主轴驱动系统具有以下特点:

- 调速范围宽。采用直流主轴驱动系统的数控机床只设置高、低两挡速度的机械变速机构,得到全部的主轴变换速度,实现无级变速。
- 直流主轴采用全封闭结构,在有尘埃和切削液飞溅的工业环境中可满足使用要求。
- 主轴电机通常采用特殊的热管冷却系统,能将转子产生的热量迅速向外界散发。主轴电机发热量小,效率高。定子采用独特附加磁极,以减小损耗。
- 直流主轴驱动器主回路采用晶闸管三相全波整流,以实现四象限的运行。
- 主轴驱动控制性能好。主轴伺服器带有 D/A 转换器、"使能"信号输入、"准备好"信号输出、转速/转矩显示输出。
- 纯电主轴定位控制功能,缩短了定位时间。

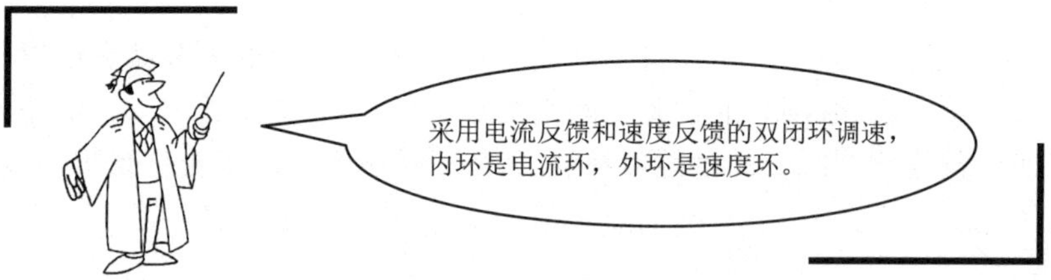

4.2.2　主轴电机驱动方式

1. 控制电路

主轴电机为他励式电机,励磁绕组与电枢组无连接关系,由另一路直流电源供电。

双闭环调速系统将速度调节器的输出作为电流调节器的给定信号,其优点是:可根据速度指令的模拟电压信号与实际转速反馈电压的差值,及时控制电机转矩,在速度差值大时,电机转矩大,速度变化快,以便尽快地使电机转速达到给定值;而当转速接近给定值时,又能使电机转矩自动减小,可避免过大的超调,使转速很快达到给定值,保证转速稳态无静差。电流环的作用是当系统受到外来干扰时,能迅速做出抑制干扰的响应,保证系统具有最佳的加速和制动的时间特性。

双闭环调速系统以速度调节器的输出作为电流调节器的输入给定值，速度调节的输出限幅值就限定了电流环中的电流。在电机启动或制动过程中，电机转矩和电枢电流急剧增加，电枢电流达到限定值，使电机以最大转矩加速，转速直线上升。

当电机的转速达到甚至超过了给定值时，导致速度反馈电压大于速度给定电压，速度调节器的输出从限幅值降下来，作为电流调节器的输入给定值将使电枢电流下降，电机的转矩也随之下降，开始减速。

当电机的转矩小于负载转矩时，电机又会加速，直到重新回到速度给定值，因此双闭环直流调速系统对主轴的快速启停和稳定运行很重要。

FANUC直流主轴电机当电枢电压低于210 V，电枢反馈电压低于6.2 V时，磁场控制回路中电枢电压反馈相不起作用，只有励磁电流反馈起作用，维持励磁电流不变，实现调压调速；当电枢电压高于210 V，电枢反馈电压高于6.2 V时，此时励磁电流反馈不起作用而引入电枢反馈电压。随着电枢电压的提高，调节器即对磁场电流进行弱磁升速，使转速上升。通过速度指令，电机转速从最小值到额定值对应电机电枢的调压调速，实现恒转矩控制；从额定值到最大值对应电机励磁电流减小的调磁调速，实现恒功率控制。

2. 主电路

直流主轴电机由于功率大，要求正、反转及停止迅速，驱动装置采用三相桥式反并联逻辑无环流可逆调速系统，除缩短制动时间外，还能将主轴旋转的机械能转换成电能送回电网。测速发电机作为速度的检测反馈元件，逻辑无环流可逆系统是利用逻辑电路，使一组晶闸管在工作时，另一组晶闸管的触发脉冲被封锁，从而切断正、反两组晶闸管之间流通的电流(简单环流)。命令级电路的作用是防止正、反向两组晶闸管同时导通，它要检调电枢电路的电流是否到达零值，判别旋转方向，向逻辑电路提供正组或反组晶闸管允许开通信号，这两个信号是互斥的，由逻辑电路保证不同时出现。逻辑电路应满足下述条件：

- 只允许向一组晶闸管提供触发脉冲。
- 只有当工作的晶闸管断流后才能撤销其触发脉冲，防止晶闸管处于逆变状态时，未断流就撤销触发脉冲，以致出现逆变颠覆现象，造成故障。
- 只有当原先工作的那一组晶闸管完全关断后，才能向另一组晶闸管提供触发脉冲，以防止出现过大的电流。
- 任何一组晶闸管导通时，防止晶闸管输出电压与电机电动势方向一致，导致电压相加，使瞬时电流过大。

【例4.3】 有一加工中心采用直流主轴电机、逻辑无环流可逆调速系统。当用M03指令启动时有“咔、咔”的冲击声，电机换向片上有轻微的火花，启动后，无明显的异常现象。用M05指令使主轴停止运转时，换向片上出现强烈的火花，同时伴有“叭、叭”的放电声，随即交流回路的保险丝熔断。火花的强烈程度与电机的转速有关，转速越高，火花越大，启动时的冲击声也越明显。用急停方式停止主轴，换向片上没有任何火花。

故障诊断：该机床主轴电机有两种制动方式：① 电阻能耗制动，只用于急停；② 回馈制动，用于正常停机(M05)。主轴直流电机驱动系统是一个逻辑无环流可逆控制系统，任何时候不允许正、反两组晶闸管同时工作，制动过程为“本桥逆变→电流为零→他桥逆变制动”。

根据故障特点，急停时无火花，而执行 M05 时有火花，说明故障与逆变电路有关。他桥逆变时，电机运行在发电机状态，导通的晶闸管始终承受着正向电压，这时晶闸管触发控制电路必须在适当时刻使导通的晶闸管受到反压而被迫关断。若是漏发或延迟了触发脉冲，已导通的晶闸管就会因得不到反压而继续导通，并逐渐进入整流状态，其输出电压与电动势成顺极性串联，造成短路，引起换向片上出现火花、熔断丝熔断的故障。

同理，启动过程中的整流状态，若漏发触发脉冲，已导通的晶闸管会在经过自然换向点后自行关断，这将导致晶闸管输出断续，造成电机启动时的冲击。本故障是晶闸管的触发电路故障。

【例 4.4】 某工厂加工中心主轴在运转时抖动，主轴箱噪声增大，影响加工质量。

故障诊断：经检查，主轴箱和直流主轴电机正常，为此把检查转移到主轴电机的控制系统上来。经测试，速度指令信号正常，而速度反馈信号出现不应有的脉冲信号，问题出在速度检测元件即测速发电机上。当主轴电机运转时，带动测速发电机转子一起运转，这样测速发电机输出正比于主轴电机转速的直流反馈电压。

经检查，测速发电机碳刷完好，换向器因炭粉堵塞，造成一绕组短路，使测速反馈信号出现规律性的脉冲，导致速度调节系统调节不平稳，使驱动系统输出的电流忽大忽小，从而造成电机的抖动。用酒精清洗换向器，彻底清除炭粉，即可排除故障。

4.2.3 主轴准停控制

主轴定向准停控制是在主轴速度控制基础上增加一个位置控制环，常采用位置编码器或磁性传感器作为检测元件。

当采用位置编码器时，由于安装不方便，主轴与编码器间必须是 1∶1 地传动。而采用磁性传感器时，磁性器件只能直接安装在主轴上，而磁性传感头则固定在主轴箱体上。与使用磁性传感器相比，采用编码器具有定位点在 0°～360°范围内灵活可调，定位精度高，定位速度快等优点，还可作为主轴同步进给的位置检测器件。

4.2.4 直流主轴驱动系统故障诊断及排除

1. 有报警的主轴故障

(1) 主轴电机过流报警

发生过流的成因有：电流极限参数设置错误；同步脉冲紊乱；主轴电机电枢线圈层间短路，主轴负载过大或机械故障；长时间切削条件恶劣；直流主轴电机的线圈电阻不正常，换向器太脏；动力线和励磁线连接不牢；驱动器的控制励磁电源存在故障；电机故障；驱动器故障等。

(2) 主轴电机过热报警

驱动器过热报警指示灯亮，先检查主轴电机的冷却风扇是否在转动。如否，机床断电，先检查该风扇的保险丝，再查是风扇损坏还是风扇冷却系统太脏(注意让电机有足够的时间冷却，再给机床通电)。

如果报警依然存在，检查主轴电机、反馈线情况(断线或短路)。对反馈线，用万用表测量输出端子，检测接通状况，确保连线正确。对主轴电机，需关注以下方面：

• 负载过大，或电流平方根大于额定输出转矩的电流平均值。触摸电机，感觉发热情况，如果发热严重，待冷却后再开机，观察报警情况，改善切削条件，调整切削参数，降低负载。

• 电枢电流大于磁缸去磁前的最大允许电流，造成磁缸发生不可逆的去磁。

• 电机内整流块损坏，制动器线圈断线，气隙不合适而造成制动器不释放。

• 油液和电刷灰嵌入换向器的云母槽中，引起绕组内短路或绝缘不良。

(3) 主轴电机跳闸或保险丝熔断报警

• 对新维修的机床，考虑电流极限参数设置错误、动力线及反馈线接线错误或相序错误等。老机床先考虑阻力过大，可能是电刷、测速发电机碳刷磨损及炭粉阻塞，轴承、齿轮、电磁离合器磨损等所造成。

• 大功率管击穿，大功率执行组件或电路板故障。

• 主回路和控制板故障引起主回路电流过大、电流互感器短路、电机缺相、电枢线短路、电枢绕组短路、局部短路和电枢线对地短路等。

• 伺服电机或主回路绝缘不良，检查直流伺服电机和主回路的绝缘情况。

• 检测系统松动或屏蔽接地不良等造成的同步脉冲混乱。

• 输入电压太高，输入电压应控制在 10%～15%内。

2. 无报警的主轴故障

(1) 主轴速度不正常或不稳定

常见故障：

• 速度环中速度指令错误或未到达，速度指令电压不良或错误，D/A 变换器故障，可通过测量主轴接口输出的信号来进行判断。

• 主轴尾部测速发电机故障，反馈线断线或接触不良，反馈装置损坏。

• 电机故障(励磁丧失)，驱动器故障，误差放大器故障，采取交换法判断故障。

• 电路板太脏，电机负载太重，清洁电路板、更换放大器、减轻负载。

(2) 主轴速度偏差较大

常见成因：D/A 变换器故障及接触不良，与信号的传递和阻力有关：

• 机械阻力造成负荷过大。

• 主轴制动未充分释放或机械故障。

• 速度指令或反馈信号线接触不良或断线；没有或未传输到零电流信号。

• 晶闸管整流部分太脏，造成直流母线电压过低或绝缘性能降低。

• 电机磁体不正常，输出电压不正常，测量励磁电压，更换磁体或电机。

• 控制板的励磁回路故障，用交换法测试控制板。

例如，FANUC 直流可控硅主轴伺服驱动单元的最高转速为 1160 r/min，它是电机的调速转换点，当速度在 0～1160 r/min 时，励磁电流恒定为 6.8 A，电机主线圈电压在 0～220 V 变化，电机转速达到 1160 r/min 后，电机主线圈电压恒定为 220 V，励磁电流从 6.8 A 开始减小。

(3) 主轴突然停止

可能成因如下：

• 发生在钻孔、攻丝，或主轴换向时，故障成因可能有：丝锥/钻头变钝，孔径过小，加工中润滑不良，孔径过浅，可通过选择螺纹或研磨来代替钻孔/攻丝以消除故障。

• 主轴逆变器信号弱。查相关的硬件故障，可能是指令信号丢失，检测到的信号频率小于最低值，等待超时，一般前者额定时间为 5 s，后者为 10 s。电机故障停转、传动装置故障、编码器损坏、反馈电缆与端口故障、换流逆变器故障。

• 如果主轴控制器得到的编码器的脉冲数过多超过期望值时，应检查是否屏蔽与接地不良，不能排除干扰、编码器损坏等因素。

(4) 主轴不能停止、定向不停

故障原因有：编码器故障，没有输出零位信号或反馈回路故障，没有传入到系统致使主轴没接收到编码器信号；如果采用磁性传感器定位，检查相关的指示灯是否点亮，如果没有亮，证明有故障，更换磁性传感器；如果主轴停在准停位，仍有报警，说明定向板上的继电器损坏，更换相应继电器。

(5) 主轴不转

故障成因有：

• 驱动器电路板表面太脏致使电路接触不良，无速度指令输出。

• 脉冲电路故障，晶闸管无触发脉冲，属驱动器故障，采用替换法判断有无故障。

• 机床未给出主轴旋转信号（按钮及其连线、无＋24 V 电压），通过 PLC 状态监测功能，查看主轴正/反转信号是否送出，主轴速度指令，从数控系统端找故障。

• 动力线接触不良，主轴控制单元与电机间连接不良，电机励磁线短路，R、S、T 线不正常，测量各连线端子的接通情况。

• 机械卡死或负载过大，消除机械故障，减轻负载。

• 机械连接脱落（如高/低挡齿轮切换啮合不良），碳刷不好或磨损，控制板故障，励磁回路或主回路阻值不正常。

(6) 主轴异常噪声与振动

根据振动频率、是否与转速有关、是否有冲击等判断。

① 对于新机床，振动、噪声与转速无关时，主轴控制单元的电源频率开关设置错误（50/60 Hz）。如是高频自激振动，控制单元增益电位器或电流反馈回路调整不良。

② 主轴电机旋转时有较大的冲击振动，其成因可能是：测速发电机输出电压的突然降落；测速发电机在 1000 r/min 时，输出电压波纹峰值大于 2%；电机线圈内部短路或不正常；电机轴承或传动轴承点缺陷、齿轮断齿等故障。如是低频振动，与轴转速有关。

③ 主轴电机运转时有较大的噪声。如是高频电噪声，为电流环增益过高或 RC 设置问题，与轴速无关。低频噪声当与主轴转速有关时，除了类似伺服电机系统的机械故障外，还有主轴电机与主轴间的离合器故障。主轴电机低速旋转时有大的波纹（实际是小幅振动），当主轴电机振动频率与测速发电机振动频率一致时，是测速机故障引起。当与转速无关时，可能是切削液进入电刷。

④ 主轴电机在启动、停车与调速时出现的断续或振动现象，其成因往往与主轴电机线圈不良或脉冲编码器不良有关。

（7）电刷磨损或电刷面上有划痕

故障成因：主轴长时间过载工作，主轴电机换向器表面太脏或有伤痕，驱动器控制回路的设置、调整不当。依照参数说明书，清洁换向器，做好密封措施。

（8）过电压吸收器烧坏

通常情况下，此故障是由于外加电压过高或瞬间电网电压干扰引起。

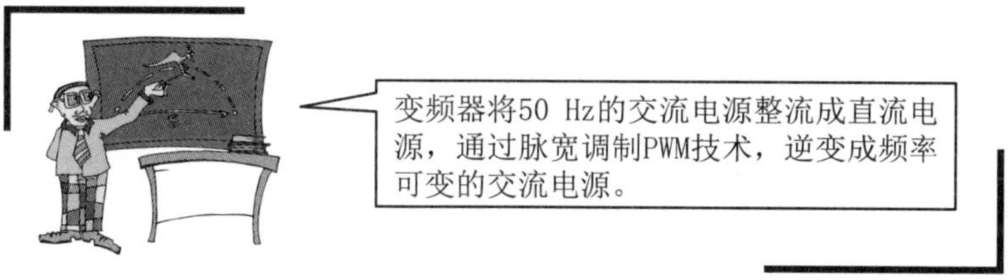

4.3　变频器故障诊断与维修

4.3.1　主轴通用变频器

变频器实现电流谐波畸变小，电压利用率高，效率最优，转矩脉冲最小及噪声强度大幅度削弱的目标；功率器件由 GTO、GTR、IGBT 发展到智能模块 IPM，其开关速度快，驱动电流小，控制驱动简单，故障率低，干扰得到有效控制，保护功能进一步完善。

数控机床主轴驱动可以和通用的鼠笼形异步电机配套应用；具有多种选择功能，可应用于不同性质的负载。如三菱 FR－A500 系列变频器既可通过 2、5 端，用 CNC 系统输出的模拟信号来控制转速，也可通过拨码开关的编码输出或 CNC 系统的数字信号输出值 RH、RM 和 RL 端，及变频器的参数设置实现从最低速到最高速的变速。

冷却方式采用风扇强冷，如通风不良，温度升高，即使变频器没有跳闸，器件使用寿命也会缩短。所以，应注意冷却风扇的运行状况，经常清洁滤网和散热器的风道。

变频器本身是一个干扰源，对变频器的接线采取屏蔽措施，既要防止电源进线干扰，也要防止对 CNC、伺服系统、机床等的干扰。例如，AC200S 是矢量控制晶体管正弦波 PWM 的主轴驱动装置，由带冷却风扇和电容器的机架、主轴驱动装置、电源和再生电路及装配有编码器的主轴电机组成。某系列变频器的接线图如图 4.2 所示。

4.3.2　主轴通用变频器报警、故障及处理

1. 通用变频器报警及保护

变频器设置了较多的保护，有利于主轴驱动器的故障检测与维修，当驱动器出现故障时，可根据保护功能分析故障原因。

（1）接地保护。在伺服驱动器的输出线路及主轴内部出现对地短路时，可通过快速熔断器切断电源，对驱动器进行保护。

（2）过载保护。当驱动器、负载超过额定值时，内部的热开关或主回路上的热继电器将

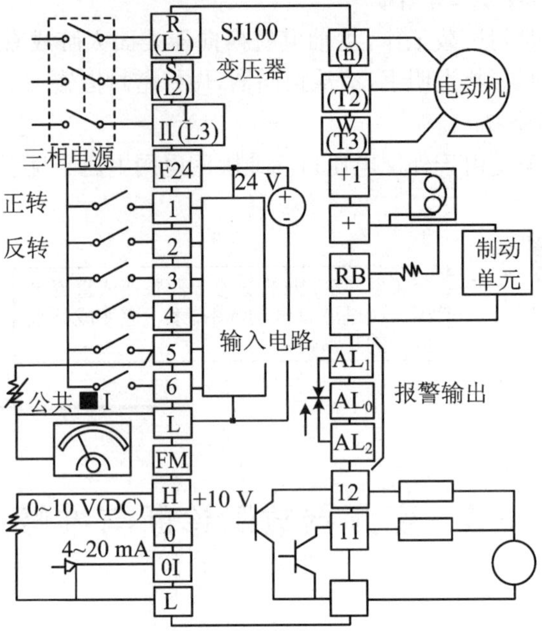

图 4.2　某系列变频器接口接线图

动作,对其进行过载保护。

(3) 速度偏差过大报警。当主轴的速度偏离了指令速度且达到一定的误差时,驱动器将发出报警保护。

(4) 瞬时过电流报警。当驱动器中由于内部短路、输出短路等而产生大电流时,驱动器将发出报警保护。

(5) 速度检测回路断线或短路报警。当测速发电机出现信号断线或短路时,驱动器将发出报警保护。

(6) 速度超过报警。检测出主轴转速超过额定值的 115%时,驱动器将发出报警保护。

(7) 励磁监控。主轴励磁电流过低或无励磁电流时,为防止飞车,驱动器将发出报警保护。

(8) 短路保护。主回路发生短路时,驱动器可通过相应的快速熔断器进行短路保护。

(9) 相序报警。当三相输入电源相序不正确或缺相时,驱动器将发出报警。

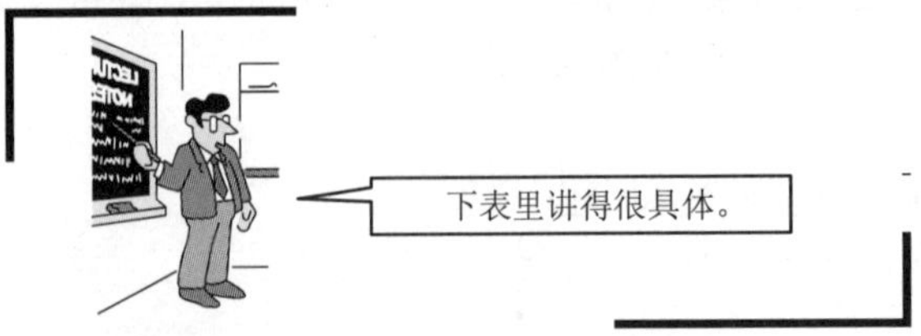

2. 通用变频器常见故障及处理

通用变频器常见故障及处理见表 4.2。

表 4.2　通用变频器常见故障及处理

故障现象	发生时的工作状况	处理方法
电机不运转	变频器输出端子 U、V、W 不能提供电源	检查电源是否已提供给端子，运行命令是否有效
	不能提供电源	检查 RS(复位)或自由运行/停车功能是否处于开启状态
	负载过大	检查电机负载是否太大
	任选远程操作器被使用	确保其操作设置正确
电机反转	输出端子 U/T1、V/T2 和 W/T3 的连接不正确	使电机的相序与端子连接相对应，通常来说，正转(FWD)：U—V—W；反转(REV)：U—W—V
	正、反转的相序未与 U/T1、V/T2 和 W/T3 相对应	
	控制端子和连线不正确	端子(FW)用于正转，(RV)用于反转
电机转速不能到达	如果使用模拟输入，电流或电压"O"或"OI"	检查连线
		检查电位器或信号发生器
	负载太大	减小负载，大负载激活了过载限定
转动不稳定	负载波动过大	增加电机容量(变频器及电机)
	电源不稳定	解决电源问题
	只是出现在某一特定频率下	改变输出频率，使用调频设置将有此问题的频率跳过
过流	加速中过流	电机是否短路或局部短路，输出线绝缘是否良好
		延长加速时间，降低转矩提升设置值
		检查变频器配置，若不合理，增大变频器容量
	恒速中过流	检查电机是否短路或局部短路，绝缘是否良好
		检查电机是否堵转，机械负载是否有突变
		检查变频器容量是否太小，若是，则增大变频器容量
		检查电网电压是否有突变
	减速中或停车时过流	检查输出连线绝缘是否良好，电机是否有短路现象
		延长减速时间，更换容量较大的变频器
		直流制动量太大，减少直流制动量；机械故障，送修
短路	对地短路	检查电机连线是否短路，检查输出线绝缘是否良好
过压	停车，加速，恒速，减速	延长减速时间或加装刹车电阻；改善电网电压，检查是否有突变电压产生
低压		检查输入电压情况，检查负载是否有突变，检查是否缺相
变频器过热		检查风扇是否堵转，散热片是否异常，环境温度是否正常，通风空间是否足够，空气是否对流

续表 4.2

故障现象	发生时的工作状况	处理方法
变频器过载	连续超负载 150% 1 min 以上	检查变频器容量，负载是否有卡死现象；若 V/F 曲线设置不良，则重新设置
电机过载	连续超负载 150% 1 min 以上	检查机械负载是否有突变；电机配置加大；是否发热，是否电机绝缘变差；是否电压波动；是否存在缺相；机械负载是否增大
电机过转矩		机械负载是否有波动，电机配置是否偏小

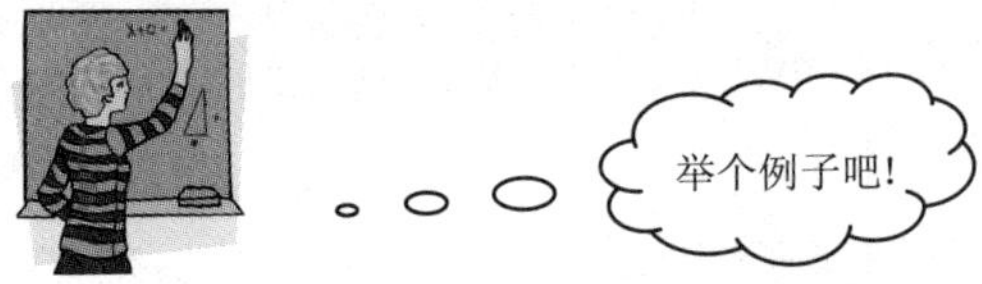

4.3.3 通用变频器故障维修实例

【例 4.5】 配置某系统的数控车床，主轴驱动采用三菱公司的 E540 变频器，在加工过程中，变频器出现过压报警。

故障分析：仔细观察机床故障产生的过程，发现故障总是在主轴启动、制动时发生，因此，可初步确定故障的产生与变频器的加/减速时间设置有关。当加/减速时间设置不当时，变频器的加/减速无法在规定的时间内完成，通常容易产生过电压报警。修改变频器参数，适当增加加/减速时间后，故障消除。

【例 4.6】 配置西门子系统的数控车床，开机时发现机床进行换刀动作时，主轴也随之转动。

故障分析：该机床采用的是安川变频器控制主轴，主轴转速是通过系统输出的模拟电压来控制的。根据以往的经验，安川变频器对输入信号的干扰比较敏感，初步确认故障原因与线路有关。

再次检查主轴驱动器、刀架控制原理图与实际接线，判定在线路连接、控制上两者相互独立，不存在相互影响。

检查变频器的输入模拟量屏蔽电缆布线与屏蔽线连接，发现该电缆的布线位置与屏蔽线连接均不合理，将电缆重新布线并对屏蔽线进行重新连接后，故障消除。

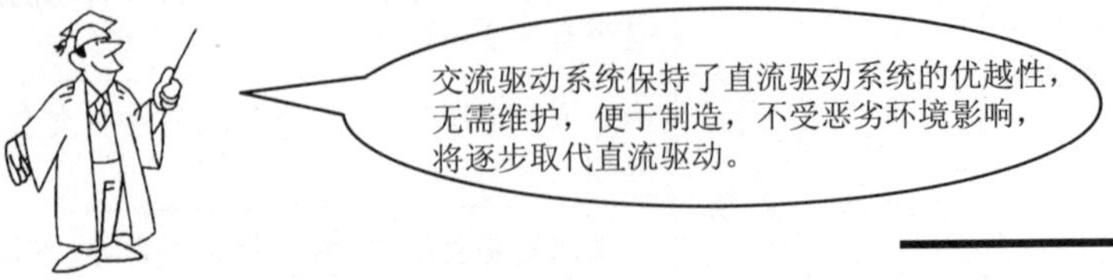

4.4　交流伺服主轴驱动系统故障诊断与维修

4.4.1　交流伺服主轴驱动系统特点

交流伺服主轴驱动系统通常采用感应电机作为驱动电机，由伺服驱动器实施闭环控制。交流主轴电机均采用交流感应电机，多采用不带换向器的三相感应电机。其定子由对称的三相绕组组成，转子是由均匀分布的斜槽、铸铝结构笼条与端部的金属环构成的笼式转子。定子的铁芯具有轴向孔而无外壳以利通风。交流主轴控制单元，是一种转差频率矢量控制系统，用来控制交流感应电机。

交流电机尾部装有脉冲编码器或脉冲发生器，如果主轴放大器是数字式的，则可接受反馈；如果主轴放大器是模拟式的，则直接反馈给 CNC 主轴伺服接口。

交流主轴驱动系统分模拟式和数字式两种，具有以下特点：

- 全数字式主轴驱动系统，可直接使用 CNC 的数字量输出信号控制驱动器，不需要经过 D/A 转换，转速控制精度高。
- 主轴转速的提高不受换向器的限制，转速可高达每分钟数万转。
- 采用微处理器和现代控制理论进行控制，运行平稳、振动和噪声小。
- 数字式主轴驱动，对系统进行静态调整与动态优化，系统设置灵活、调整准确。
- 由于交流主轴无换向器，主轴通常不需要维修。
- 具有再生制动功能，在制动时，既可将能量反馈回电网，起节能效果，又能加快启动/制动速度。

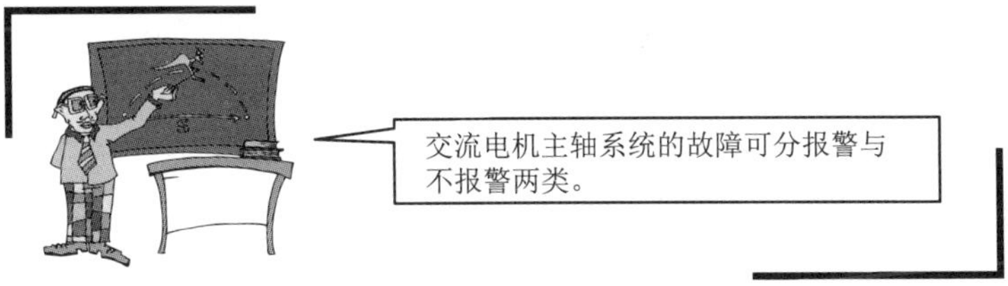

4.4.2　交流伺服主轴驱动故障诊断及维修

交流主轴控制分为由 CNC 直接处理与主轴放大器独立处理两种控制形式，由 CNC 主轴控制，在 CRT 及主轴监视画面上显示报警信息。

1. 保险丝熔断报警

三相 220 V 交流电经整流变换为直流 300 V，经保险后给晶体管模块，控制板检测此保险两端的电压，如电压太大则产生保险丝熔断报警。保险丝熔断的成因有：

- 交流电源阻抗太高。采用自耦变压器而不是隔离变压器，保险丝管接触不良。
- 交流电源输入电路中浪涌吸收器损坏，输入电源缺相。
- 电源整流桥损坏，电机电枢绕组短路或局部短路。

- 晶闸管损坏，连接不良，电枢线短路，电枢线对地短路，确保没有短路现象。
- 控制单元的电路板故障。

再生回路(在变频器回路中)的保险丝熔断，多为主轴电机加速或减速频率太高。

2. 主轴电机速度超过额定值

可能原因如下：

- 新机床试用阶段的设置错误。
- 所用软件不匹配(只可能发生在更换电路板后)，检查主板上的ROM型号。
- 电路板故障。

3. 过载报警

切削用量过大，频繁正、反转等均可引起过载报警，表现为主轴过热、主轴驱动装置显示过电流报警等，故障原因有：① 长时间开机出现此报警，是负载太大或频繁正、反转；② 开机后即出现此报警，是热控开关损坏或控制板故障。

4. 交流主轴电机异常噪声与振动

(1) 电气驱动故障

首先区别异常噪声及振动发生在主轴机械部分还是在电气驱动部分。检查这类故障应分清产生的情况。

一般情况下，对于电器部分故障，应检查系统电源相序、是否缺相或三相不平衡；测量反馈信号是否正确，确保接线正确，反馈装置正常；检测驱动器是否异常，如增益调整电路或颤动调整电路的调整，根据参数说明书，设置好相关参数。

若在加/减速过程中产生，则故障多发生于再生回路。检查该回路的保险丝是否熔断，晶闸管是否损坏。

若在恒速下产生，先检查反馈电压，然后突然切断指令，观察电机在停机过程中是否有异常噪声。若有噪声，则故障在机械部分，否则多是电路板上的故障。

若反馈电压不正常，需要检查振动周期是否与转速有关。若有关，则可能是主轴传动装置故障，主轴电机轴承或其尾部的脉冲发生器故障，或者与机械装配不良(间隙、窜动与松动等)有关。若无关，则可能与速度调节器内电路板上的相关电位器有关。

(2) 机械故障

机械故障主要原因有：

- 主轴负载过大，润滑不良。
- 主轴与主轴电机的连接皮带过紧。
- 轴承故障、轴承预紧力不够或预紧螺钉松动、主轴和主轴电机间离合器故障。
- 主轴部件上动平衡不好。
- 齿轮严重损伤，游隙、齿轮啮合间隙过大。

【例 4.7】 某工厂有一台配置FANUC 0i系统的数控车床，在加工过程中，发现在端面加工时表面出现周期性波纹。

故障分析：数控车床端面加工时，表面出现振纹的原因有很多，机械方面如刀具、丝杠、主轴等部件安装不良，机床精度不足等。

该机床周期性出现上述问题，且有一定规律，根据通常的情况，应与主轴的位置监测系统有关，但仔细检查机床主轴各部分，却未发现任何不良状况。

仔细观察波纹与 X 轴丝杠螺距相对应的情况，维修时再次针对 X 轴进行检查。

检查该机床的机械传动装置，其结构是伺服与滚珠丝杠间通过齿形带进行连接，位置反馈编码器采用的是分离型布置。

检查发现 *X* 轴的分离式编码器安装位置与丝杠不同心，存在偏心，即编码器轴心线与丝杠中心不在同一直线上，从而造成了 *X* 轴移动过程中编码器的旋转不均匀，反映到加工中，则出现周期性波纹。重新安装、调整编码器后，机床恢复正常。

5. 主轴不能转动，且无报警显示

故障的原因及排除见表 4.3。

表 4.3　主轴不能转动，且无任何报警显示的原因及排除

故障原因	检查步骤	排除措施
机械负载过大		尽量减轻机械负载
主轴与电机连接皮带过松	在停机的状态下，查看皮带的松紧程度	调整皮带
主轴的拉杆未拉紧夹持刀具的拉钉（车床卡盘未夹紧）	有的机床会设置敏感元件的反馈信号，检查此反馈信号是否到位	重新装夹好刀具或工件
系统处于急停状态	检查主轴单元的主交流接触器是否吸合	根据实际情况，解除急停
机械准备好信号断路		排查机械准备好信号电路
主轴动力线断线	用万用表测量动力线电压	确保电源输入正常
电源缺相		
正、反转信号同时输入	利用 PLC 监察功能查看相应信号	
无正、反转信号	通过 PLC 监视画面，观察正、反转信号	数控装置的输出有问题
没有速度控制信号输出	测量输出的信号是否正常	
使能信号没有接通	通过 CRT 观察 I/O、PLC 梯形图，确定主轴的启动条件，如润滑、冷却等	检查外部启动条件是否符合
主轴驱动装置故障	有条件时，利用替换法确定是否有故障	更换主轴驱动装置
主轴电机故障		更换电机

6. 主轴速度指令无效，转速仅有 1～2 r/min

故障的原因及排除见表 4.4。

表 4.4　主轴速度指令无效，转速仅有 1～2 r/min 故障的原因及排除

故障原因	检查步骤	排除措施
动力线连接错误	检查主轴伺服与电机之间的 U、V、W 连线	确保连线对应
模拟输出(D/A)转换电路故障	用替换法判断是否有故障	更换相应电路板
CNC 速度输出模拟量与驱动器连接不良或断线	测量相应信号，检查是否有输出及是否正常	更换指令发送口或更换数控装置
主轴驱动器参数设置不当	查看驱动器参数是否正常	依照参数说明书，正确设置参数
反馈线连接不正常	查看反馈连线	确保反馈连线正确
反馈信号不正常	检查反馈信号的波形	调整波形至正确或更换编码器

7. 速度偏差过大

主轴电机的实际速度与指令速度的误差超过允许值，多为启动时电机没有转动或速度上不去，故障的原因及排除见表 4.5。

表 4.5　速度偏差过大故障的原因及排除

故障原因	检查步骤	排除措施
反馈连接不良	不启动主轴，用手转动主轴使主轴电机以较快速度转起来，估计电机的实际速度，监视反馈的实际转速	确保反馈连线正确
反馈装置故障		更换反馈装置
动力线连接不正常	用万用表或兆欧表检查电机或动力线是否正常（包括相序是否正常）	确保动力线连接正确
动力线电压不正常		确保动力线电压正常
机床切削负荷太大，切削条件恶劣		重新考虑负载条件，减轻负载，调整切削参数
机械传动系统不良		改善机械传动系统条件
制动器未松开	查明制动器未松开的原因	确保制动电路正常
驱动器故障	利用替换法判断是否有故障	更换故障单元
电流调节控制板故障		
电机故障		

8. 主轴加、减速不正常故障原因

① 电机加、减速电流预先设置、调整不当。

② 加、减速回路时间常数设置不当。

③ 反馈信号不良。

④ 电机、负载间的惯量不匹配。

⑤ 机械传动系统不良。

9. 外界干扰，转速随机和无规律性波动故障原因

① 屏蔽和接地措施不良。

② 主轴转速指令信号受到干扰。

③ 反馈信号受到干扰。

10. 主轴不能变速故障原因

① CNC 参数设置不当。

② 加工程序编程错误。

③ D/A 转换电路故障。

④ 主轴驱动器速度模拟量输入电路故障。

【例 4.8】 一台配置 FANUC 0i 系统的立式加工中心，主轴在低速（低于 80 r/min）时 S

指令无效，主轴固定以 80 r/min 转速运转。

故障分析：主轴在低速时固定以 80 r/min 转速运转，可能的原因是主轴驱动器以 80 r/min的转速模拟量输入，或主轴驱动器控制电路存在不良状况。

检查 CNC 内部 S 代码状态，发现与 S 指令值相对应，但测量主轴驱动器的数模转换输出（测两端 CH2），发现即使是在 S 为 0 时，D/A 转换器虽然无数字输入信号，但其输出电压仍然为 0.5 V 左右。

本机床的最高转速为 8000 r/min，按机床说明书，当 D/A 转换器输出电压为 0.5 V 左右时，转速应为 80 r/min 左右。

因此判定故障原因是 D/A 转换器（型号：DAC80）损坏引起。更换同型号的集成电路后，机床恢复正常。

【例 4.9】 配置西门子系统的某数控车床，使用安川变频器作为主轴驱动装置，当输入指令"S××M03"后，主轴旋转，但转速不能改变。

故障分析：由于该机床主轴采用变频器调速，在自动方式下运行时，主轴转速通过系统输出的模拟电压控制。利用万用表测量变频器的模拟电压输入，发现在不同转速下模拟电压有变化，说明 CNC 工作正常。

检查主轴的方向输入信号正确，初步判定故障原因是变频器的参数设置不当或外部信号不正确。检查变频器参数设置，发现参数设置正确；检查外部控制信号，发现在主轴正转时，变频器的多级固定速度控制输入信号中有一个被固定为"1"，断开此信号后，主轴恢复正常。

11. 主轴定向偏差

主轴准停用于刀具交换、精镗进、退刀及齿轮换挡等场合，有以下三种实现方式：

- 机械准停控制：由带 V 型槽的定位盘和定位用的液压缸配合动作。
- 磁性传感器的电器准停控制：发磁体安装在主轴后端，磁传感器安装在主轴箱上，其安装位置决定了主轴的准停点，发磁体和磁传感器之间的间隙为 1.5±0.5 mm。
- 编码器型的准停控制：通过主轴内置安装或在机床主轴上直接安装一个光电编码器来实现准停控制，准停角度可任意设置。

准停要经过减速过程，如减速或增益参数设置不当，可引起定位抖动。第一种准停方式中定位液压缸活塞移动的限位开关失灵，第二种准停方式中发磁体和磁传感器之间的间隙发生变化或磁传感器失灵均可引起定位抖动。故障原因及排除见表 4.6。

表 4.6　主轴定位不稳定故障原因及排除

故障原因	检查步骤	排除措施
第一种定位方式，可能是限位开关失灵	检查限位信号是否正常传输到数控系统端	确保正常传输
第二种定位方式，可能是此传感信号没有到位	在系统端测量定位信号	确保定位信号正确传输到数控装置
反馈线连接不良	检查连线	确认连线
主轴编码器"零位脉冲"不良或受到干扰	测量编码器反馈信号，检查是否正常	更换编码器

【例 4.10】 采用 SIEMENS 系统的某立式加工中心，配套 SIEMENS 6SC6502 主轴驱动器，在调试时，出现主轴定位点不稳定，有偏差的故障。

故障分析：通过多次定位进行反复试验，实际故障现象如下：

• 该机床可以在任意时刻进行主轴定位，定位动作正确。

• 只要不关机，不论进行多少次定位，其定位点总是保持不变。

• 机床关机后，再次开机执行主轴定位，定位位置与关机前不同；在完成定位后，只要不关机，以后每次定位总是保持在该位置不变。

• 每次关机后，重新定位，其定位点都不同，主轴可以在任意位置定位。

定位过程实际上是将主轴停止，在编码器"零位脉冲"准停控制方式下，故障是"零位脉冲"不固定引起，原因如下：

• 编码器固定不良，在旋转过程中编码器与主轴的相对位置在不断变化。

• 编码器不良，无"零位脉冲"输出或"零位脉冲"受到干扰。

• 编码器连接错误。

根据故障的可能成因，逐一检查，排除固定不良、编码器不良的原因。进一步检查编码器的连接，发现该编码器内部"零位脉冲"U_{a0}与$-U_{a0}$引出线接反，重新连接后，故障排除。

【例 4.11】 某配置 FANUC 0i MC 系统的加工中心，在机床换刀时，出现主轴定位不准故障。

故障分析：仔细检查机床的定位动作，发现主轴转速小于 10 r/min 时，主轴定位位置正确，但在主轴转速大于 10 r/min 时，定位点在不同的速度下不一致。

通过系统的信号诊断参数，检查主轴编码器信号输入，发现该机床主轴零位脉冲输入信号在一转内有多个，引起了定位点混乱。检查 CNC 与主轴编码器的连接，发现机床出厂时，主轴编码器的连接电缆线未按照规定要求使用双绞屏蔽线，当机床环境变化后，由于线路的干扰，引起了主轴零位脉冲的混乱。重新使用双绞屏蔽线连接后，故障消除。

12. 主轴出力不足

故障原因及排除见表 4.7。

表 4.7 主轴出力不足故障原因及排除

故障原因	检查步骤	排除措施
齿形皮带调节过松	在停机状态下，打开保护盖后进行观测	调整皮带间隙
主轴刚性差	一般新机床可能出现此问题	
主轴电机故障	有条件时可用替换法测试	更换电机

13. 主轴不能松刀

故障原因及排除见表 4.8。

表 4.8　主轴不能松刀故障原因及排除

故障原因	检查步骤	排除措施
液压或气压压力不足	检查后面的液压表或气压表	开启液压阀或气压阀
弹簧损坏		更换弹簧
松拉刀气缸损坏		修复或更换松拉刀气缸
松拉刀电磁换向阀故障	直接给电磁换向阀加上控制信号，观察电磁换向阀是否动作	修复或更换电磁换向阀
松拉刀检测开关故障	按下检测开关，观察是否有信号输入	修复或更换检测开关
松拉刀夹爪损坏	可目测	修复或更换松拉刀夹爪

【例 4.12】 某公司有一台 JCS－018 立式加工中心，采用 FANUC－BESK7M 系统。该系统采用 16 位微处理器控制，伺服驱动单元为大惯量直流伺服电机，主电机由三相全波可控硅无环流电路驱动，采用旋转变压器作为位置检测元件，采用测速发电机构成速度反馈。正常加工过程中，当执行换刀动作 M06 时，刀套下，主轴不定向，不换刀，主轴又按下一把刀的程序继续加工，无报警。

故障分析：执行换刀指令 M06 的动作顺序为：主轴定向→刀套下→75°转出→手臂下→180°回转换刀→手臂上→75°转回→刀套上→180°油缸复位→发出“FIN”指令，再执行下一段程序。

检查 PC 输出板、执行换刀动作的元器件，当检查到 G3 时，发现异常。正常条件下，G3 在换刀时，其管脚 2 为高电平，3 为高电平，24 V 不送出，执行换刀动作；当换刀完毕后，管脚 2 变为低电平，而使 24 V 电压送出，发出“FIN”指令，即 MT 信号执行完毕。管脚 2 现在无论为高电平还是低电平，“FIN”指令发出，均有 24 V 输出，MT 信号执行完毕送出，从而 NC 执行下段程序。

此时其刀具尚未交换，易发生撞件。据此拆下 G3 芯片，其为干簧电器，根据其性能采用松下 DSZY－S－DC5C 代替，故障解决。

14. 主轴不能正常工作

故障原因及排除见表 4.9。

表 4.9　主轴不能正常工作故障原因及排除

故障原因	检查步骤	排除措施
松紧刀检测不到位	观测 PLC 的 I/O 状态，查看松紧刀位信号	确认拉刀机构工作正常
	检查液压、气压、接近开关和电磁阀	
主轴齿轮挡位未到达	观测 PLC 的 I/O 状态主轴挡位是否到达	确认挡位已到达

续表 4.9

故障原因	检查步骤	排除措施
切削过载		按切削规范正确使用机床
刀库机械手不在规定位置	利用系统诊断画面，观测 PLC 的 I/O 状态机械手或刀库到位信号是否到达	确认机械手或刀库能正常退回规定位
斗笠式刀库未退回规定位		
主轴电机模块出错	用替换法检测相应模块是否故障	更换有故障的部分
主机机械部分损坏	最好不要上电检测	维修机械部分

【例 4.13】 某立式加工中心，配置 SIEMENS 6SC6502 主轴驱动器，在调试时，出现主轴驱动器 F15 报警。

故障分析：SIEMENS 6SC650 系列主轴驱动器出现 F15 报警的含义是“驱动器过热报警”，可能原因如下：

- 驱动器过载(与驱动器匹配不正确)。
- 环境温度太高。
- 热敏电阻故障。
- 风扇故障。
- 断路器 Q1 或 Q2 跳闸。

由于本故障在开机时即出现，排除驱动器过载、环境温度太高等原因，检查断路器 Q1 和 Q2，位置正确，风扇正常旋转，故障原因与热敏电阻本身或其连接有关。

拆开驱动器，发现 A01 版与转换板间的电缆插接不良。重新插接后，故障排除，主轴工作正常。

另外，有些故障现象与主轴系统故障成因相关。

例如，系统工作正常，但在自动方式下不能执行螺纹切削功能，可能成因有：① 主轴电缆断线、有虚焊或接触不良；② 主轴编码器故障(脉冲相位、幅度不正常)；③ 主板主轴脉冲反馈检测电路故障等。

再如车削螺纹乱扣或螺纹不准，数控车床加工螺纹，其实质是在主轴的角位移与 Z 轴进给之间进行插补，“乱牙”是由于主轴与 Z 轴进给不能实现同步引起的。主轴的角位移通过主轴编码器进行测量。一般螺纹加工时，系统进行的是主轴每转进给动作，要执行每转进给的指令，主轴必须有每转一个脉冲的反馈信号。

检查步骤：

① 根据 CRT 画面报警显示确认“乱牙现象”(报警：主轴转速与进给不匹配)。

② 通过 CRT 调用机床数据或 I/O 状态，观察编码器的信号状态。

③ 用每分钟进给指令代替每转进给指令来执行程序，观察故障是否消除。

故障成因：

① 主轴电缆插头未拧紧导致接触不良。

② 主轴反馈电缆连接不正确、断线或接地、屏蔽不良、被干扰。

③ 主轴编码器损坏或主轴编码器“零位脉冲”不良，主轴编码器联轴器松动或断裂。

④ 如①～③检查都正常，则为主板主轴脉冲反馈检测电路故障。

⑤ 编程问题，如主轴转速尚未稳定，就执行了螺纹加工指令(G32)，导致主轴 Z 轴进给不能实现同步，造成“乱牙”。

【例 4.14】 配置某系统的数控车床，在执行螺纹加工指令(G32)车螺纹时，出现起始段螺纹“乱牙”的故障。

故障分析：数控车床加工螺纹，其实质是在主轴的角位移与 Z 轴进给之间进行插补，“乱牙”是由于主轴与 Z 轴进给不能实现同步引起的。

该机床使用变频器作为主轴调速装置，主轴速度为开环控制，在不同负载下，主轴启动时间不同，且启动时主轴速度不稳，转速亦有相应的变化，导致主轴与 Z 轴进给不能实现同步。

解决该故障的方法有：

• 在主轴旋转指令(M03)后、螺纹加工指令(G32)前增加 G04 延时指令，保证在主轴速度稳定后，再开始螺纹加工。

• 更改螺纹加工程序的起始点，使其离开工件一段距离，保证在主轴速度稳定后，再真正接触工件开始螺纹加工。

4.4.3　FANUC 交流主轴控制系统故障报警

主轴控制器的报警，传统上采用发光二极管或七段数码显示器来指示。以 FANUC 系统为例，主轴控制器常见故障报警有下述几种：

#1 报警——电机过热，因为电机负载太大、冷却不良，或控制单元电缆连接不良。先检查主轴电机风扇是否在转动。如否，机床断电，检查该风扇的保险丝。让电机有足够的时间冷却后再给机床通电。如果报警依然存在，再类似伺服系统的过热检查步骤，检查其他。

#2 报警——电机速度偏离指令值，可能成因：

• 转速极限设置不当、电机过载。

• 加速或减速时报警，检查再生回路保险丝是否熔断、回路中晶闸管是否损坏或回路线路是否不良。

• 正常运转时报警，可能是脉冲发生器故障、速度反馈线断线或不良及速度单元电路板故障。

#3 报警——主轴伺服单元主回路的保险丝熔断，可能由功率管模块损坏导致。

#4 报警——主轴伺服单元主回路的直流输入电路的保险丝熔断，可能成因有：

• 交流电源阻抗太高(例如交流输入端采用的是自耦变压器)。

• 交流电源输入电路中浪涌吸收器损坏。

• 主回路上整流用的二极管模块损坏。

• 逆变器用的晶体管模块损坏。

#5 报警——电路板上保险丝熔断，可能是由交流电源电压不正常、电路板故障引起。

#6 报警——电机速度超过最大额定速度值，可能成因有：

• 电路板上设置开关设置不当，或相应可调电位器调整不良。

• 电路板上 ROM 存储器型号不对。

• 电路板故障。

#7 报警——电机速度超过最大额定速度(当采用数字检测系统时)，可能成因同上。

#8 报警——主轴直流电源+24 V 电压太高，主要成因为交流电源输入电压太高。

#9 报警——大功率晶体管的散热片过热，可能是电机过载、冷却条件不良。

＃10 报警——主轴直流电源＋15 V 电压太低，主要成因为交流电源输入电压太低。

＃11 报警——主回路直流回路电压太高，可能是交流输入阻抗太高或电路板不良。

＃12 报警——主回路上的直流回路中的电流太大，可能成因有：

- 主轴电机内绕组存在短路或输出端有短路。
- 逆变器用的晶体管模块损坏。
- 电路板故障。

＃13 报警——CPU 故障，需要更换主轴伺服单元上的 CPU 芯片。

＃14 报警——ROM 故障，可能为 ROM 供电电路故障、本身故障、存储程序编号错误。

4.4.4 交流主轴驱动系统维修实例

【例 4.15】 一台配置某系统的卧式加工中心，在加工时主轴运行突然停止，驱动器显示过电流报警。

故障分析：检查交流主轴驱动器主回路，发现再生制动回路故障，主回路的熔断器均熔断，经更换熔断器后机床恢复正常，但机床正常运行数天后，再现同样故障。

由于故障重复出现，证明该机床主轴系统存在问题，根据报警现象，分析可能存在的原因有：主轴驱动器控制板不良；连续过载；绕组存在局部短路。

根据现场实际加工情况，过载的原因可以排除。考虑到换上元器件后，驱动器能正常工作数天，故主轴驱动器控制板不良的可能性较小。可能性最大的是绕组存在局部短路。

仔细测量绕组的各项电阻，发现 U 相对地绝缘电阻较小，证明该相存在局部对地短路。

拆开检查发现，内部绕组与引出线的连接处绝缘套已经老化。重新连接后，对地电阻恢复正常。再次更换元器件后，机床恢复正常。

【例 4.16】 配置某系统的数控车床，当主轴高速（3000 r/min 以上）旋转时，机床出现异常振动。

故障分析：数控机床的振动与机械系统的设计、安装、调整以及机械系统的固有频率、主轴驱动系统的固有频率等因素有关，其原因通常比较复杂。

但在本机床上，由于故障前交流主轴驱动系统工作正常，可以在高速下旋转，且主轴在超过 3000 r/min 时，在任意转速下振动均存在，故可排除机械共振的因素。

检查机床机械传动系统的安装与连接，未发现异常，在脱开主轴与机床主轴的连接后，在控制面板上观察主轴转速、转矩和负载电流值显示，发现其中有较大的变化，因此初步判定故障发生在主轴驱动系统的电气部分。

仔细检查机床的主轴驱动系统连接，最终发现该机床主轴驱动器的接地线连接不良。将接地线重新连接后，机床恢复正常。

【例 4.17】 一台配置 FANUC 6 系统的卧式加工中心，在进行自动加工时，程序执行到

M03 S××程序段后，主轴能启动，转速正确，但无法继续执行下一程序段，系统、驱动器无任何报警。

故障分析：现场检查发现该机床在 MDI 方式下，手动输入 M03 或 M04 指令，主轴正常旋转，但修改 S 指令值，新的 S 指令无法生效；而用 M05 指令停止主轴或按复位键清除后，可执行任何转速的指令。

检查机床诊断参数 DGN700.0=1，表明机床正在执行 M、S、T 功能；进一步检查 PLC 程序梯形图，发现主轴正转信号 SFR 或主轴反转信号 SRV 可以为"1"，即 M 指令已经正常输出，但 S 功能完成信号 SFIN(诊断号为 DGN208.3)为"0"，导致了机床处于等待状态。

继续检查梯形图，发现该机床 SFIN=1 的条件是：5 功能选通信号 SF(诊断号为 DGN66.2)为"1"，主轴速度到达信号 SAR(诊断号为 DGN35.7)为"1"，主轴变速完成信号 SPE(诊断号为 DGN208.1)为"1"。而实际状态是 SF:1，SAR:0，SPE:0，故 SFIN=0。从系统手册可知，SF、SPE、SFIN 为 CNC 到 PLC 的内部信号，SAR 与外部条件有关。

检查 SAR 信号输入发现，故障时驱动器"主轴速度到达"信号输出为高电平，但数控系统 I/O 板上对应的 SAR 信号却为低电平。

检查信号连接，发现电缆中存在断线，重新连接后，机床恢复正常。

【例 4.18】 一台配置 FANUC 0-TD 系统的数控车床，在自动加工时，发现机床不执行螺纹加工程序。

故障分析：数控车床加工螺纹，其实质是主轴的转角与 Z 轴进给之间进行的插补。主轴的角位移通过主轴编码器进行测量。

在本机床上，由于主轴能正常旋转与变速，分析故障原因主要有以下几种：

- 主轴编码器与主轴驱动器间的连接不良。
- 主轴编码器故障。
- 主轴驱动器与数控装置间的位置反馈信号电缆连接不良。

经查主轴编码器与主轴驱动器的连接正常，故可排除第一项；且 CRT 正常显示主轴转速，说明主轴编码器的 A—A、B—B 信号正常；再利用示波器检查 Z—Z 信号，确认编码器零脉冲输出信号正确。

继续检查，可确定主轴位置监测系统工作正常。根据说明书进一步分析螺纹加工功能与信号的要求，可知螺纹加工时系统进行的是主轴每转进给动作，因此它与主轴的速度到达信号有关。

在 FANUC 0TD 系统上，主轴的每转进给动作与参数 PRM24.2 的设置有关，当该位设置为"0"时，Z 轴进给时不检测"主轴速度到达"信号；设置为"1"时，Z 轴进给时需要检测"主轴速度到达"信号。在本机床上，检查发现该位设置为"1"，只有"主轴速度到达"信号为"1"时，才能实现进给。

通过系统的诊断功能，检查发现当实际主轴转速显示值与系统的指令值一致时，才能实现进给，但"主轴速度到达"信号仍然为"0"。

进一步检查发现，该信号连接线断开，重新连接后，螺纹加工动作恢复正常。

【例 4.19】 一台使用 MELDASM3 控制器和三菱 FR-SF-22K 主轴控制器的数控机床，主轴噪声较大，且在主轴空载情况下，负载表指示超过 40%。

故障分析：考虑到主轴负载在空载时已经达到 40%以上，初步认为机床机械传动系统存在故障。维修的第一步是脱开主轴的运转情况。

经试验，发现主轴负载表指示已恢复正常，但主轴仍有噪声，由此判定该主轴系统的机械、电气两方面都存在故障。

机械方面，检查主轴机械传动系统，发现主轴转动明显过紧；进一步检查发现主轴轴承已经损坏，更换后，主轴机械传动系统恢复正常。

电气方面，检查主轴驱动器的参数设置，包括驱动放大器的型号以及伺服环增益等参数，发现机床参数设置无误，由此判定故障原因是驱动系统硬件存在故障。

为进一步分析原因，维修时将主轴驱动器的00号参数设置为“1”，让主轴驱动系统进行开环运行；转动主轴后，发现噪声消失，运行平稳，可判定故障原因是在速度检测器件PLG上。

进一步检查发现PLG的安装位置不正确，重新调整PLG安装位置后，再进行闭环运行，噪声消失。

重新安装机械传动系统，机床恢复正常。

【例 4.20】 一台配置MAZATROLCAM－2系统、三菱FR主轴驱动器的立式加工中心，由于操作者失误，在主轴旋转过程中发生碰撞，导致在运行加工程序时，只要主轴在150 r/min以上直接启动，主轴驱动器FR－SE内的断路器CB1就跳闸，驱动器控制板上的报警指示灯AL8(LED13)、AL4(LED14)亮。

故障分析：根据报警显示，从FR主轴驱动器说明书可知，它是主轴驱动器主回路过电流报警，引起报警的最常见原因是逆变大功率晶体管组件损坏。

实际测量全部逆变大功率晶体管组件，发现元器件正常，且主回路不存在短路现象，由此初步判定故障原因是在电流检测回路本身。

检查电流检测回路，最终发现驱动器中的电流互感器RO－2不良，更换后故障排除。

【例 4.21】 一台使用三菱公司FR－SF－11K主轴驱动系统的设备，在低速运转时出现尖叫，但高速时运转正常。

故障分析：维修时将主轴驱动器的00号参数设置为“1”，让主轴驱动系统进行开环运行，转动主轴后，无上述现象。考虑到高速运行正常，可以认为主轴驱动器和主轴均无问题，属于调整不当故障。

调整步骤：

① 用直流电压表(毫伏挡)测量SF－CA板CH40与CH9测量端的电压，显示89 mV。

② 调整VR2使HC40与CH9间的电压小于5 mV(最好为0 V)。

③ 测量CH41与CH9间的电压，此时实际电压表显示60 mV。

④ 调整VR3，使CH41与CH9间的电压值小于5 mV。

在进行以上调整后，再次开机，故障消失。

【例 4.22】 某采用SIEMENS 810M的龙门加工中心，配套611A主轴驱动器，在执行主轴定位指令时，发现主轴存在明显的位置超调，定位位置正确，系统无故障报警。

故障分析：由于系统无报警，主轴定位动作正确，可确认故障是由于主轴驱动器或系统调整不良引起。

解决超调的办法很多，如减小加/减速时间、提高速度环比例增益、降低速度环积分时间等。检查本机床主轴驱动器参数，发现驱动器的加/减速时间设置为2 s，此值明显过大；更改参数，设置加/减速时间为0.5 s后，位置超调消除。

【例 4.23】 一台配置DYNAPATH 20M系统的立式加工中心，在机床通电后，主轴便在逆时针方向以 100 r/min 的转速自行旋转。但输入 M03 或 M04 及 S×××时，系统不执行，也无报警。

故障分析：DYNAPATH 20M 系统为可编程控制器内置式系统，主轴正、反转信号由 PLC 程序输出。根据故障现象，为了区分故障部位，维修时首先断开 PLC 输出的 M03/M04 信号；再次启动机床，主轴无自动旋转现象。

根据分析，判定故障由主轴的 M03/M04 信号输出引起，应从 PLC 梯形图入手。

通过检查 PLC 梯形图，发现该机床的程序设计思路是：在机床通电后，主轴应立即进行定向准停，以便更换刀具。因此，开机后主轴旋转不停，且不执行 M、S 代码的原因可能是主轴定向装置存在问题，导致主轴定向准停动作无法完成。

从开机后主轴以 100 r/min 的转速自行旋转的现象分析，说明 PLC 的主轴定向控制部分工作正常（主轴定向准停的转速为 100 r/min），因此故障可能是由主轴定向检测回路或检测器件的不良引起。

用示波器依次测试主轴定向检测器件的输入、输出信号波形，信号电缆的连接均无异常现象，因此判定故障原因在主轴位置检测信号的接口电路上。

检测接口电路，发现其中有一运放集成块（型号：CA747）不良，更换后，机床恢复正常。

【例 4.24】 某配置 SIEMENS 6RA26XX 系列直流主轴驱动器的数控机床，开机后显示主轴报警。

故障分析：检查 SIEMENS 6RA26XX 系列直流主轴驱动器，发现报警含义与提示是“电源故障”，其可能原因有：电源相序接反；电源缺相，相位不正确；电源电压低于额定值的 80%。

测量驱动器输入电压正常，相序正确，但主驱动仍有报警，因此可能原因是电源板故障。

根据 SIEMENS 6RA26XX 系列直流主轴驱动器原理图，逐级测量各板的电源回路，发现触发板的同步电源中有一相低于正常电压。

检查确认电路板存在虚焊，导致同步电源的电压降低，引起电源报警。重新焊接后电压恢复正常，报警消失，机床恢复正常。

【例 4.25】 某配置 FANUC 15 型直流主轴驱动器的数控仿形铣床，主轴在启动后，运转过程中声音沉闷；当主轴制动时，CRT 显示“FEED HOLD”（进给保持），主轴驱动装置的过电流报警指示灯亮。

故障分析：为判别主轴过电流报警产生的原因，首先脱开主轴与主轴间的连接，检查机械传动系统，未发现异常，排除了机械原因。

接着测量、检查绕组、对地电阻及它们的连接情况，在对换向器及电刷进行检查时，发现部分电刷已达使用极限，换向器表面有严重的烧熔痕迹。

更换同型号的电刷，对换向器的表面进行修磨处理。

重新安装后再进行试车，当时故障消失；但在第 2 天开机时，又再次出现上述故障，并且在机床通电约 30 min 之后，故障自动消失。

排除机械传动系统、主轴、连接方面的原因，可判定故障原因在主轴驱动器上。

对照主轴伺服驱动的原理图，重点针对电流反馈环节的有关线路进行分析检查，对电路板中有可能虚焊的部位进行重新焊接，对全部接插件进行表面处理，但故障现象仍然存在。

由于维修现场无驱动器备件，不可能进行驱动器印刷电路板互换处理，为确定故障大致部位，针对机床通电约 30 min 后故障可以自动消失这一特点，维修时采用局部升温法，通过吹风机在距电路板 8～10 cm 处，对电路板的每一部分进行局部升温，发现当对触发线路升温后，主轴运转马上恢复正常，初步判定故障部位在驱动器的触发线路上。

通过示波器观察触发部分线路的输出波形，发现其中的一片集成电路在常温下无触发脉冲发生，引起整流回路 U 相 4 只晶闸管（正组和反组各两只）的触发脉冲消失，更换此芯片后，故障排除。

维修完成后，进一步分析故障原因，在主轴驱动器工作时，三相全控桥整流主回路有一相无触发脉冲，导致直流母线整流电压波形脉动变大，谐波分量提高，产生换向困难，运行声音沉闷。

当主轴制动时，由于驱动器采用的是回馈制动，控制线路首先要关断正组的触发脉冲，并触发反组的晶闸管使其逆变。逆变时同样由于缺一相触发脉冲，使能量不能及时回馈电网，因此产生过流，从而驱动器产生过电流报警，保护电路动作。

4.5　实　　训

4.5.1　直流主轴驱动系统使用维护项目

1. 项目构思(Conceive)

(1) 熟悉直流主轴驱动系统的构成及伺服电机、驱动器、数控系统的互联。

(2) 掌握直流伺服电机及驱动器的控制特性。

(3) 了解直流主轴驱动系统的使用维护。

2. 项目设计(Design)

(1) 直流伺服电机一台。

(2) 直流伺服驱动器一台。

(3) FANUC 0i 数控系统一套。

(4) $X-Y$ 轴工作台一套。

(5) 负载试验台一套。

(6) 双通道储存示波器一台。

(7) 音频信号发生器一台。

3. 项目实施(Implement)

(1) 主回路接线。

(2) 空载下试运行电机。

① 松开伺服电机与负载之间的联轴器，接通伺服驱动器的电源。

② 按照控制前面板所示的操作方法，将控制方式设置为“速度控制方式”，在当前监视器模式下，显示伺服电机的实际转速。

③ 将控制面板设置转换为“设置”模式，修改转速给定值。

(3) 测试直流伺服电机的转速动态特性。

(4) 测试直流伺服电机的频带宽度。

(5) 测试直流伺服电机的稳速误差。

(6) 测试位置闭环下伺服电机的稳态刚度。

(7) 位置控制方式运行的测量。

(8) 故障排除。如在运行中出现故障，请参照本机床附录排除故障。

(9) 伺服系统启动前的检查、维护。

① 伺服单元和电机信号线、动力线等的连接情况，有无松动，绝缘是否良好。

② 强电柜和电机是否可靠接地。

③ 电机的电刷安装是否牢固，电机安装螺栓是否完全拧紧。

(10) 伺服系统启动时的检查、维护。

① 速度指令与转速是否一致，负载指示是否正常。

② 是否有异常声音和异常振动。

③ 是否有轴承温度急剧上升等不正常现象。

④ 电刷上是否有显著的火花痕迹。

(11) 维护实训。

① 清扫电柜的空气过滤器。

② 检查电柜及驱动器的冷却风扇。

③ 检查主轴的旋转速度、振动、声音、通风、轴承温度、外表温度和异常臭味。

④ 检查电刷、换向器。

⑤ 检测测速发电机、轴承、热管冷却、绝缘电阻等。

4. 项目运作(Operate)

(1) 绘制直流伺服系统电气连接图。

(2) 根据实验数据，计算伺服系统的稳态精度。

(3) 根据速度控制方式下的最低转速和额定转速，计算伺服系统调速比。

(4) 根据速度阶跃超调小、稳定时间短的原则，从实验数据中选择一组速度环增益和速度环积分时间常数。

(5) 实验项目总结：

① 描述直流伺服系统的控制原理。

② 绘制直流伺服系统控制框图。

③ 区分直流伺服系统的强、弱电连接。

④ 说明直流伺服电机驱动器投入运转的操作步骤。

⑤ 说明如何调整速度环参数以优化系统响应。

⑥ 说明如何调整位置环参数以优化系统响应。

⑦ 如出现故障，请分析故障现象及采用的措施。

4.5.2 交流主轴驱动系统使用维护项目

1. 项目构思(Conceive)

(1) 熟悉交流主轴驱动系统的构成以及伺服电机、驱动器、数控系统的互联。

(2) 掌握交流伺服电机及驱动器的控制特性。

(3) 了解交流主轴驱动系统的使用维护。

2. 项目设计(Design)

(1) 交流伺服电机一台。

(2) 交流伺服驱动器一台。

(3) FANUC 0i 数控系统一套。

(4) *X*-*Y* 轴工作台一套。

(5) 负载试验台一套。

(6) 双通道储存示波器一台。

(7) 音频信号发生器一台。

3. 项目实施(Implement)

维护实训内容见表 4.10。

表 4.10 交流伺服主轴驱动系统维护实训内容

<table>
<tr><th colspan="2">实训部分</th><th>实训项目</th><th>检查方法</th><th>判断标准</th></tr>
<tr><td colspan="2" rowspan="2">周围环境</td><td>确认环境温度、湿度、振动和有无灰尘、气体、油雾、水等</td><td>目测和用仪器测量</td><td>符合技术规范</td></tr>
<tr><td>检查周围有无放置工具等异物和危险品</td><td>依据目测</td><td>不能放置</td></tr>
<tr><td colspan="2">电压</td><td>主电路、控制电路电压是否正常</td><td>用万用表等测量</td><td>符合技术规范</td></tr>
<tr><td colspan="2" rowspan="2">键盘显示面板</td><td>显示是否看得清楚</td><td rowspan="2">依据目测</td><td rowspan="2">需要时都能显示,没有异常</td></tr>
<tr><td>是否缺少字符</td></tr>
<tr><td colspan="2" rowspan="4">框架盖板等结构</td><td>有无异常声音、异常振动</td><td>依据目测、听觉</td><td rowspan="4">没有异常</td></tr>
<tr><td>螺栓等(紧固件)是否松动</td><td>拧紧</td></tr>
<tr><td>有无变形损坏</td><td rowspan="2">依据目测</td></tr>
<tr><td>有无附着灰尘、污损</td></tr>
<tr><td rowspan="5">主电路</td><td rowspan="3">公用</td><td>螺栓等有无松动和脱落</td><td>拧紧</td><td>没有异常</td></tr>
<tr><td>机器、绝缘体有无变形、裂纹、破损或因过热和老化而变色</td><td rowspan="2">依据目测</td><td rowspan="2">没有异常(注:铜排变色不表示有问题)</td></tr>
<tr><td>有无附着污损、灰尘</td></tr>
<tr><td rowspan="2">导体导线</td><td>导体有无因过热而变色和变形等</td><td rowspan="2">依据目测</td><td rowspan="2">没有异常</td></tr>
<tr><td>电线保护层有无破裂和变色</td></tr>
</table>

续表 4.10

实训部分		实训项目	检查方法	判断标准
主电路	端子排	有无损伤	依据目测	没有损伤
	滤波电容器	有无漏液、变色、裂纹和外壳膨胀	依据目测	没有异常
		安全阀是否出来，阀体是否显著膨胀	根据维护信息判断寿命或用静电容量测量测定电容量	静电容量≥初始值×0.85
		按照需要测量静电容量		
	电阻器	有无因过热产生异味和绝缘体开裂	依据嗅觉或目测	没有异常
		有无断线	目测或卸开一端的连接，用万用表测量	电阻值在±10%标称值以内
	变压器、电抗器	有无异常的振动声和异味	依据听觉、目测、嗅觉	没有异常
	电磁接触器	工作时有无振动声音	依据听觉	没有异常
		接触点是否接触良好	依据目测	
控制电路	控制印刷电路板连接器	螺丝和连接器是否松动	拧紧	没有异常
		有无异味和变色	依据嗅觉或目测	
		有无裂缝、破损、变形、显著锈蚀	依据目测	
		电容器有无漏液和变形痕迹	目测并根据维护信息判断寿命	
冷却系统	冷却风扇	有无异常声音、振动	依据听觉、视觉，或用手转动（切断电源）	平稳旋转
		螺栓等是否松动	拧紧	没有异常
		有无因过热而变色	依据目测，并按维护信息判断寿命	没有异常
	通风道	散热片情况，进气口、排气口是否堵塞和附着异物	依据目测	没有异常

4. 项目运作(Operate)

(1) 主回路接线。

(2) 空载下试运行电机。

① 松开伺服电机与负载之间的联轴器，接通伺服驱动器的电源。

② 按照伺服驱动器控制前面板所示的操作方法，将控制方式设置为“速度控制方式”，在当前监视器模式下，显示伺服电机的实际转速。

③ 将控制前面板设置转换至“参数设置”模式，修改转速给定值。

(3) 测试交流伺服电机的转速动态特性。

(4) 测试交流伺服电机的频带宽度。

(5) 测试交流伺服电机的稳速误差。

(6) 测试位置闭环下伺服电机的稳态刚度。

(7) 位置控制方式运行的测量。

(8) 故障排除。如在运行当中出现故障，请参照本教材附录排除故障。

(1) 检查实训原则:

① 维护检查时,务必先切断输入变频器(R、S、T)的电源。

② 确定变频器电源切断,显示消失后,待内部高压指示灯熄灭,方可实施维护、检查。

③ 在检查过程中,不可将内部电源及线材、排线拔起及误配,否则会造成变频器损坏。

④ 安装时,螺丝等配件不可置留在变频器内部,以免造成电路板短路。

⑤ 保持变频器的干净,避免尘埃、油雾、湿气侵入。

特别注意:即使断开变频器的电源,滤波电容器上仍有电压,放电需要一定时间。

(2) 通电和运行时不取下外盖,从外部目检变频器的运行,确认没有异常情况。

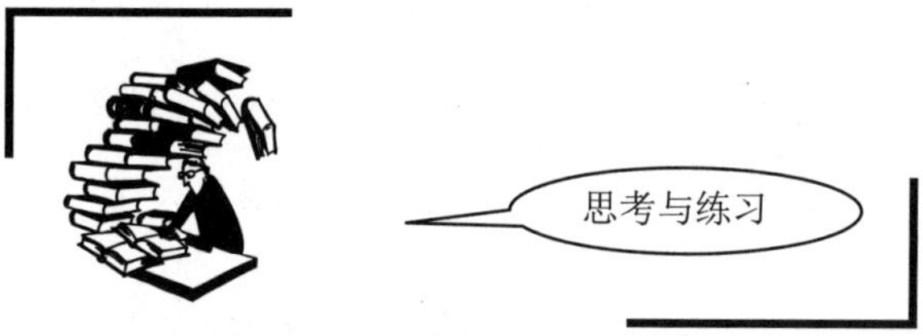

1. 主轴驱动系统由哪几部分构成? 简述各部分的功能。
2. 主轴驱动系统可分为哪几类? 简述各自的特点。
3. 交流主轴伺服系统的特点是什么?
4. 主轴通用变频器有哪些特性? 应用了什么调速原理?
5. 结合实际,给通用变频主轴驱动系统总结出一份使用注意事项表。
6. 列举交流伺服主轴驱动系统的主要故障。
7. 结合实际,给交流伺服主轴驱动系统总结出一份使用注意事项表。
8. 数控机床主轴驱动变速形式主要有哪几种?
9. 主轴伺服系统出现故障时,通常以何种形式表现出来?
10. 主轴伺服系统常见的故障形式有哪些?
11. 直流主轴伺服系统的特点是什么?
12. 直流主轴伺服系统的日常维护内容有哪些?
13. 直流主轴伺服系统的常见故障现象有哪些?
14. 如果直流主轴电机电刷磨损严重,或电刷上有火花痕迹,或电刷滑动面上有深沟,那么可能的故障原因是什么?
15. 对比直流与交流主轴系统的故障,归纳出其共性,并勾画各个故障判别流程图。
16. 变频器在数控机床中如何应用? 上网查阅有关变频器的资料,说明故障情况和排除方法。

第 5 章　进给伺服系统故障诊断与维修

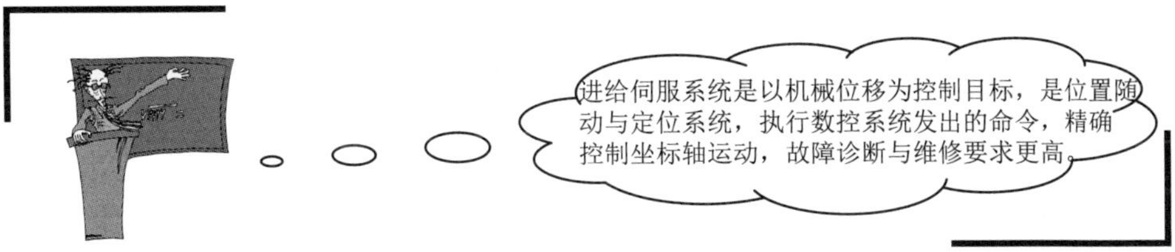

5.1　进给伺服系统概述

5.1.1　进给伺服系统的组成

进给伺服系统由驱动控制单元、驱动单元、传动部件、执行机构和检测反馈环节等组成。驱动控制单元和驱动单元组成伺服驱动系统，机械传动部件和执行机构组成机械传动系统，检测元件和反馈电路组成检测系统。

如图 5.1 所示为伺服系统组成框图，其中内环是速度环，外环是位置环。速度环中用作速度反馈的检测装置为测速发电机、脉冲编码器等。速度控制单元由速度调节器、电流调节器及功率驱动放大器等组成。

位置环由 CNC 装置中的位置控制模块、速度控制单元、位置检测及反馈控制等组成。位置控制主要是对机床运动坐标轴进行控制，不仅仅是对单个轴的运动速度和位置精度进行控制，而且在多轴联动时，还需要控制各移动轴的动态配合，才能保证加工效率、加工精度和表面粗糙度。

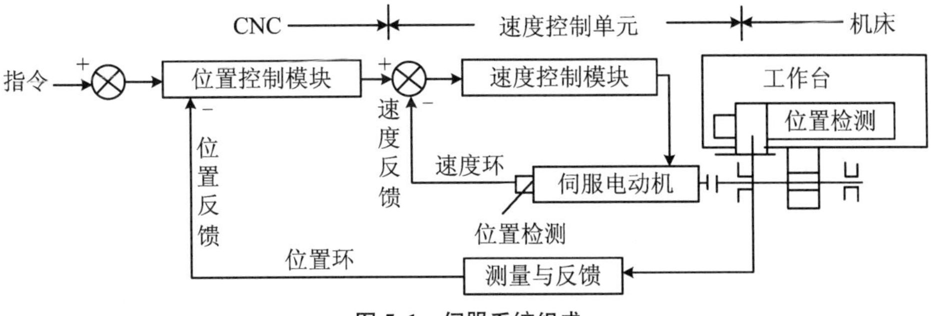

图 5.1　伺服系统组成

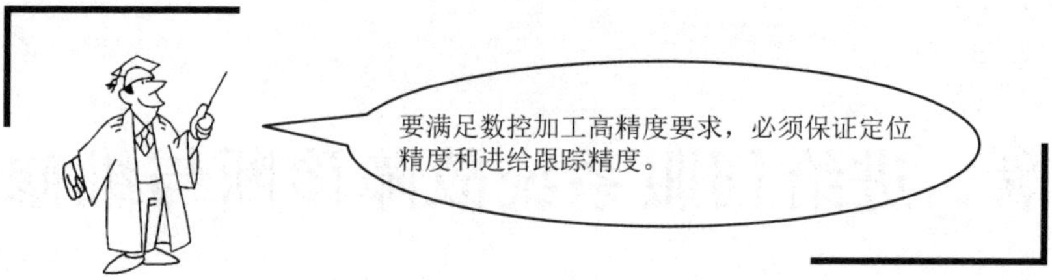

5.1.2 进给伺服系统要求

1. 定位精度高

定位精度一般要求 11 μm 甚至 0.11 μm,高的可达到±(0.01～0.005) μm。同时对其分辨力也提出了要求,系统分辨力取决于系统稳定工作性能和所使用的位置检测元件。

要求进给伺服系统静态特性好、刚度高,能达到较高的定位精度,这样才能保证机床具有较小的定位误差与重复定位误差(1 μm 或 0.1 μm,甚至 0.01 μm);进给伺服系统还要具有较好的动态性能,以保证机床具有较高的轮廓跟随精度。

2. 调速范围宽

机床进给能在很宽的范围内无级变化,伺服电机有很宽的调整范围,经过机械传动,电机转速的变化范围即可转化为进给速度的变化范围。

调速范围 r_n是指进给电机提供的最低转速 n_{min}和最高转速 n_{max}之比,即

$$r_n = \frac{n_{min}}{n_{max}}$$

由于刀具、被加工材料、主轴转速及零件加工工艺要求不同,要实现在任何情况下都能得到最佳切削条件,要求进给伺服系统必须具有宽的无级调速范围(大于 1∶10000)。

脉冲当量为 1 μm/P 的情况下,进给速度在 0～240 m/min 范围内连续可调。数控机床进给伺服系统在 0～24 m/min 进给速度下就能满足工作要求。

3. 快速响应,无超调

为提高效率,保证加工质量,要求快速响应特性好,即跟踪指令信号的响应要快。

伺服系统的动态性能一方面要求伺服系统在频繁的启动、制动、加速、减速等动态过程中,加、减速度足够大,以缩短过渡过程时间(一般电机速度由 0 到最大,或从最大减到 0,要控制在 200 ms 以下,甚至几十毫秒,且速度变化时不超调);另一方面当负载突变时,过渡过程前沿要陡,恢复时间要短,且无振荡,才能得到光滑的加工表面。

4. 低速大转矩,过载能力强

低速时进给伺服要有大的转矩输出,才能保证进给伺服系统有非常宽的调速范围。例如在加工曲线和曲面时,拐角位置某轴的速度会逐渐降至零。要求进给伺服系统在低速时保持恒力矩输出,无爬行现象,并且具有长时间内较强的过载能力和频繁的启动、反转、制动能力。一般伺服驱动器具有数分钟甚至半小时内 1.5 倍以上的过载能力,在短时间内可以过载 4～6 倍而不损坏。

根据加工轨迹的要求,随时实现正向或反向运动,在方向变化时,不应有反向间隙和运动的损失。应能实现能量的可逆转换,在加工运行时,电机从电网吸收能量变为机械能;在制动时应把电机机械惯性能量变为电能回馈给电网,以实现快速制动。

5. 足够的刚性和高的稳定性

具有足够的传动刚性和高的速度稳定性，要求伺服系统具有优良的静态与动态负载特性，即伺服系统在不同的负载情况下或切削条件发生变化时，应使进给速度保持恒定。刚性良好的系统，速度受负载力矩变化影响很小。通常要求随额定力矩变化时，静态速降应小于5%，动态速降应小于10%。

6. 对伺服电机的要求

交流进给驱动是机床进给驱动发展的方向，伺服系统对其执行机构（电机）有严格要求：

- 升速时平稳运转，转矩波动小，在低于0.1 r/min时，仍有平稳的速度且不爬行。
- 电机能承受频繁启动、制动和反转。
- 较小的转动惯量和大的堵转转矩，具有尽可能小的时间常数和启动电压。应具有耐受4000 rad/s以上角加速度的能力，保证电机在0.2 s内从静止加速到额定转速。
- 具有长时间的过载能力，过载范围较宽，满足低速大转矩的要求。直流伺服电机要求在数分钟内过载4～6倍而不损坏。

5.1.3 数控伺服系统分类

1. 按调节理论分类

按调节理论不同，进给伺服系统分为开环控制和闭环控制，主要区别为是否采用配有检测反馈元件的反馈系统。

（1）开环伺服系统

如图5.2所示为开环伺服系统，即无位置反馈装置，其驱动元件主要是功率步进电机或电液脉冲马达。这两种驱动元件不依靠位置检测元件实现定位，而是靠驱动装置本身。转过的角度正比于指令脉冲的个数，运动速度由指令脉冲的频率控制。

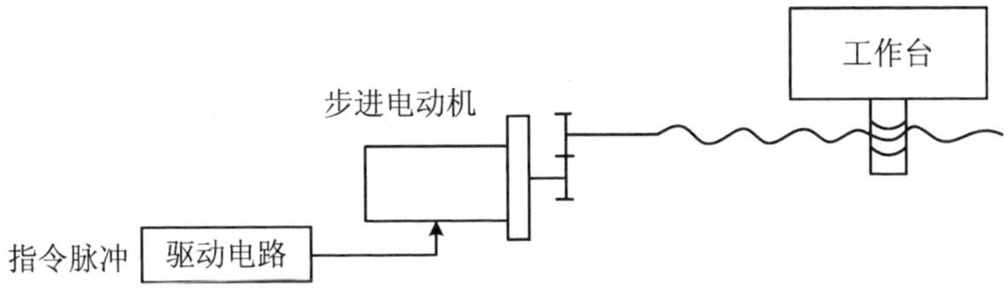

图5.2　开环伺服系统

数控装置输出的脉冲经过步进驱动器的环形分配器或脉冲分配软件的处理，在驱动电路中进行功率放大后形成可控制的角位移，再经过减速装置带动丝杠旋转，将角位移转换为直线位移。控制转角与转速，间接控制移动部件的移动。

开环系统结构简单，成本较低，对实际位移量不能检测，无法通过反馈进行误差检测和校正。在负载转矩超过输出转矩时，将导致“丢步”，使加工出错，低速不平稳，高速扭矩小，一般用于轻载或负载变化不大的经济型数控机床。

（2）闭环伺服系统

闭环控制采用伺服电机作为驱动元件，根据位置检测元件在机床中位置的不同，分为闭环、半闭环和混合环。

将位置检测元件安装在移动部件上，检测精度不受机械传动的影响，如图5.3所示。

进给系统的误差是 CNC 输出的位置指令和机床工作台(或刀架)实际位置的差值。位置检测装置测出实际位移量或者实际所处位置,将测量值反馈给 CNC,与指令进行比较,求得误差,实现闭环控制。

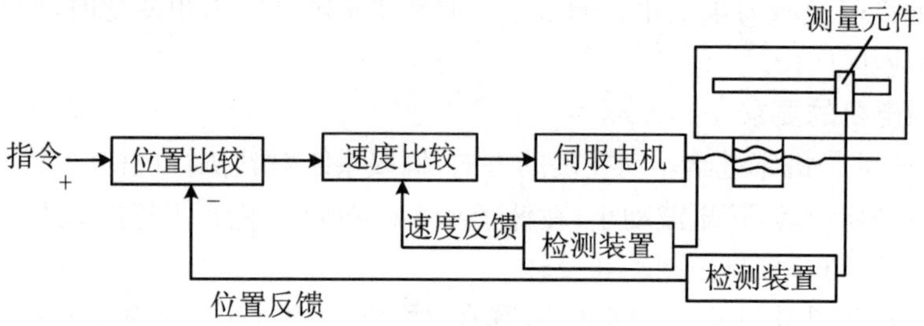

图 5.3　闭环伺服系统

半闭环伺服系统如图 5.4 所示,位置检测元件安装在电机的轴上(通常已由电机厂家装好,无需另配),以精确控制电机的角度,然后通过滚珠丝杠等传动机构将角位移转换成直线位移。传动链一部分在位置闭环外,环外部分的传动误差没有得到系统的补偿,其精度低于闭环系统。

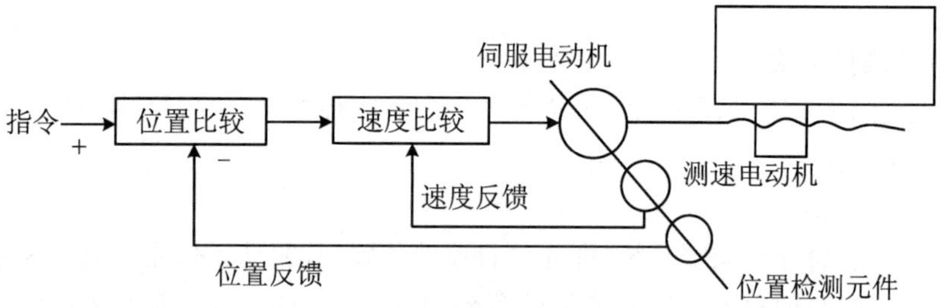

图 5.4　半闭环伺服系统

半闭环和闭环系统的控制结构一致,不同点是闭环系统环内包括较多的机械传动部件,传动误差均可被补偿,理论上精度可以达到很高。但由于受机械变形、温度变化、振动等因素影响,系统稳定性难以调整。如果传动机构的误差过大或不稳定,则系统难以补偿。

混合环控制方式采用半闭环与闭环结合的方式,如图 5.5 所示,它又利用闭环补偿半闭环无法修正的传动误差,提高了系统的精度。混合环方式适用于重型、超重型数控机床,因为这些机床的移动部件很重,设计时提高刚性较困难。

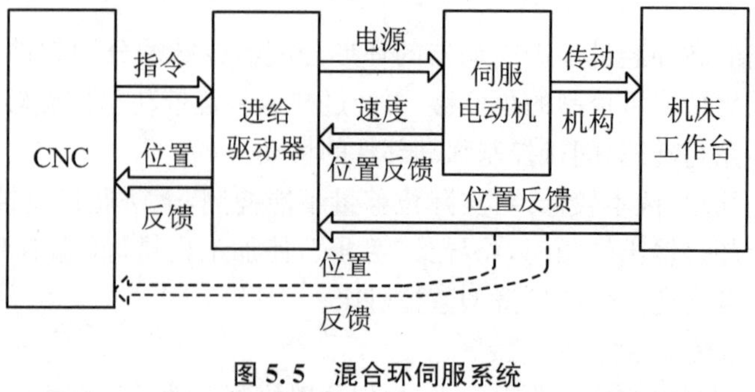

图 5.5　混合环伺服系统

2. 按使用电机分类

按使用电机的不同,进给伺服系统分为直流伺服系统和交流伺服系统。

(1) 直流伺服系统

直流伺服系统使用小惯量直流伺服电机和永磁直流伺服电机。永磁直流伺服电机能在较大过载转矩下长时间工作，电机的转子惯量较大，直接与丝杠相连。可在低速下运转，如能在 1 r/min 甚至 0.1 r/min 条件下平稳地运转。

但电刷限制了转速的提高，一般额定转速为 1000～1500 r/min，且结构复杂，价格较贵。

(2) 交流伺服系统

交流伺服系统使用交流异步伺服电机(用于主轴伺服电机)和永磁同步伺服电机(用于进给伺服电机)。交流伺服电机转子惯量较直流电机小，使得动态响应好，在同样体积下，交流电机的输出功率可比直流电机提高 10%～70%，交流电机的容量比直流电机大，可达到更高的电压和转速。交流伺服系统目前得到了迅速发展。

5.1.4　步进电机伺服系统

1. 步进电机工作原理

三相步进电机结构如图 5.6(a)所示，定子上有 A、B、C 三对磁极，对应磁极上绕有 A、B、C 三相控制绕组。当绕组通电励磁时，产生的磁场力将使转子转动，使得转子的齿与定子磁极上的齿对齐。依次轮流对 A、B、C 三相绕组通电，则 A、B、C 三对磁极就依次轮流产生磁场吸引转子转动。下面以图 5.6(b)为例来说明步进电机的整个循环工作过程。

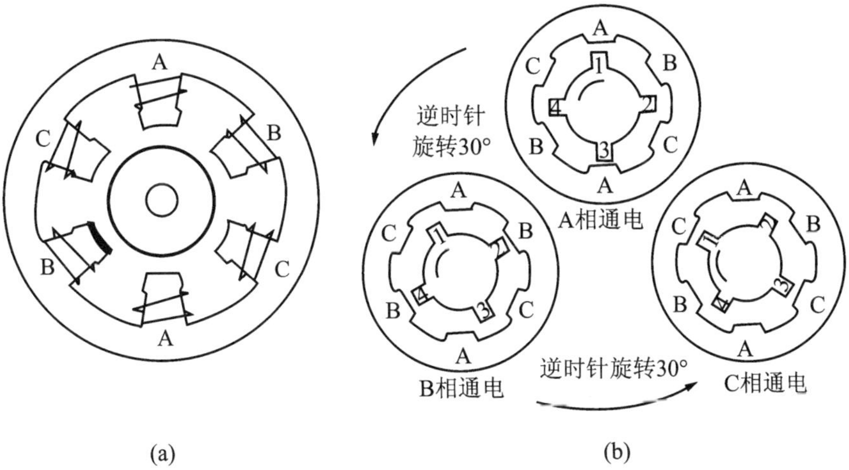

图 5.6　步进电机

三相单三拍运行方式：

① 当 A 相通电时，以 A－A 为轴线的磁场对 1、3 齿产生磁拉力，使转子 1、3 两齿与定子 A 相磁极(A－A 轴线)对齐。

② 当 A 相断电，B 相通电时，产生以 B－B 为轴线的磁场力，将使离 B 相磁极最近的 2、4 两齿与定子 B 相磁极(B－B 轴线)对齐，转子逆时针转过 30°。

③ 当 B 相断电，C 相通电时，将产生以 C－C 为轴线的磁场力，使转子 1、3 齿与定子 C 相磁极(C－C 轴线)对齐，转子再次逆时针转过 30°。

绕组通电顺序决定了旋转方向，按 A－B－C－A 的顺序通电，转子会不断地按逆时针方向转动，若按 A－C－B－A 的顺序通电，电机就会顺时针方向转动。

输入一个脉冲信号时转子所转过的角度称为步距角 θ_s，每切换一次，转子转过的角度为 1/3 齿距角(相邻两齿对应的角度为齿距角)，经过一个循环，转子走了 3 步，才转过一个齿距角。由此得出步距角为

$$\theta_s=\frac{360^\circ}{NK}$$

式中，N——转子齿数；

K——步进电机工作拍数。

在三相单三拍通电方式中，每次只有一相绕组通电，在绕组通电切换的瞬间，电机将失去自锁转矩，稳定性差。在实际应用中常采用另外两种通电方式，即三相双三拍通电方式，通电顺序为 AB－BC－CA－AB；三相六拍通电方式，通电顺序为 A－AB－B－BC－C－CA－A。

采用不同的通电方式，其步距角也不相同。三相六拍步距角为三相三拍步距角的一半。即脉冲当量也缩小一半，为提高分辨力，一般都采用三相六拍通电方式。根据步进电机相数的不同，常用四相八拍、五相十拍和六相十二拍等。

2. 步进电机的控制与驱动

(1) 步进电机的控制方法

电机要保持正常运行，控制脉冲必须按一定的顺序分别供给电机各相。例如三相单拍驱动方式，供给脉冲的顺序为 A－B－C－A，称为环形脉冲分配。脉冲分配有硬件脉冲分配(脉冲分配器)和软件脉冲分配两种。

① 硬件脉冲分配

硬件脉冲分配由门电路及逻辑电路构成，提供符合步进电机控制所需的顺序脉冲。

通过一个脉冲输入端控制步进的速度；另一个输入端控制电机的转向，并有与步进电机相数相同的输出端分别控制电机的各相。脉冲分配器常包含在步进电机驱动控制电源内。

② 软件脉冲分配

如图 5.7 所示为 8031 单片机与步进电机驱动电路接口连接的框图，P1 口的 3 个引脚经过光电隔离、功率放大之后，分别与电机的 A、B、C 三相连接。

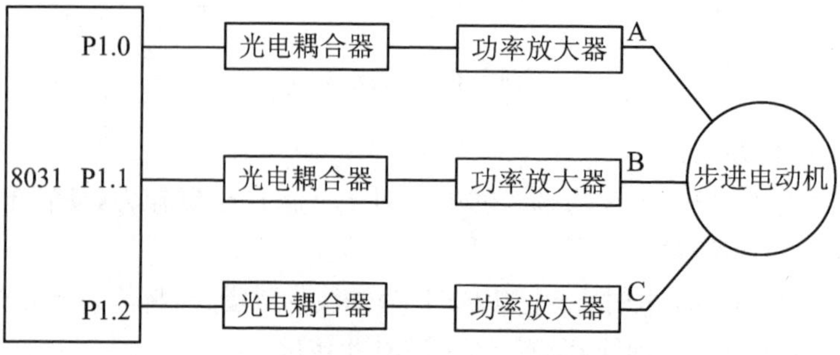

图 5.7　步进电机驱动电路框图

采用软件进行脉冲分配增加了软件编程的复杂程度，省去了硬件环形分配器，系统减少了器件，降低了成本，还提高了系统的可靠性。

(2) 步进电机的驱动电源

脉冲分配器输出电流小(毫安级),必须经过功率放大,多采用恒流斩波和调频调压。单电压驱动电路原理图如图5.8所示。

图5.8中,L为步进电机励磁绕组的电感,R_L为绕阻电阻,R为外接电阻。电阻R_c并联一电容C,能提高快速响应能力和启动性能。续流二极管VD和阻容吸收回路RC,是功率管VT的保护电路。

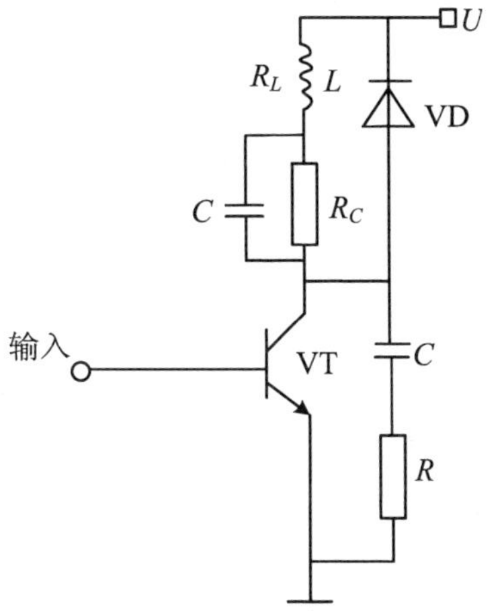

图5.8 单电压驱动电路工作原理图

单电压驱动电路的优点是线路简单,缺点是电流上升不够快,高频时带负载能力低。

5.1.5 交/直流伺服系统

1. 直流伺服系统

(1) 直流伺服电机结构

直流伺服电机结构如图5.9所示,包括三部分:

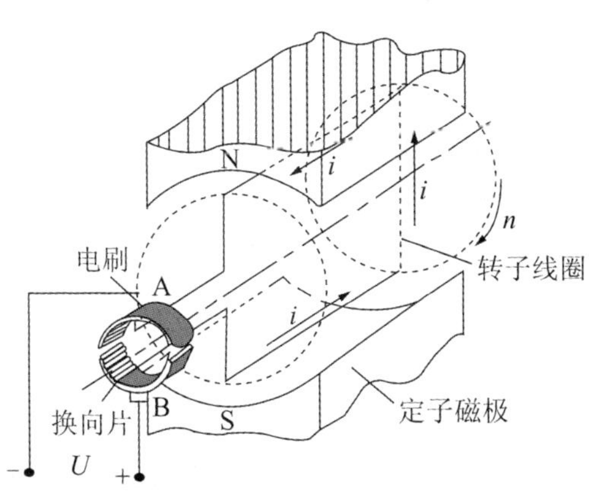

图5.9 直流伺服电机结构

① 定子:定子磁极磁场由定子的磁极产生。

② 转子:又叫电枢,由硅钢片叠压而成,表面绕有线圈。当有电流通过时,在定子磁场

的作用下产生带动负载旋转的电磁转矩。

③ 电刷与换向片:为使所产生的电磁转矩保持恒定的方向,转子等沿固定方向连续旋转,要通过电刷与换向片切换电流方向。

(2) 直流伺服电机分类

① 高速直流伺服电机。具有体积小、质量轻、效率高、结构简单、无需励磁等优点。普通伺服电机在低速性能和动态指标上较差。

② 低速大转矩宽调速电机。在高精度数控机床和机器人伺服系统中被广泛应用。

(3) 直流伺服电机的驱动

直流伺服驱动系统有晶闸管调速驱动系统和晶体管脉宽调制(PWM)调速驱动系统两种。由于晶体管的开关响应特性比晶闸管好,故后者驱动特性要比前者好。

2. 交流伺服系统

(1) 交流进给伺服系统组成

交流进给伺服系统的构成如图 5.10 所示,主要包括以下部分:

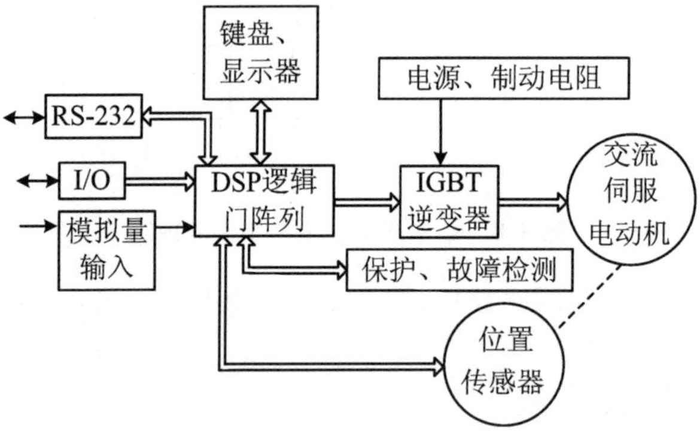

图 5.10 交流进给伺服系统组成

- 交流伺服电机:分为永磁式同步交流伺服电机、永磁式无刷交流伺服电机、感应式交流伺服电机及磁阻式同步交流伺服电机。
- PWM 功率逆变器:分为晶体管逆变器、场效应管逆变器、IGBT 功率晶体管逆变器等。
- 控制器及逻辑门阵列:分为单片机、DSP、DSP+CPU、多功能 DSP 等。
- 位置传感器(含速度):分为旋转变压器、磁性编码器、光电编码器等。
- 电源及能耗制动电路,键盘及显示电路。
- 接口电路,包括模拟电压、数字 I/O 及 RS-232C 串口通信电路。
- 故障检测、保护电路。

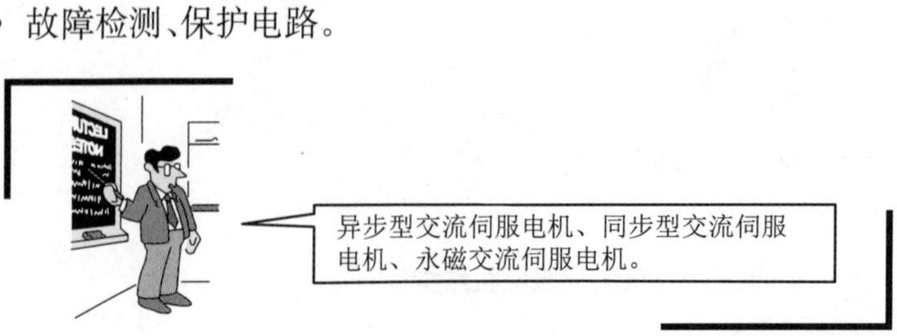

(2) 交流伺服电机分类和特点

① 异步型交流伺服电机(IM),即交流感应电机。它有三相和单相之分,也有鼠笼式和线绕式之分。

鼠笼式三相感应电机采用较多,其结构简单,质量轻,价格便宜。缺点是不能经济地实现范围较广的平滑调速;需从电网吸收滞后的励磁电流,使电网功率因数变坏。

② 同步型交流伺服电机(SM)。按转子的结构可分为电磁式及非电磁式两类。非电磁式又分磁滞式、永磁式和反应式多种。

在数控机床中多用永磁式同步电机,与电磁式相比,永磁式的优点是结构简单、运行可靠、效率较高;缺点是体积大、启动特性欠佳。

(3) 永磁交流伺服电机原理

如图5.11所示为二极永磁转子(也可是多极)。当定子三相绕组通上交流电源后,就产生一个旋转磁场,图中用另一对旋转磁极表示,该旋转磁场将以同步转速 n 旋转。由于磁极同性相斥,异性相吸,定子旋转磁极与转子永磁磁极互相吸引,带着转子一起旋转,因此,转子也将以同步转速 n 与旋转磁场一起旋转。

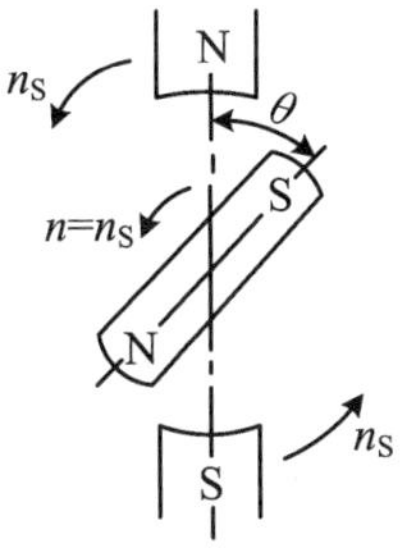

图5.11　永磁交流伺服电机工作原理

当转子加上负载转矩后,转子磁极轴线将落后定子磁场轴线一个 θ 角。随着负载增加,θ 角随之增大,负载减小时 θ 角也减小,只要不超过一定限度,转子将始终跟着定子的旋转磁场以恒定的同步转速 n_s 旋转。

(4) 变频调速

变频器分为"交—交"型和"交—直—交"型两类。

① "交—交"变频器。没有中间滤波环节,电网交流电被直接变成可调频调压的交流电。由于变频器输出波形是由电源波形整流后得到的,所以输出频率不可能高于电网频率,一般用于低频大容量调速。

② "交—直—交"变频器。它由顺变器、中间环节和逆变器组成。顺变器将交流转换为直流,作为逆变器的直流供电电源。因中间环节的不同可分为斩波器方式变频器、电压型变频器和电流型变频器等。而逆变器是将直流电变为调频、调压的交流电,采用脉冲宽度调制(PWM)逆变器来完成。

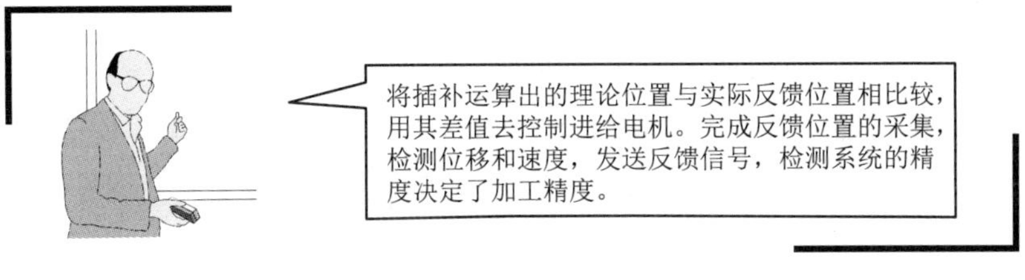

5.1.6　位置检测装置

1. 位置检测装置分类

(1) 按检测对象分类

① 直线位移测量:将检测装置直接安装在拖板上,测量直线位移量,作为全闭环的位置反馈。

② 转动角度测量:将检测装置安装在驱动电机轴或滚珠丝杠上,通过检测角位移来间接测量直线位移量,作为半闭环伺服系统的位置反馈。

(2) 按检测信号分类

① 数字式测量:将被测位移量转换为脉冲个数,即用数字表示。

② 模拟式测量:将被测位移量转换为模式电量来表示,如电压幅值变化、相位变化等。

(3) 按测量的相对值分类

① 增量式测量:只测量相对位移量,测量装置简单,任何一个终点都可作为测量的起点,而移动的距离由信号计数累加。

② 绝对式测量:对于被测量的任意一点位置均有固定的零点标记,每一个被检测点都有一个相应确定的测量值。

各类位置检测元件如表 5.1 所示。

表 5.1　各类位置检测元件

分类方式	数字式		模拟式	
	增量式	绝对式	增量式	绝对式
转动角度	圆光栅、光电盘	编码盘	旋转变压器、圆形磁尺、圆感应同步器	多极旋转变压器、三速圆感应同步器
直线位移	光栅、激光干涉仪	编码尺、多通道透射光栅	感应同步器、磁尺	三速感应同步器、绝对式磁尺

2. 脉冲编码器

(1) 增量式脉冲编码器

增量式脉冲编码器由光源、透镜、光电盘、检测窄缝、光电元件、模数转换线路及数字显示装置组成,如图 5.12 所示。

光电盘具有透光窄缝和与光电盘平行放置的检测窄缝,用来判别转向。

光电盘装在回转轴上,随着工作轴一起转动,每转过一个缝隙就会发生一次光线的明暗变化,经光电元件变成一次电信号的强弱变化,对它进行整形、放大和微分处理后,得到脉冲输出信号,脉冲数等于转过的窄缝数。

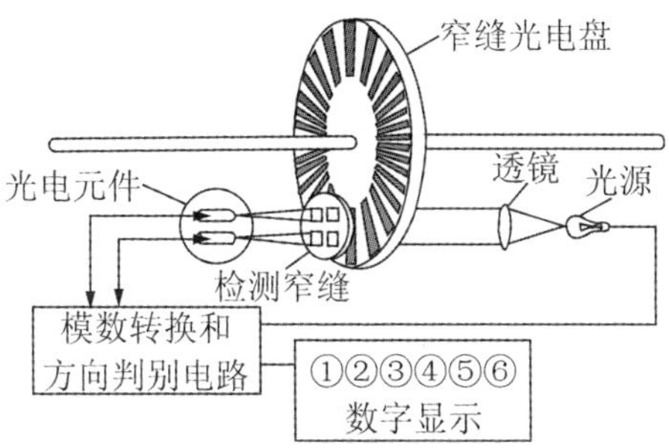

图 5.12　增量式脉冲编码器

将上述脉冲信号送到计数器中计数，则计数值就反映了圆盘转角，通过计量脉冲的频率可测出工作轴的转速。

(2) 绝对式脉冲编码盘

绝对式脉冲编码盘是直接编码式测量元件，把被测信息转换成相应的代码，指示绝对位置，没有积累误差。

如图 5.13 所示是一个 4 位二进制编码盘，涂黑部分导电，其余部分绝缘。编码盘的外 4 圈按导电为“1”、绝缘为“0”组成二进制编码。组成编码的各圈称为码道，对应于 4 个码道并排装有 4 个电刷，电刷经电阻接到电源正极。

码盘最内圈接电源的负极，是公用圈，其转轴与被测对象一起旋转。其电刷装在不运动的部件上，当被测对象带动编码盘一起转动时，每转一个角度对应输出一个二进制数(0000～1111)，通过输出的二进制数就可检测出实际的角位移。

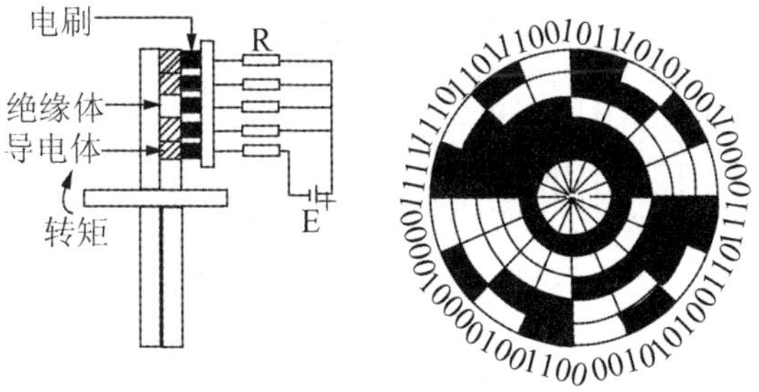

图 5.13　4 位二进制编码盘

(3) 脉冲编码器维护

① 防污和防振

使用环境和拆装要注意防污和防振问题，污染容易造成信号丢失，振动容易使编码器内的紧固件松动脱落。

② 防松

内装式编码器和外装式编码器，连接松动都会影响位置控制精度。

有些交流伺服电机，内装式编码器除用于位置检测外，还具有测速和交流伺服电机转子位置检测功能，编码器连接松动会引起进给运动不稳定，影响电机的换向控制，引起振动。

3. 光栅测量装置

(1) 直线透射光栅原理

光栅由光源、长光栅(标尺光栅)、短光栅(指示光栅)、光电元件等组成,如图 5.14 所示。长光栅固定在机床不动件上,长度相当于工作台的移动行程,短光栅固定在移动部件上。长、短光栅保持一定的间隙,在自身平面内转很小的角度 θ。

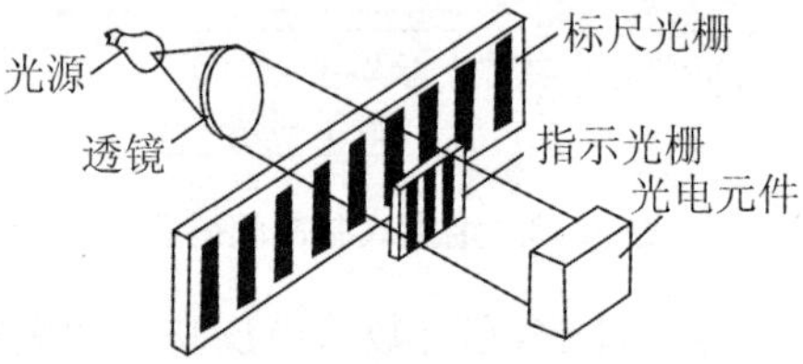

图 5.14　直线透射光栅原理

光源以平行光照射光栅,由于挡光效应和光的衍射,在与刻线垂直的方向上出现明暗交替、间隔相等的粗大莫尔条纹,莫尔条纹起放大作用。用 W(mm)表示栅距,B(mm)表示莫尔条纹间距,θ(rad)表示标尺光栅与指示光栅之间的夹角,则减小 θ 可增大 B,即增大莫尔条纹间距,起放大作用。利用光的干涉,放大栅距,可提高光栅的分辨力。如图 5.15 所示。

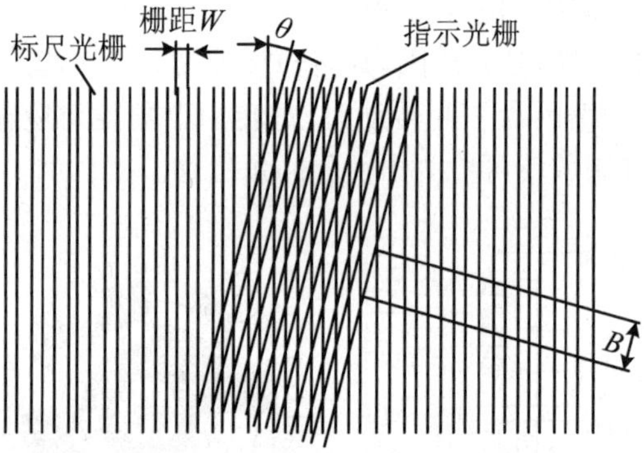

图 5.15　莫尔条纹的形成

莫尔条纹是由光栅的大量刻线共同形成的,例如 $W=0.01$ mm,则 10 mm 长(短光栅长度)的一根莫尔条纹由 1000 条线纹组成,栅距间的固有相邻误差就平均化,短光栅的工作长度越长,均化误差的作用就越显著。

莫尔条纹的移动与栅距间的移动相对应。当光栅移动一个栅距时,莫尔条纹也相应地移动一个莫尔条纹间距,其光强变化近似于正弦波形,若移动方向相反,则莫尔条纹移动方向也相反。

(2) 光栅维护

① 防污

- 光栅尺直接安装于工作台上,易受到污染,造成信号丢失,影响控制精度。
- 冷却液在使用过程中会产生轻微结晶,在扫描头上形成一层薄膜且透光性差,不易清除,故应慎重选用冷却液。
- 加工过程中,冷却液的压力不要太大,流量不要过大,以免水雾进入光栅。
- 光栅最好通入低压压缩空气(10^5 Pa 左右),以免扫描头运动时形成的负压把污染物吸离光栅。压缩空气必须净化，滤芯应保持清洁并定期更换。

② 防振

光栅拆装时要用静力，不能用硬物敲击，以免引起光学元件的损坏。

5.2　进给伺服系统的故障诊断

组成装置有：用于位置检测的光栅、编码器、感应同步器、旋转变压器和磁栅；用于转速检测的测速发电机、光电编码器等。

5.2.1　伺服系统结构形式

信号的反馈形式体现了伺服系统的结构，以带编码器的伺服电机为例说明：

- 转速反馈信号与位置反馈信号处理分离。
- 伺服电机的编码器既是转速检测装置，又是位置检测装置，在数控系统中完成数据处理。
- 编码器作为速度和位置检测装置，检测信号一方面进行速度控制，另一方面进行位置控制。

在数字式伺服系统中，数控系统将位置控制指令以数字量的形式输出至数字伺服系统，数字伺服驱动单元本身具有位置反馈和控制功能，独立完成位置控制。

系统和数字伺服驱动单元采用串行方式连接，减少了连接电缆，提高了系统的可靠性。

5.2.2　进给伺服系统故障形式及诊断

1. 故障形式

进给伺服系统故障方式分为三类：

一是在CRT或操作面板上显示报警内容或报警信息的故障。

二是在进给伺服驱动单元上用报警灯或数码管显示驱动单元的故障。

三是进给运动不正常，但无任何报警信息。

常见故障形式如下：

(1) 振动

- 如振动周期与进给速度有关，则多与该轴的速度环增益太高或速度反馈故障有关。
- 如振动周期与进给速度无关，一般与位置环增益太高或位置反馈故障有关。

• 如振动在加、减速过程中产生，往往是系统加、减速时间设置过小造成。

(2) 窜动

• 测速信号不稳定，如测速装置故障、测速反馈信号干扰等。
• 速度控制信号不稳定或受到干扰。
• 接线端子接触不良，如螺钉松动等。
• 窜动发生在正向、反向运动切换的瞬间，一般是反向间隙或伺服系统增益过大。

(3) 爬行

在启动加速段或低速进给时，由进给传动链的润滑不良、伺服系统增益过低及外加负载过大等所致。

伺服电机和滚珠丝杠连接用的联轴器，由于连接松动或联轴器本身的缺陷，造成滚珠丝杠和伺服电机转动不同步，也会导致此故障。

(4) 过载

当进给运动的负载过大、频繁正反向运动及进给传动链润滑状态不良时，均会引起过载。一般在 CRT 上显示伺服电机过载、过热或过流等报警。

在强电柜中的进给驱动单元上，用指示灯或数码管提示驱动单元过载、过流。

(5) 超程

当进给运动超过由软件设置的软限位或由限位开关决定的硬限位时，就会发生超程报警，根据 CRT 上显示的内容，查找数控说明书，即可排除故障。

(6) 伺服电机不转

系统进给驱动单元除了速度控制信号外，还有使能控制信号，一般为 DC＋24 V 继电器线圈电压，此信号丢失导致伺服电机不转。

(7) 位置误差

当伺服轴运动超过位置允差范围时，数控系统就会产生位置误差过大的报警，包括跟随误差、轮廓误差和定位误差。

(8) 回参考点故障和漂移

机床不能回参考点或回参考点不准。当指令值为零时，坐标轴仍在移动，从而造成位置误差，通过漂移补偿和驱动单元上的调速来消除。

2. 故障定位

当伺服系统出现故障时，为快速定位故障，可采用如下方法：

(1) 模块交换法

有些进给轴的驱动单元具有相同的当量，如铣床的 X 轴和 Y 轴的驱动单元往往是一致的，当某一轴发生故障时，可用另一轴替代，观察故障的转移情况。

(2) 外接参考电压法

为确定是否为驱动单元和伺服电机故障，可以脱开位置环，检查速度环。

如怀疑 SIMODBIVE 611A 进给驱动模块故障，可先断开闭环控制模块上 X331－56 速度给定输入正端和 X331－14 速度给定输入负端两接点，外加由 9 V 电池和电位器组成的直流回路；再短接该模块上 X331－9 使能电压＋24 V 和 X331－65 使能信号两接点。

接通机床电源，启动数控系统，再短接电源和监控模块上 X141－63 脉冲使能和 X141－9 使能电压＋24 V，X141－64 驱动使能和 X141－9 使能电压＋24 V。只有 3 个使能信号都有效时，电机才能工作。

当使能端子63无效时，驱动装置立即禁止进给轴运行，伺服电机无制动地自然停止。

当使能端子64无效时，驱动装置立即置进给轴的速度定值为零，伺服电机进入制动状态，200 ms后电机停转。

当使能端子65无效时，对应轴的速度给定值立即置零，伺服电机进入制动状态，200 ms后电机停转。

伺服电机在外加的参考电压控制下运转，调节电位器控制电机的转速，参考电压的正、负则决定电机的转向。

5.2.3　进给伺服系统故障诊断

1. 直流进给伺服系统故障

PWM调速是利用脉宽调制器，对大功率晶体管的开关时间进行控制，将速度控制信号转换成方波电压，加到直流伺服电机的电枢两端，通过对方波宽度的控制，改变电枢两端的平均电压，控制电枢电流，实现伺服电机转速的控制。

系统中CPU发出信号，经DDA插补器输出均匀脉冲，经过指令倍率器CMR后，与位置反馈脉冲比较所得的差值，送到误差寄存器，然后与位置增益和偏移量补偿运算，送到脉宽调制器PWM中进行脉宽调制，经D/A变换成模拟电压，作为速度控制信号VCMD送到速度控制单元。

伺服电机旋转时，发出的脉冲经断线检查器确认无信号断线后，送到鉴相器，对两组脉冲PA、PB进行鉴相，以确定电机旋转方向。

从鉴相器分两路输出，一路经F/V变换器，将脉冲变换电压作为速度反馈信号TSA送速度控制单元，并与VCMD进行比较，完成速度环控制；另一路输出经检测倍率器DMR，再送到位置比较器完成位置控制。参考点计数器及每转信号PC4用于栅格法回参考点的操作。

采用PWM控制方式，由功率开关晶体V1～V4组成H形驱动电路。其中，CDR用于检测电枢电流，作为电流反馈，其压降由CD1和CD2端输出；MOL为热继电器，串联于电枢电路，用于电机的过载保护；DBR为能耗制动电阻，并联于电枢，当主回路电源切断时，MCC常闭触点闭合，实现电机的能耗制动。

在进给伺服系统中，RP2、RP9为零漂调整，RP3为速度给定调整，RP4为速度反馈系数调整，RP5为速度增益调整，RP6为电流反馈系数调整，RP8为电流给定调整。场效应晶体管V处于开关工作状态。当电机正常工作时，复位信号RST为低电平，场效应晶体管处于关断状态，调节器n正常工作；当停机或出现故障时，RST为高电平，场效应晶体管处于饱和导通状态，将调节器PI的*RC*网络短接，就只能工作在比例状态。

速度控制单元中电路板上7个报警灯的功能如下：

① BRK报警，即无熔丝断路器切断报警。如果断路器已跳起，先关断电源，将断路器按钮按下使其复位，待10 min后再合上电源；如合上电源后断路器又跳起，应检查整流二极管模块或电路板上其他元件是否损坏，检查机械负载。

② HVAL报警，即高电压报警。原因如下：

- 输入电源电压过高。
- 电机电枢和机壳间的绝缘电阻下降，清洁电刷和换向器可以解除故障。
- 电路板不良。

③ HCAL 报警，即大电流报警。

如伴有 401 号报警，为速度控制单元损坏。测量晶体管 V1～V4 的集电极、发射极之间的电阻，如果阻值<10 Ω，表明该晶体管已损坏。

④ OVC 报警，即过载报警。

- 确认机械负载是否正常。
- 在 OVC 报警的同时，如 CRT 上显示 401 或 702 号报警，则可能是伺服电机的故障。

⑤ LVAL 报警，即电源电压下跌报警。

- 电源电压太低，如低于正常值的 15%。
- 伺服变压器与速度控制单元的连接不良。

⑥ TGLS 报警，即速度反馈信号断线报警。

- 电路板设置错误，如将测速发电机设置为脉冲编码器，会产生断线报警。
- 确认有无速度反馈电压或反馈信号线是否断线。

⑦ DCAL 报警，即放电报警。

- 当系统接通电源时，如出现 DCAL 报警，则多为续流二极管损坏。
- 电路板设置错误，如速度控制单元外接再生放电单元，应重新设置短路棒。
- 伺服系统的加、减速频率太高，快速移动定位次数每秒应不超过 1～2 次。

2. 交流进给伺服系统故障

交流伺服电机通常采用交流永磁式同步电机，驱动装置实质上是一个电子换向的直流电机驱动装置。

电路同变频器电路相似，在控制上不产生旋转磁场的内部节拍，各种调节是建立在电压特性上的。常见故障如表 5.2 所示。

表 5.2 交流进给驱动系统常见故障

故障现象	故障检查
伺服使能	检查机床 I/O 接口信息，确认使能条件是否满足
	+24 V 是否加到使能端
伺服电机低速不稳定，负载惯量大及振动	检查驱动装置增益设置情况
欠电压	电源电压太低，电源容量不够，整流器件损坏
过电压	电源电压过高，整流器直流母线电压超过了规定值
	内装或外接的再生制动电阻接线断开
	加、减速时间过小，在降速过程中引起过电压
过电流	驱动装置输出 U、V、W 之间短路，伺服电机过载
	功率开关晶体管损坏，加速过快
伺服电机过热	伺服电机的环境温度超过了规定值
	伺服电机过载，编码器内的热保护器故障
过载	负载过大，加、减速时间设置过小，负载有冲击现象
	编码器反馈脉冲与电机转角不成比例，有跳跃
编码器	电缆破损或短路，编码器与驱动装置间的通信错误

【例5.1】 某工厂有一台立式加工中心，配备FANUC 0i MC系统及α系统伺服驱动单元，故障时CRT显示414号报警，同时伺服驱动单元报警显示号码9。

故障分析：查阅资料，414号报警为“*X*轴的伺服系统有错误”，当错误信息输出至DGN N0720时，伺服系统报警。

根据报警内容，用自诊断功能检查机床参数DCN N0720上的信息，发现第4位为1。正常时，该位应为0，现该位由0变1，则为异常电流报警，同时α系统伺服驱动单元报警显示号码9，表示伺服轴过电流报警。

用万用表测得电源输入端阻抗只有6 Ω，远低于正常值的10 Ω，因而诊断伺服驱动单元晶体管模块损坏。

【例5.2】 某工厂一台配有FANUC FS－11M系统的加工中心，产生SV032和SV009报警。

故障分析：SV023报警表示电机过载，原因有：

① 电机负载太大。

② 速度控制单元的热继电器设置错误，如热继电器设置值小于电机额定电流。

③ 伺服变压器热敏开关不良，如变压器表面温度低于60 ℃时，热敏开关动作，说明此开关不良。

④ 再生反馈能量过大，如电机的加、减速频率过高或垂直轴平衡调整不良。

⑤ 速度控制单元印制电路板上的设置错误。

SV009报警表示移动时误差过大，原因有：

① 数控系统位置偏差量设置错误。

② 伺服系统超调。

③ 电源电压太低。

④ 位置控制或速度控制单元不良。

⑤ 电机输出功率太小或负载太大等。

综合分析上述两种报警产生的原因，电机负载过大的可能性最大。测定机床空运行时的电机电流，其电流超过电机的额定电流。

将该伺服电机拆下，在电机不通电的情况下，用手转动电机输出轴，结果转动很费劲，表明电机的磁钢有部分脱落，造成了电机超载。

3. 步进电机驱动系统故障

步进电机常出现的故障是失步和步进电机驱动电源的功率管损坏，一般从步进电机矩频特性和步距角入手，出现精度问题，也可从这方面考虑。

步进电机控制为全数字化。将脉冲转化成步距角增量的电磁执行元件，将电脉冲转换为角位移，具有较好的定位精度，无漂移，无积累定位误差，能跟踪一定频率的脉冲列，可作为同步电机使用。

步进驱动系统常见故障及排除：

(1) 电机过热

故障现象：系统会报警显示电机过热。触摸电机时，明显感觉温度升高，甚至烫手。

故障原因及排除：

① 工作环境过于恶劣，环境温度过高，改善工作环境。

② 电压过高，建议用稳压电源。

③ 参数选择不当，如电流过大，超过相电流，根据参数说明书，重新设置参数。

(2) 工作中尖叫后停转

故障现象：加工或运行时，驱动器或步进电机发出尖叫声，然后电机停止转动。

故障原因及排除：

① 输入脉冲的突调频率太高，降低突调频率。

② 输入脉冲频率太高，引起堵转，降低输入脉冲频率。

③ 输入脉冲的升速曲线不够，引起堵转，调整输入脉冲的升速曲线。

(3) 电机定位不准或参考点定位误差过大

① 电机定位不准反映在加工中的故障就是加工工件尺寸误差过大。

故障原因及排除：

加、减速时间太小，根据参数说明书，重新设置参数。

指令信号存在干扰噪声，系统屏蔽不良，利用示波器检查指令信号，如果示波器显示信号只是受到小幅度的干扰，处理好接地，做好屏蔽处理。

② 参考点定位误差过大。该现象大多出现在参考点配置方式不当时。

故障原因：

接近开关或检测体的安装出错，接近开关与检测体间的间隙为检测临界值。

所选用接近开关的检测距离过大，检测体和相邻金属物体均在检测范围内。

接近开关的电气特性差，接近开关的重复特性影响参考点的定位精度。

排除方法：

检查接近开关的安装，调整接近开关与检测体间的间隙。

接近开关技术指标表示的是最大检测距离，调整时应将间隙调整为最大间隙的50%；更换接近开关。

(4) 电机运转不均匀，有抖动

反映在加工中就是加工的工件有振纹，表面粗糙度差，故障原因及排除见表5.3。

表5.3　数控系统显示时有时无或抖动原因及排除

故障原因	检查步骤	排除措施
指令脉冲不均匀	用示波器观测指令脉冲	从数控系统找故障与排除
指令脉冲太窄		
指令脉冲电平不正确	用万用表观测指令脉冲电平	
指令脉冲电子与驱动器不匹配	用万用表测量指令脉冲电子，比较是否与驱动器匹配	使电平匹配
脉冲信号存在噪声	用示波器观测脉冲信号	注意观察电平变化是否频繁
脉冲频率与机械发生共振	目测	调节数控系统参数，避免共振

(5) 工作噪声大

加工或运行过程中,电机工作噪声大,有进二退一现象,故障原因及排除见表5.4。

表5.4 工作噪声特别大原因及排除

故障现象	故障原因	排除措施
低频旋转时,有进二退一现象,高速上不去	检查相序	正确连接动力线
	电机运行在低频区或共振区	分析电机速度及频率,调整切削参数
	纯惯性负载、正反转频繁	重新考虑此机床的加工能力
电机故障	磁路混合式或永磁式转子磁钢退磁以单步运行或在失步区	更换电机
	永磁单向旋转步进电机的定向机构损坏	更换电机

(6) 工作过程中停车

在工作正常情况下,发生突然停车故障,故障原因及排除见表5.5。

表5.5 工作过程中停车原因及排除

故障原因	检查步骤	排除措施
驱动电源故障	用万用表测量驱动电源的输出	更换驱动器
驱动电路故障	发生脉冲电路故障	
电机故障	绕组烧坏	更换电机
电机线圈匝间短路或接地	用万用表测量线圈间是否短路	
杂物卡住	目测检查	消除外界的干扰因素

(7) 闷车

工作过程中,某轴突然停止,俗称“闷车”,故障原因及排除见表5.6。

表5.6 闷车原因及排除

故障部位	故障原因	排除措施
驱动器端故障	驱动器故障	更换驱动器
	电机绕组内部发生错误	
	电压没有从驱动器输出来	检查驱动器,确保有输出
电机端故障	电机绕组碰到机壳,发生相间短路或者线头脱落	更换电机
	电机轴断	
	电机定子与转子之间的气隙过大	调整好气隙或更换电机
外部故障	电压不稳	重新考虑负载和切削条件
	负载过大或切削条件恶劣	重新考虑负载和切削条件

(8) 步进电机失步或多步

工作过程中,配置步进驱动系统的某轴突然停顿,而后又继续运动,故障原因及排除见

表 5.7。

表 5.7 步进电机失步或多步原因及排除

故障原因	检查步骤	排除措施
负载过大,超过电机的承载能力		重新调整加工程序切削参数
负载忽大忽小	是否毛坯余量分配不均匀等	调整加工条件
启动时失步,停车时过冲	空运行,观察是否有此现象	重新考虑负载的转动惯量
传动间隙大小不均匀	进行机械传动精度的检验	进行螺距误差补偿
零件有弹性变形		重新考虑这种材料的加工方案
电机工作在振荡失步区	分析电机速度及电机频率	调整加工切削参数
干扰		处理好接地,做好屏蔽处理
电机故障,如定、转子相擦	情况严重时听声音可以感觉出来	更换电机

(9) 电机一开始就不转动

不转动故障原因及排除见表 5.8。

表 5.8 电机一开始就不转动原因及排除

故障部位	故障原因	排除措施
步进驱动器	驱动器与电机连线断开	确保连线正常
	保险丝熔断	更换保险丝
	动力线断线时,二相式步进电机不能转动,三相五线制电机仍可转动,但力矩不足	确保动力线的连接正确
	驱动器报警(过电压、欠电压、过电流、过热)	按相关报警方法解除
	驱动器使能信号被封锁	通过 PLC 观察使能信号是否正常
	驱动器电路故障	更换驱动器电路板或驱动器
	接口信号线接触不良	重新连接好信号线
	系统参数设置不当,如工作方式不对	按参数说明书,重新设置相关参数
步进电机	电机卡死,电机故障	机械故障,排除卡死的故障原因
	长期在潮湿场所存放,造成电机部分生锈	更换步进电机
	指令脉冲太窄,频率过高,脉冲电平太低	尖叫后停转,按尖叫后停转故障处理
外部故障	安装不正确	发生在新机调试时,重新安装调试
	电机本身轴承等故障	重新进行机械调整

【例 5.3】 一台华中系统数控车床,加工大导程螺纹时,出现堵转现象。

故障分析:开环控制的 CNC 装置的脉冲当量一般为 0.01 mm,坐标轴 G00 指令速度一般为 2000～3000 mm/min。

开环控制车床的主轴结构一般存在两类:

一类是改造的数控车床,主轴的机械结构不变,仍然保持换挡有级调速。

另一类是采用通用变频器控制数控车床主轴实现无级调速。主轴无级调速的数控车床在进行大导程螺纹加工时,进给轴会产生堵转,这是高速低转矩特性造成的。

主轴无级调速的数控车床加工 10 mm 导程的螺纹时,如果主轴转速选择 300 r/min,刀架沿 Z 轴需要用 3000 mm/min 的进给速度配合加工,Z 轴步进电机的转速和负载转矩无法达到这个要求,出现堵转现象。

如果将主轴转速降低,刀架沿 Z 轴加工的速度减慢,Z 轴步进电机的转矩增大,螺纹加工的问题似乎可以得到改善,然而由于主轴采用通用变频器调速,使得主轴在低速运行时转矩变小,主轴产生堵转。对于主轴保持换挡变速的开环控制的数控车床,在加工大导程螺纹时,主轴可以低速正常运行,大导程螺纹加工的问题可以得到改善,但影响表面粗糙度。如果在加工过程中切削进给量过大,也会出现 Z 轴堵转现象。

【例 5.4】 步进电机驱动单元的功率管损坏。

故障分析:功率管损坏原因主要是功率管过热或过流。重点检查提供给功率管的电压是否过高,功率管散热环境是否良好,步进电机驱动单元与步进电机的连线是否可靠,有没有短路现象等。

为改善步进电机的高频特性,步进电机驱动单元一般采用大于 80 V 的交流电压供电(以前为 50 V)。

经过整流后,功率管上承受较高的直流工作电压。如果步进电机驱动单元接入电压波动较大,或电气干扰严重、散热不良,将引起功率管损坏。对于开环控制的机床,其重要指标是可靠性。

适当降低步进电机驱动单元输入电压,换取步进电机驱动器的稳定性和可靠性。

【例 5.5】 经济型数控机床的启动、停车影响工件精度。

故障分析:步进电机绕组线圈的通、断电流是有一定顺序的。

一个五相十拍步进电机启动时,A 相线圈先通电,各相线圈按照 A→AB→B→BC→C→CD→D→DE→E→EA→A 所示顺序通电,称 A 相为初始相,因为每次重新通电的时候,总是 A 相先处于通电状态。当步进电机旋转一段时间后,通电的状态是其中的某个状态,这时如机床断电停止运行,步进电机就在该状态结束。当机床再次启动工作时,步进电机又从 A 相开始通电,与前次结束时不一定是同相。

不同状态使步进电机偏转若干个步距角,工作台产生偏差,CNC 对此偏差是无法补偿的。

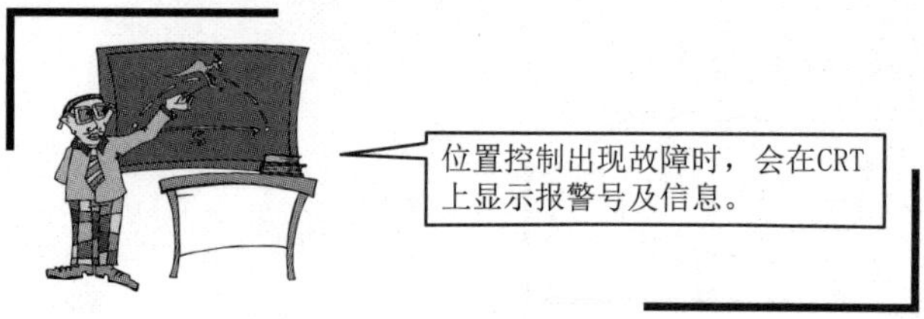

5.3　位置检测装置故障诊断

5.3.1　位置检测装置故障形式

若运动着的轴实际位置超过机床参数所设置的允差值，产生轮廓误差监视报警；若机床坐标轴定位时的实际位置与给定位置之差超过机床参数设置的允差值，产生静态误差监视报警；若位置测量硬件有故障，产生测量装置监控报警，等等。表 5.9 是西门子数控系统有关位置控制报警对照表。

表 5.9　位置控制报警

SINUMERIK 810/820/850/880 报警号	内　容
112 * 156 *	超出夹紧允差 速度实际指令值太大
116 * 128 *、130 *、136 * 160 *	超出轮廓监控允差 位置测量硬件故障 漂移太大

5.3.2　位置检测装置故障诊断

1. 输出信号

SIEMENS 数控系统位控模块与位置检测装置的连接如图 5.16 所示，图中增量式旋转测量装置或直线测量装置的输出信号有两种形式：

一是电压或电流正弦信号，其中 EXE 为脉冲整形插值器。

二是 TTL 电平信号。以 Heidenhain 公司的正弦电流输出型光栅尺为例，该光栅由光栅尺、脉冲整形插值器(EXE)、电缆及接插件等组成，如图 5.17 所示。

扫描单元输出三组信号：

两组增量信号由 4 个光电池产生，把两个相差 180°的光电池接在一起，形成相位差 90°、幅值为 11 μA 左右的 I_{e1} 和 I_{e2} 两组近似正弦波。

另一组基准信号由两个相差 180°的光电池接成推挽形式，输出为一尖峰信号 I_{e0}，其有效分量约为 5.5 μA，此信号只有经过基准标志时才产生。

基准标志是在光栅尺身外壳上装有磁铁，在扫描单元上装有干簧管，在接近磁铁时，干簧管接通，基准信号才能输出。

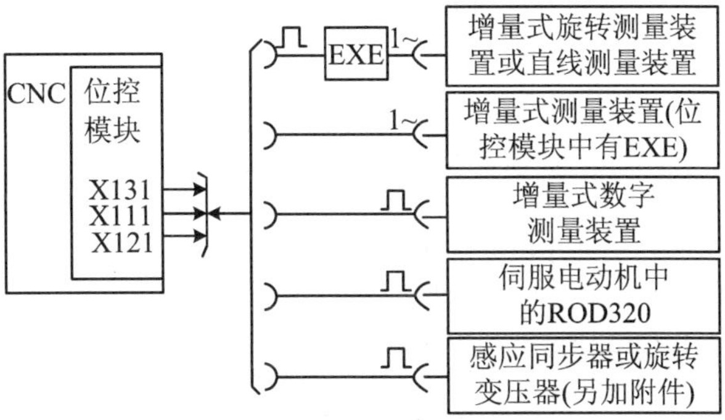

图 5.16　位控模块与位置检测装置

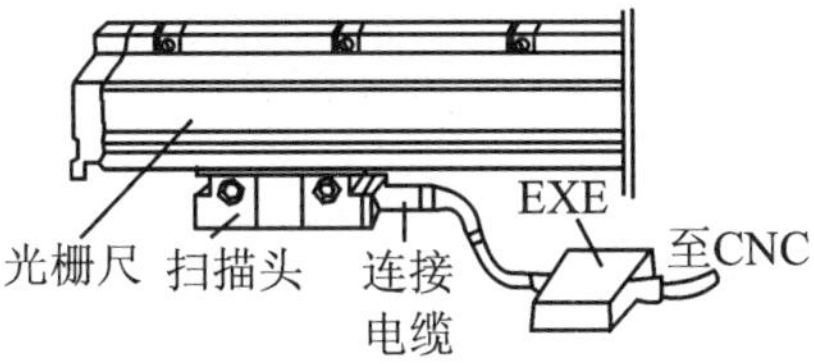

图 5.17　光栅组成

两组增量信号 I_{e1}、I_{e2} 经传输电缆和插接件进入 EXE，经放大、整形后，输出两路相位差 90°的方波信号 U_{a1}、U_{a2} 及参考信号 U_{a0}，经适当组合处理，在一个信号周期内产生 5 个脉冲，即 5 倍频处理，经连接器送到 CNC 位控模块，如图 5.18 所示。

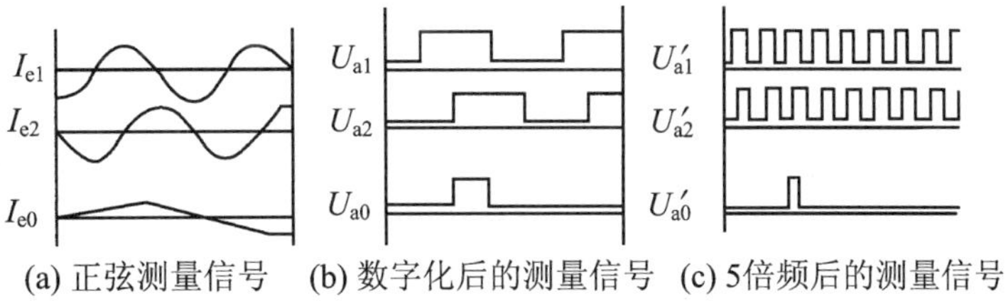

图 5.18　EXE 信号处理

2. 脉冲整形插值器 EXE 信号处理

脉冲整形插值器是将光栅尺或编码器输出的增量信号 I_{e1}、I_{e2} 和 I_{e0} 进行放大、整形、倍频和报警处理后，输出至 CNC 进行位置控制，如图 5.19 所示。

图 5.19 中，由通道放大器、整形电路、驱动和报警电路构成基本电路，细分电路作为任选功能单独制成电路板，两板之间通过 J3 连接器连接。

① 通道放大器。当光栅检测产生正弦波电流信号 I_{e1}、I_{e2} 和 I_{e0} 后，经通道放大器，输出一定幅值的正弦电流电压。

② 整形电路。在对 I_{e1}、I_{e2} 和 I_{e0} 放大的基础上，经整形电路转换成与之相对应的三路方波信号 U_{a1}、U_{a2} 和 U_{a0}，其 TTL 高电平大于等于 2.5 V，低电平小于等于 0.5 V。

③ 报警电路。光栅由于输入电缆断裂、光栅污染或灯泡损坏等原因，造成通道放大器

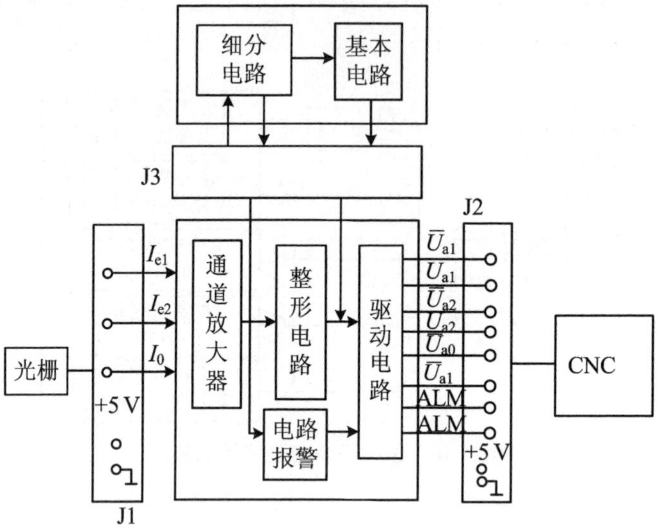

图 5.19　EXE 电路组成

输出信号为零，这时报警信号经驱动电路驱动后，由连接器 J2 输出至 CNC 系统。

④ 细分电路。高精度机床要求位置测量有较高的分辨力，光栅尺本身的精度不能满足，需采用细分电路来提高分辨力。基本电路通道放大器的输出信号经连接器 J3 接入细分电路，经细分电路处理后，又通过连接器 J3 输出在一个周期内两路相位差 90°、占空比为 1∶1的五细分方波信号。

这两路方波信号经基本电路中的驱动电路驱动后，即为对应的 U_{a1} 和 U_{a2} 通道信号，由连接器 J2 输出至 CNC 系统。

另外，同步电路是为获得与 U_{a1}、U_{a2} 及参考信号 U_{a0} 这两路方波信号前后沿精确对应的方波参考脉冲。

3. 故障诊断

当出现位置环开环报警时，将连接器 J2 脱开，在 CNC 系统的一侧，把连接器 J2 上的 +5 V线同报警线 ALM 连在一起，合上数控系统电源，根据报警是否再现，可判断故障的部位是在测量装置还是在 CNC 系统的接口板上。

若问题出现在测量装置，则可检测连接器 J1 上有无信号输入，便可将故障定位在光栅尺或 EXE 脉冲整形电路上。

5.3.3　光栅编码器故障维修实例

【例 5.6】　某工厂有一采用 SINUMERIK 8 数控系统的卧式加工中心，采用了 EXE 光栅测量装置，运行中出现 114 号报警，同时伴有 113 号报警。

故障分析：由于 114 号的报警，引起 113 号报警，故障部位定位在位置测量装置。

114 号报警有两种可能：

一是电缆断线或接地。

二是信号丢失。

前者可通过外观检查和测量来诊断，对后者主要是信号漏读，即由于某种原因，使光栅尺输出的正弦信号幅度降低，在信号处理过程中，影响到被处理信号过零的位置，严重时会使输出脉冲挤在一起，造成丢失。因为光电池产生的信号与光照强度成正比，信号幅度下降无非是因为光源亮度下降或光学系统污染所致。

从尺身中抽出扫描单元，分解后看到，灯泡下的透镜表现呈毛玻璃状，指示光栅表面也有一层雾状物，灯泡和光电池上也有这种污物，这些污物导致了光源发光率下降和输出信号降低，通过对光栅的清洗可消除故障。

【例 5.7】 某厂配西门子 8MC 数控系统的五轴加工中心，采用了 HANDENHAIN 公司 LS107 型直线光栅编码器，出现故障现象为：Y 轴快速进给 3 m/min 以下时工作正常，大于 5 m/min 时 114 号报警。

故障分析：经检查，报警内容是 Y 轴测量环节电缆损坏、短路、没有接到信号、不正确的门槛信号或不正确的频率。

首先判断故障是出在光栅编码器上，还是出在外置式前置整形倍频放大器 EXE 上。测量板 MS120S 加工中心的三个直线坐标测量系统是完全一样的，可以用交换插件和部件的方法确定故障部位，为验证这一点，做如下测试：

将光栅编码器插座从外置式前置整形倍频放大器 EXE 上拆下，另置 5 V 电源接到光源回路上，用双线示波器接到编码器正弦、余弦端，移动测量头在双线示波器上看到正弦、余弦信号，其幅值稳定，波形宽度随移动速度变化，移动速度越快其宽度越窄，所检测的两列信号应互差 90°。

实测时，速度较快时幅值明显减小，判断故障是由光栅编码器信号弱造成。

轴位置测量 LS107 型光栅编码器使用时通入过滤的压缩空气，使内部始终保持正压，灰尘、水汽、杂物不易进入，保持光栅不受污染。说明书的参数是最大速度 30 m/min，光源和接通回路用长寿命微型灯 5 V/0.6 W，运行高压(5±5%) V/120 mA，推挽式放置排列光电池，输出值(pp)I_e=10 μA(负载 1 kΩ 时)，波形为正弦波，扫描频率为 0～25 kHz。

LS107 型光栅编码器的结构主要由两部分组成：固定在铝合金壳上的光栅定尺和移动的测量头。

测量机械包括：滑轮，用以保证测量头沿轨道平稳行走；支架，用以安装发光源、光电池及附属电路。

测量头的光学部分包括光栅动尺和光路调整遮光螺丝。测量头电路包括光源电源回路和信号输出电路。

对 LS107 型光栅编码器来说，造成信号弱的可能原因是光电池接收的光线弱。造成光线弱的原因有：遮光螺丝松脱；微型灯定位位置变化；硅光电池表面脏；控制光源的集成电路故障。

维修时，从光栅编码器一端轻轻抽出测量头，按下述步骤操作：

① 检查玻璃表面和光电池表面是否洁净，如果有污物可用无水酒精擦净。

② 测量微型灯两端电压，其值应符合额定值。

③ 通 5 V 电源，用示波器测量正弦、余弦信号幅值，调节至高电位，遮断光路用示波器测量幅值应为低电位。

④ 调整遮光螺丝，先退后进，调整时应随时观察波形幅值变化，最大时为最佳。

⑤ 调整微型灯定位位置，先左右，后前后。值得注意的是，微型灯定位位置的调整和遮光螺丝的调整互相影响，必须反复调整，才能达到最佳状态。

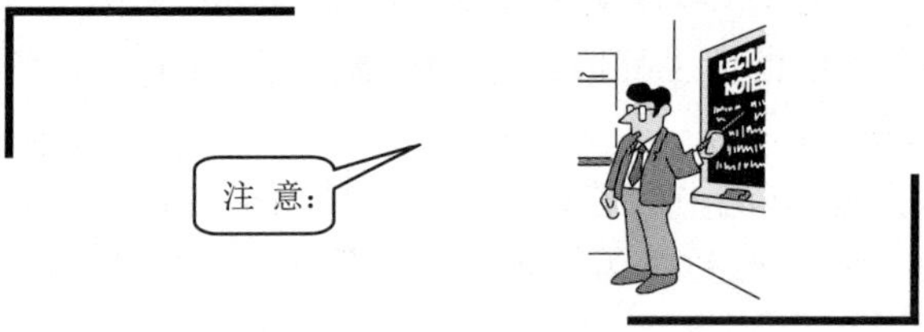

拆修或移动了光栅编码器，必须按重新安装的要求来调整它与移动轴的平行度，并修改机床参数参考点设置，否则会影响轴的位置和造成零点坐标误差。

【例 5.8】 上述例 5.7 中的机床，第 4 坐标（*A* 轴）运行时，有时正常，有时出现 134 号报警。

故障诊断：通过更换测量板 MS140 和外置式前置整形倍频放大器 EXE 就可确定故障位置。检修如下：*A* 轴位置测量使用 HADENHAIN 公司的 RON705 型圆光栅编码器。该型号有两种，两者外形相同，机械结构相同。不同之处是输出的正弦、余弦信号，一种为光电池直接输出，另一种为经放大后输出，原理相同。以光电池直接输出为例，简要介绍检修过程。

说明书给出的参数是最大回转速度为 300 r/min，光源和接通回路为 LEDs，输入电源电压为（4.5～5.25）V/140 mA，推挽式放置排列光电池，输出值（pp）$I_e=11\ \mu A$（负载 1 kΩ 时），波形为正弦波。

拆开圆光栅外壳，看到圆环形电路板，除推挽式放置两组光电池外，还有一组设置开关，用来设置选择哪一组，还是两组都用。电路板下面的动光栅码盘，固定在轴上，下面是光源座和定光栅片，光源座上有螺丝可以调整光源，使光线透过定光栅片和动光栅码盘到达光电池，产生电信号。

维修时，拆下光栅编码器插头，另置 5 V 电源接到光源回路上，转动光栅码盘，用双线示波器看它的正弦、余弦信号。如果看不到波形或者看到的是非对称波形，则认定是光栅编码器故障，必须调整，多数情况是可以看到非对称波形。

产生这种不正常波形的原因有：① 光路不正常。② 恒流源输出减小。③ 发光管变化，性能变差。

调整光路主要是调整电路板位置。电路板位置对波形产生很大影响，微小的位置变化都会使波形发生较大的变化，把电路板调整到波形最稳定、幅值最大的位置。特殊情况下，需调整发光源的调整螺丝。

恒流源的调整，除更换性能变差的三极管外，还要检查发光管电流，配置恒流源的偏置电阻，增加电流输出，注意 RON705 型光栅编码器的最大允许电流为 140 mA。

5.4 进给伺服系统故障诊断与维修

5.4.1 进给伺服系统故障形式与诊断

1. 机床振动

① 机械系统连接不良或负载过重，重新考虑机床所能承受的负载，减轻负载，让机床工作在额定负载内，依次查看机械传动链，润滑机械，排除传动故障。

② 检查输入速度调节器的信号，这个给定信号从位置偏差计数器出来经 D/A 转换器转换成模拟量送入速度调节器，检查这个信号是否有振动分量。

如它只有一个周期的振动信号，可确认速度调节器没有问题，而是前级的故障，即应向 D/A 转换器或位置偏差计数器去查找故障。

如果正常，就转向检测伺服电机的位置反馈装置是否有故障或连线错误。

③ 检查测速发电机及伺服电机。机床振动说明速度在振荡，反馈回来的波形一定也在振荡，观察波形是否大起大落。

先断开系统的位置环与速度环，手动旋转电机，观察速度反馈电压波形，如出现电压突然“跳变”的波形，说明反馈部件不良。

如振动频率与电机转速成比例，先检查电机有无故障，如果没有问题，再检查反馈装置连线是否正确。

测量电机的空载电流，若出现空载电流与转速成正比增加，说明电机内部短路。先清理换向器，检查电刷。

如果故障依然存在，则可能是电机绕组存在局部短路，应对电机做进一步检查，必要时对其进行维修。

④ 位置控制系统或速度控制单元上的系统参数设置错误，如指令倍率器 CRM 和检测倍率器 DMR 设置错误，系统或位置环的放大倍数(检测倍率)过大，最大轴速度、最大指令值等设置错误。

⑤ 如采用上述方法还不能消除振动，甚至无任何改善，应考虑速度调节器本身。

首先检查驱动系统的调整与设置，若调整与设置正确，可通过更换驱动系统的控制电路板确认，检测各处波形，必要时对控制电路板进行维修。

⑥ 检查振动频率与进给速度的关系，如两者成比例，除机床共振原因外，多数是由 CNC 系统插补精度太差或位置检测增益太高引起，需进行插补调整和检测增益调整。

如果与进给速度无关，可能是速度控制单元的设置与机床不匹配，或速度控制单元调整不好，或该轴的速度环增益太大，或速度控制单元的电路板不良。

⑦ 对于固定不变的干扰，可检查速度、电流检测端子及同步端的波形，检查是否存在干扰，并采取相应措施。

对于偶然性干扰，只有通过有效屏蔽、可靠接地等措施，尽可能避免。

【例 5.9】 一台配备 FANUC 15MA 系统的加工中心，在启动完成进入可操作状态后，X 轴只要一运动即出现高频振荡，产生尖叫，系统无任何报警。

故障分析：在故障出现后，观察 X 轴拖板，发现实际上拖板振动位移很小，但触摸输出轴，感觉到转子在以很小的幅度、极高的频率振动，且振动的噪声就来自 X 轴伺服系统。

考虑到振动无论是在运动中还是在静止时均发生，与运动速度无关，排除测速发电机、位置反馈编码器等硬件损坏的可能。

分析该振动可能是由于 CNC 中与伺服驱动有关的参数设置、调整不当引起，由于机床振动频率高，因此时间常数较小的电流环引起振动的可能性大。

由于 FANUC 15MA 系统采用的是数字伺服系统，伺服参数的调整可直接通过系统进行。调出伺服参数页面，发现参数 PARM1852、PARM1825 与提供值不符，设置值如下：

参数号	正常值	实际设置值
1852	1000	3414
1825	2000	2770

将上述参数按正常值修改后，振动现象消失，机床恢复正常工作。

【例 5.10】 一台配备 FANUC 0i－MC 系统的加工中心，进给加工过程中发现 X 轴振动。

故障分析：加工过程中坐标轴出现振动、爬行与多种原因有关，可能是机械传动系统故障，亦可能是伺服进给系统调整与设置不当。

选择手动方式，用手摇脉冲发生器控制 X 轴进给，发现 X 轴仍有振动现象。在此方式下，通过较长时间的移动后，X 轴速度单元上 OVC 报警灯亮，证明 X 轴伺服驱动器发生了过电流报警。

根据以上现象，故障可能原因为：负载过重，机械传动系统不良，位置环增益过高或伺服不良。

通过互换法确认故障原因出在直流伺服系统，卸下 X 轴检查，发现 6 个电刷中有两个弹簧已经烧断，造成电枢电流不平衡，使输出转矩不平衡。

另外，发现轴承亦有损坏，故而引起 X 轴的振动与过电流。更换轴承与电刷，机床恢复正常。

【例 5.11】 配备某系统的加工中心，在经过长期使用后，手动操作 Z 轴时有振动和异常响声，并出现“移动过程中 Z 轴误差过大”报警信号。

故障分析：考虑到机床伺服系统为半闭环结构，为确定故障部位，脱开与丝杠的连接，再次开机试验，发现伺服驱动系统工作正常，从而判定故障原因在机床机械部分。

手动方式转动机床 Z 轴，发现丝杠转动困难，丝杠的轴承发热。仔细检查，发现 Z 轴导轨无润滑，造成 Z 轴摩擦阻力过大。

重新修理 Z 轴润滑系统后，机床恢复正常。

【例 5.12】　一台配备 FANUC 0i－MC 数控系统的加工中心，在长期使用后，只要工作台移动到行程的中间段位置，*X* 轴就会出现缓慢的正、反向摆动故障。

故障分析：加工中心在其他位置时工作均正常，因此系统参数、伺服驱动器和机械部分应无问题。

加工中心长期使用，机械与伺服驱动系统间的配合会发生部分改变，一旦匹配不良，可能引起伺服系统局部振动。

根据 FANUC 伺服驱动系统的调整与设置说明，维修时改变 *X* 轴伺服单元上的 S6、S7、S11、S13 等设置端的设置，加工中心的振动消除。

2. 机床失控(飞车)

引起飞车的原因有：

① 位置检测、速度检测信号不良，应检查连线，检查位置环、速度环是否为正反馈，改正连线；速度反馈信号为正反馈信号，通常是电缆信号线连接错误。

② 位置编码器故障，用交换法检查，重新进行正确的连接。

③ 主板、速度控制单元故障，用排除法确定此模块是否有故障，更换电路板。

3. 机床定位精度或加工精度差

机床定位精度或加工精度差可分为定位超调、单脉冲进给精度差、定位点精度不好、圆弧插补加工的圆度差等，其原因与排除见表 5.10。

表 5.10　数控机床定位精度和加工精度差原因及排除

故障原因			检查步骤	排除措施
超调	1	加/减速时间设置过小	检测启动、制动电流是否已经饱和	延长加/减速时间设置
	2	机床的连接部分刚性差或连接不牢固	故障是否可以通过减小位置环增益改善	减小位置环增益，提高数控机床的刚性
单脉冲精度差	1	根据不同情况进行故障分析	检查定位时位置跟随误差是否正确	若正确见第 2 项，否则见第 3 项
	2	机械传动系统爬行或松动	检查机械部件安装精度与定位精度	调整机床机械传动系统
	3	伺服系统的增益不足	调整速度单元增益的相应旋钮	提高位置环、速度环增益
定位精度不良	1	需要根据不同情况进行故障分析	检查定位时位置跟随误差是否正确	若正确见第 2 项，否则见第 3 项
	2	传动系统存在爬行或松动	检查机械部件的安装精度与定位精度	调整机床机械传动系统
	3	位置控制单元不良	检测位置控制单元板(主板)	更换不良板
	4	位置检测器件不良	检测位置检测器件(编码器、光栅)	更换编码器、光栅
	5	速度控制单元控制板不良	检测相应控制板	维修(编码器、光栅)

续表 5.10

故障原因			检查步骤	排除措施
圆度误差	1	根据不同情况进行故障分析	测量不圆度，检查周向是否变形，45°方向是否成椭圆	轴向变形，见第 2 项；45°方向椭圆，见第 3 项
	2	反向间隙大、定位精度差	测量各轴的定位精度与反向间隙	定位、反向间隙的补偿
	3	位置环增益设置不良	调整控制单元使同样的进给速度下各插补轴的跟随误差在±0.01 内	调整位置环增益
	4	插补轴的检测增益设置不良	在项目 3 上调整后，在 45°方向上成椭圆	调整检测增益
	5	感应同步器或旋转变压器的接口板调整不良	检查接口板	重新调整接口板
	6	丝杠间隙或传动系统间隙设置不良	测量、重新调整间隙	调整间隙或改变间隙补偿

4. 位置跟随误差超差报警

位置跟随误差可通过系统的诊断参数检查，在速度控制单元上由相应的电位器来调节。调节圆弧插补的两轴的位置时，使其跟随误差控制在±1%内。

伺服轴运动超过位置允差范围时，系统就会产生位置误差包括跟随误差、轮廓误差和定位误差等报警，其主要原因及排除见表 5.11。

表 5.11　位置跟随误差超差报警故障原因及排除

故障原因	检查步骤	排除措施
伺服过载或有故障	查看伺服驱动器相应的报警指示灯	减轻负载，使机床工作在额定负载以内
动力线或反馈线连接错误	检查连线	正确连接电机与反馈装置的连接线
伺服变压器过热	查看相应的工作条件和状态	观察散热风扇，做好散热措施
保护熔断器熔断	观测熔断器	更换熔断器
输入电源电压太低	用万用表测量输入电压	确保输入电压正常
伺服驱动器与 CNC 间的信号电缆连接不良	检查信号电缆的连接，分别测量电缆信号线各引脚的通断	确保信号电缆传输正常
干扰	检查屏蔽措施	处理好地线以及屏蔽层
参数设置不当	伺服系统增益设置不当，位置偏差值设置错误或偏小	依参数说明书正确设置参数
速度控制单元故障	用同型号的备用电路板来测试现在的电路板是否有故障	确认故障，更换相应电路板或驱动器
系统主板的位置控制故障		
编码器反馈不良	转动电机，看反馈的数值是否相符	确认不良，更换编码器
机械传动系统有故障	累积误差或机械连接造成传动间隙	排除机械故障

5. 超程

当进给运动超过由软件设置的软限位和由限位开关决定的硬限位时，发生报警，在CRT上显示报警内容，根据系统说明书即可排除故障。其原因及排除见表5.12。

表5.12 超程故障原因及排除

故障现象	故障原因	排除措施
系统出错，提示某轴硬超	零件太大，不适合在此机床上加工	重新考虑加工此零件的条件
	伺服的超程回路短路	检验超程回路，避免超程信号误输入
系统报警，提示某轴软超	程序错误	重新编制程序
	刀具起点位置有误	重新对刀

6. 过载

过载故障原因及排除见表5.13。

表5.13 过载故障原因及排除

故障原因	检查步骤	排除措施
数控机床负荷异常	检查电机电流	变更切削条件，减轻数控机床负荷
参数设置错误	检查电机过载的设置参数是否正确	依参数说明书，正确设置参数
启动扭矩超过最大扭矩	目测启动或带负载情况下的工作状况	减少启动电流，或直接采用启动扭矩小的驱动系统
负载有冲击现象		改善切削条件，减少冲击
频繁正、反向运动	目测是否有频繁正、反向运动	尽量不要有这种现象
进给传动链润滑不良	听工作时的声音，观察工作状态	做好润滑，确保润滑系统正常
反馈装置配线异常	检查连接的通断或是否有信号线接反	确保电机和位置反馈装置配线正常
编码器有故障	测量编码器等的反馈信号是否正常	更换编码器等反馈装置
驱动器有故障	用替换法判断驱动器是否有故障	更换驱动器

7. 窜动

进给时出现窜动，其原因及排除见表5.14。

表5.14 进给过程中窜动故障原因及排除

故障原因	检查步骤	排除措施
位置反馈信号不稳定	测量反馈信号是否均匀与稳定	确保反馈信号正常、稳定
位置控制信号不稳定	在驱动电机端测试信号是否稳定	确保位置控制信号正常、稳定
位置控制信号受到干扰	测试位置控制信号是否有噪声	做好屏蔽处理
接线端子接触不良	检查紧固螺钉是否松动等	紧固好螺钉，检查其接线是否正常

续表 5.14

故障原因	检查步骤	排除措施
窜动发生在正、反向运动的瞬间	检查机械传动系统，反向间隙是否过大	进行机械调整，排除机械故障
	检查伺服系统增益是否过大	按参数说明书，正确设置参数

8. 爬行

爬行的原因及排除见表 5.15。

表 5.15　爬行故障原因及排除

故障原因	检查步骤	排除措施
进给传动链的润滑状态不良	听工作的声音，观察工作状态	做好机床的润滑，确保润滑系统正常
伺服系统增益过低	检查伺服的增益参数	依参数说明书，正确设置相应参数
外加负载过大	校核工作负载是否过大	改善切削条件，重新考虑切削负载
联轴器的机械传动有故障	可目测联轴器的外形	更换联轴器

9. 伺服电机不转动

系统至进给驱动单元除速度与位置控制信号外，还会有控制信号(也叫使能信号或伺服允许信号)，一般为直流＋24 V 继电器线圈电压。伺服电机不转动故障原因及排除见表 5.16。

表 5.16　伺服电机不转动故障原因及排除

故障原因	检查步骤	排除措施
速度、位置控制信号未输出	测量数控装置指令输出端子的信号是否正常	确保控制信号已正常输出
使能信号未接通	通过 CRT 观察 I/O 状态，分析 PLC 梯形图(流程图)，确定进给轴的启动条件，如润滑、冷却等	确保使能的条件都具备，并且使能正常
制动电磁阀未释放	如果伺服电机本身带有制动电磁阀，检查阀是否释放，确认是否控制信号没有到位或是电磁阀有故障	确保制动电磁阀能正常工作
进给驱动单元故障	用替换法判断相应单元是否有故障	更换伺服驱动单元
伺服电机故障		更换伺服电机

【例 5.13】　某工厂一台配备 FANUC 0i MC 系统的进口立式加工中心，在加工过程中发现某轴不能正常移动。

故障分析：通过机床电气原理图分析，该机床采用的是 HSV－16 型交流伺服驱动。现场分析、观察机床动作，发现运行程序后，其输出的速度信号和位置控制信号均正常。

再观察 PLC 状态，发现伺服允许信号没有输入。

依次排查，发现该板上的模拟开关损坏，更换同型号备件，机床功能恢复正常。

10. 定位超调

定位超调也叫位置“过冲”，其原因及排除见表 5.17。

表 5.17　定位超调故障原因及排除

故障原因	检查步骤	排除措施
加、减速时间设置不当	依次检查数控装置或伺服驱动器上的这几个参数的设置是否与说明书要求相同	按照参数说明书，正确设置各个参数
位置环比例增益设置不当		
速度环比例增益设置不当		
速度环积分时间设置不当		

11. 回参考点故障

故障原因及排除见表 5.18。

表 5.18　回参考点故障原因及排除

故障原因	检查步骤	排除措施
回参考点减速开关产生的信号或零位脉冲信号失效	通过 PLC 观察相应点数是否有输入	确保信号正常
脉冲编码器或光栅尺硬件有故障	检验其是否有输出信号	更换反馈装置
参考点开关挡块位置设置不当	通过目测观察挡块位置是否合理	合理设置调整挡块位置

【例 5.14】　某机床配置 810D 系统，在执行回参考点操作时，出现 20001 号报警。查说明书，为没有参考点挡块信号。

故障分析：检查发现参考点减速挡块的位置发生了移动，几乎在硬限位开关之后，系统在返回参考点的过程中，试图寻找参考点减速挡块，但未找到却碰到了硬限位开关。

因为参考点减速挡块未能可靠固定，在硬限位开关与参考点之间，减速挡块长期多次接触后，位置产生位移，导致超程报警。固定减速挡块后，回参考点正常。

选择回参考点功能，按下轴移动键启动后，如果坐标轴位于减速挡块的前面，坐标轴自动地按机床数据 MD34020 设定的返参考点速度，向机床数据 MD34010 设定方向移动，通常为坐标轴的正方向，寻找参考点减速挡块。

如果坐标轴位于减速挡块之上，将不需要执行寻找参考点减速挡块的过程。当找到参考点减速挡块后，坐标轴在减速信号控制下减速，并移动一段距离后停止，这段距离与设置的返参考点速度和最大加速度有关。

参考点减速挡块的长度，要确保大于坐标轴减速移动的这段距离，否则坐标轴减速停止点就可能不在减速挡块上，从而发生 20001 号报警。触点开关接触到减速挡块，便通过参考点接近延迟接口信号 DB31. DBX12. 7～DB61. DBX12. 7 告诉系统找到参考点减速挡块。

在寻找参考点减速挡块时，修调开关及进给启动/禁止使能按键有效。如坐标轴移动的距离大于 MD34030 设置距离，仍没有找到参考点减速挡块，就会产生 20000 号（参考点挡块没有找到）报警，同时参考点接近延迟接口信号复位。

回参考点出现故障时，可从以下几方面着手：

① 检查参考点减速挡块是否松动，参考点开关是否松动或者损坏。

② 检查反馈测量系统的测量电缆。

③ 检查脉冲编码器电源电压和输出信号。

④ 检查有关参考点机床数据的设置。

⑤ 检查有关参考点内部数据接口信号及 PLC 接口信号。

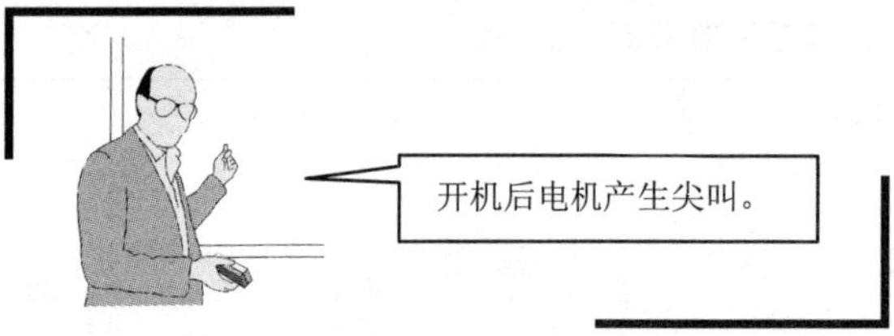

12. 开机后电机尖叫

往往是 CNC 中与伺服驱动有关的参数设置、参数调整不当引起的，需要重新按参数说明书设置相应的参数。

【例 5.15】 某工厂一台进口立式加工中心，在用户更换了 SIEMENS 611A 双轴模块后，开机 X、Y 轴出现尖叫声，系统与驱动器均无故障。

故障分析：SIEMENS 611A 驱动器开机时出现尖叫声的情况，在机床调试时经常遇到，主要原因是驱动器与实际进给系统的匹配不合理。

通过驱动器速度环增益与积分时间的调节即可消除，方法如下：

① 根据驱动模块及规格，对驱动器调节器板的 S_2 进行正确的电流设置。

② 将速度调节器的积分时间 T_n 的调节电位器（在驱动器正面）逆时针调整至极限。

③ 将速度调节器比例 K_P 的调节电位器（驱动器正面）调至中间位置（$K_P \approx 7 \sim 10$）。

④ 经以上调整即可消除伺服尖叫声，但此时动态性能较差，还需进一步调整。

⑤ 顺时针旋转积分时间调节电位器，减小积分时间，直到电机出现振荡声。

⑥ 逆时针慢慢旋转积分时间调节电位器，使振荡声恰好消除。

⑦ 保留以上位置，并做好记录。

13. 加工工件尺寸出现无规律变化

加工工件尺寸出现无规律变化原因及排除见表 5.19。

表 5.19 加工工件尺寸出现无规律变化原因及排除

故障原因	检查步骤	排除措施
干扰	检查防干扰措施	做好屏蔽及接地的处理
弹性联轴器未能锁紧		锁紧弹性联轴器
机械传动系统的安装、连接与精度不良	例如，机床的反向间隙过大，检查相应的机床传动精度	调整机床，或进行反向间隙补偿与螺距误差补偿
伺服进给系统参数的设置与调整不当	检查伺服参数	正确设置参数

【例 5.16】 某工厂配备广数 980 系统的一数控车床，在工作过程中，发现加工工件的 X 向尺寸出现无规律的变化。

故障分析:数控机床的加工尺寸不稳定通常与机械传动系统的安装、连接与精度,以及伺服进给系统的设置与调整有关。

利用百分表测量 X 轴的定位精度,发现丝杠每移动一个螺距,X 向的实际尺寸总是要增加几十微米,而且此误差不断积累。

故障原因似乎与系统的齿轮传动比、参数计数器容量、编码器脉冲数等参数的设置有关,但经检查,以上参数的设置均正确无误,排除了参数设置不当。

拆下 X 轴的伺服系统,并在轴端通过画线做标记,利用手动增量进给方式移动 X 轴,检查发现 X 轴每次增量移动一个螺距时,轴转动均大于 360°。

同时,在检测过程中,发现伺服每次转动到某一固定的角度时,均出现"突跳"现象,且在无"突跳"区域,运动距离与轴转过的角度基本相符。

判定故障是由于 X 轴的位置监测系统不良引起。考虑到突跳仅在某一固定的角度产生,且在无突跳区域运动距离与轴转过的角度基本相符,进一步确认故障与测量系统的电缆连接、系统的接口电路无关,与编码器本身的不良有关。

更换编码器后,机床恢复正常。

14. 伺服电机开机后即自动旋转

造成此故障的原因及排除见表 5.20。

表 5.20　伺服电机开机后即自动旋转原因及排除

故障原因	检查步骤	排除措施
驱动器、测速电机、伺服电机或系统位置测量回路不良	检查位置反馈信号	确保信号正常
位置反馈的极性错误	用万用表测量反馈端子	正确连接反馈线
外力使坐标轴产生位置偏移		加工前,确保无外力使机床发生移动
干扰	检查防干扰措施	做好屏蔽及接地的处理
电机故障	用替换法检查电机	更换电机
驱动器故障	用替换法检查驱动器	更换驱动器

【例 5.17】　一台配套 SIEMENS 某系列交流伺服驱动系统的卧式加工中心,在开机调试时,手动按下刀库回转按钮后,刀库即高速旋转,导致机床报警。

故障分析:根据故障现象,初步确定故障是由于刀库交流驱动器反馈信号不正确,或反馈线脱落,引起速度环正反馈或开环而引起。

测量确认该伺服反馈线已连接,但极性不正确。交换测速反馈极性后,刀库动作恢复正常。

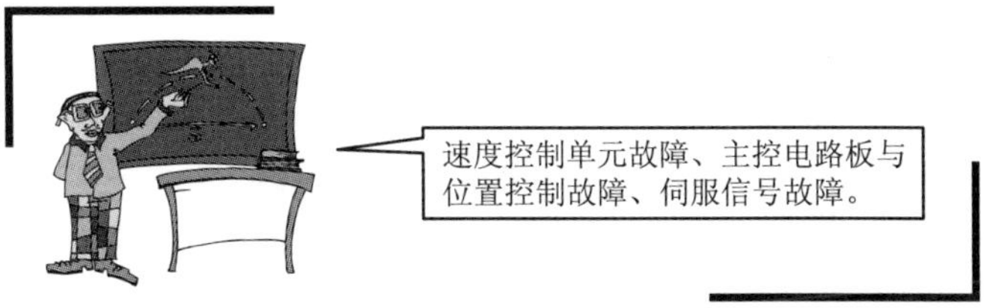

5.4.2 进给伺服系统报警及排除

1. 进给伺服系统故障

此类故障一般可通过系统中的各种指示灯快速确认故障部位，如 FANUC PWM 速度控制单元控制板上的 7 个报警灯，分别是 BRK、HVAL、HCAL、OVC、LVAL、TGLS 及 DCAL；在下方还有 PRDY（位置控制已准备好信号）和 VRDY（速度控制单元已准备好信号）两个状态指示灯，这些指示灯的含义见表 5.21。

表 5.21　报警指示灯及其含义

代　号	含　义	状　态
BRK	驱动器主回路熔断器跳闸	红色
TGLS	转速太高	红色
HCAL	驱动器过电流报警	红色
DCAL	直流母线过电压报警	红色
HVAL	驱动器过电压报警	红色
PRDY	位置控制准备好	绿色
OVC	驱动器过载报警	红色
VRDY	速度控制单元准备好	绿色
LVAL	驱动器欠电压报警	红色

2. 检测元件故障

【例 5.18】 某数控机床显示“主轴编码器断线”。故障可能原因如下：

• 电机动力线断线。如果伺服驱动电源刚接通尚未接到任何指令就发生这种报警，则由断线而造成此故障的可能性比较大。

• 伺服单元电路板设置错误，如将检测元件脉冲编码器设置成了测速发电机。

• 没有速度反馈电压或时有时无。这类故障除检测元件本身存在故障外，多数是由于连接不良引起。

• 由光电隔离板或中间的某些电路板上的劣质元器件所引起。有时开机运行相当长一段时间后，出现“主轴编码器断线”报警，这时重新开机，可能会自动消除故障。

3. 参数破坏

参数破坏报警，表示伺服单元中的参数混乱或丢失。引起此报警发生的状况分为两种：

• 接通控制电源时发生参数破坏，可能是在设置参数时电源断开，此时用户参数初始化重新输入参数；正在写入参数时电源断开或超出参数的写入次数，更换伺服驱动器；如伺服驱动器及外围电路故障，则执行用户参数初始化处理。

• 在接通控制电源时发生参数设置异常，可能是装入了设置不当的参数，执行用户参数初始化处理。

4. 主电路检测部分异常

接通控制电源时或者运行过程中发生报警，引起报警的原因有两种：

① 控制电源不稳定，此时将电源恢复正常或使用稳压器。

② 伺服驱动器的故障，要更换伺服驱动器。

5. 限位报警

限位报警是超程报警，引起此报警的原因有：

① 限位开关有动作(即控制实际已超程)。

② 限位开关电路开路。

前一种故障可按说明书进行解除；后一种故障检查限位电路，处理电路开路故障。

6. 超速

引起超速报警的原因及排除见表 5.22。

表 5.22　超速报警原因及排除

故障现象	故障原因	排除措施
接通控制电源时发生超速	电路板故障	更换伺服驱动器
	电机编码器故障	更换编码器
电机运转过程中发生超速	速度设置不合适	重设速度设置
	速度指令过大	使速度指令减到规定范围内
	电机编码器信号线故障	重新布线
电机启动时发生超速	超调过大	重设伺服调整，使启动特性曲线变缓
	负载惯量过大	使伺服惯量减到规定范围内
	电机编码器故障	更换编码器

7. 过热报警

引起过热报警的原因及排除见表 5.23。

表 5.23　伺服单元过热报警的原因及排除

故障现象	故障原因	排除措施
热控开关动作	电机制动器不良	更换制动器
	伺服电机电枢内部短路或绝缘不良	加绝缘层或更换伺服电机
	电机永久磁钢去磁或脱落	更换电机
过热的继电器动作	机床切削条件较苛刻	重新考虑切削参数，改善切削条件
	机床摩擦力矩过大	改善机床润滑条件
电机过热	驱动器与电机配合不当	重新考虑配合条件
	驱动器或电机轴承故障	更换驱动器或轴承
	驱动器参数增益不当	重新设置相应参数

【例 5.19】 某伺服电机过热报警，可能原因如下：

① 过负荷，通过测量电机电流是否超过额定值来判断。

② 电机线圈绝缘不良，用 500 V 绝缘电阻表检查电枢线圈与机壳间的绝缘电阻，如在 1 MΩ以上，表示绝缘正常。

③ 电机线圈内部短路，检测电机空载电流，如果此电流与转速成正比变化，则可判断为电机线圈内部短路。

④ 电机磁铁退磁，快速旋转电机，测定电枢电压，如电压低且发热，说明电机已退磁，应重新充磁。

⑤ 制动器失灵，当电机带有制动器时，如电机过热应检查制动器动作是否灵活。

⑥ CNC 系统的有关电路板不良。

8. 伺服电机过载

引起伺服电机过载报警原因及排除见表 5.24。

表 5.24　伺服电机过载报警原因及排除

故障现象	故障原因	排除措施
在接通控制电源时发生	伺服单元故障	更换伺服单元
在伺服 ON 时发生	电机配线异常(配线不良或连接不良)	修正电机配线
	编码器配线异常(配线不良或连接不良)	修正编码器配线
	编码器故障(反馈脉冲与转角不成比例)	更换编码器
	伺服单元故障	更换伺服单元
在输入指令时伺服电机不旋转情况下发生	电机配线异常(配线不良或连接不良)	修正电机配线
	编码器配线异常(配线不良或连接不良)	修正编码器配线
	伺服单元故障	更换伺服单元
	启动扭矩超过最大扭矩或负载有冲击现象；电机振动或抖动	重新考虑负载条件、运行条件或电机容量
在通常运行时发生	有效扭矩超过额定扭矩或启动扭矩超过额定扭矩	重新考虑负载条件、运行条件或电机容量
	伺服单元存储盘温度过高	将工作温度下调
	伺服单元故障	更换伺服单元

9. 编码器出错

引起编码器出错的原因及排除见表 5.25。

表 5.25　编码器出错报警原因及排除

故障原因		排除措施
编码器电池故障	电池连接不良、未连接	正确连接电池
	电池电压低于规定值	更换电池，重新启动
	伺服单元故障	更换伺服单元
编码器故障	无 A 相和 B 相脉冲	建议更换脉冲编码器
	引线电缆短路或破损而引起通信错误	
客观条件	接地、屏蔽不良	处理好接地

10. 伺服单元过电压报警

引起伺服单元过电压报警的原因及排除见表 5.26。

表 5.26　伺服单元过电压报警原因及排除

故障现象	故障原因	排除措施
在接通控制电源时发生	伺服驱动器电路板故障	更换伺服驱动器
在接通主电源时发生	交流电源电压过大	将交流电源电压调节到正常
在通常运行时发生	伺服驱动器故障	更换伺服驱动器
	检查交流电源电压（是否有过大的变化）	使交流电源电压稳定
	使用转速高，负载转动惯量过大	检查并重新调整负载
	内部或外接的再生电路故障（接线断开或破损）	更换伺服驱动器
	伺服驱动器故障	更换伺服驱动器
在伺服电机减速时发生	使用转速高，负载转动惯量过大	调整负载运行条件
	加、减速时间过小，降速过程中引起过电压	调整加、减速时间常数

11. 伺服单元欠电压报警

引起伺服单元欠电压报警原因及排除见表 5.27。

表 5.27　伺服单元欠电压报警原因及排除

故障现象	故障原因	排除措施
接通控制电源时	伺服驱动器电路板故障	更换伺服驱动器
	电源容量太小	更换容量大的驱动电源
接通主电路电源时发生	交流电源电压过低	将交流电源电压调节到正常范围
	伺服驱动器的保险丝熔断	更换保险丝
	冲击电流限制电阻断线（电源电压是否异常，冲击电流限制电阻是否过载）	更换伺服驱动器（确认电源电压，减少主电路开/关的频度）
	伺服 ON 信号提前有效	检查外部使能电路是否短路
	伺服驱动器故障	更换伺服驱动器
通常运行时发生	交流电源电压过低（是否有过大的压降）	将交流电源电压调节到正常范围
	发生瞬时停电	通过警报复位重新开始运行
	电机主电路用电缆短路	修正或更换电机主电路用电缆
	伺服驱动器故障或伺服电机短路	更换伺服驱动器或伺服电机
	整流器件损坏	建议更换伺服驱动器

12. 位置偏差过大

引起位置偏差过大故障原因及排除见表 5.28。

表 5.28　位置偏差过大报警原因及排除

故障现象	故障原因	排除措施
在接通控制电源时发生	位置偏差参数设置得过小	重新正确设置参数
	伺服单元电路板故障	更换伺服单元
在高速旋转时发生	伺服电机的 U、V、W 的配线不正常(缺线)	修正电机配线、编码器配线
在发出位置指令电机不旋转的情况下发生	伺服单元电路板故障	更换伺服单元
	伺服电机 U、V、W 配线不良	修正电动机配线
动作正常,但在长指令时发生	伺服单元增益调整不良	上调速度环、位置环增益
	位置指令脉冲的频率过高	加入平滑功能
		缓慢降低位置频率
		重新评估电子齿轮
	负载条件(扭矩、转动惯量)与电机规格不符	重新评估负载或者电机容量

【**例 5.20**】　某采用 SIEMENS 810M 数控系统的龙门加工中心,配套 611A 伺服驱动器,在 Y 轴定位时,发现 Y 轴存在明显的位置“过冲”现象,最终定位位置正确,系统无报警。

故障分析:由于系统无报警,坐标轴定位正确,确认故障是由伺服驱动器或系统调整不良引起。Y 轴位置“过冲”的实质是伺服进给系统存在超调。

解决超调的方法有多种,如减小加/减速时间、提高速度环比例增益、降低速度环积分时间。提高驱动器的速度环比例增益,降低速度环积分时间后,位置超调消除。

13. 伺服单元过电流报警

引起伺服单元过电流报警原因及排除见表 5.29。

表 5.29　伺服单元过电流报警原因及排除

故障原因		排除措施
在接通控制电源时发生	伺服驱动器的电路板与热开关连接不良	更换伺服驱动器
	伺服驱动器电路板故障	

续表 5.29

故障原因			排除措施
在接通主电路电源时发生，或者在电动机运行过程中产生过电流	接线错误	地线缠在其他端子上	检查配线，正确连接
		U、V、W 与地线连接错误	
		电机主电路用电缆的 U、V、W 与地线间短路	修正或更换电机主电路用电缆
		电机主电路电缆 U、V、W 与地线间短路	
		再生电阻配线错误	检查配线，正确连接
		伺服驱动器的 U、V、W 与地线之间短路	重新评估指令值，最好更换伺服驱动器
		伺服驱动器故障（电流反馈电路、功率晶体管或者电路板故障）	
		伺服电机的 U、V、W 与地线之间短路	更换伺服单元
		伺服驱动器的 U、V、W 之间短路	
	其他原因	因负载转动惯量大且高速旋转，动态制动器停止，制动电路故障	更换伺服驱动（减少负载或降低转速）
		位置速度指令发生剧烈变化	重新评估指令值
		负载是否过大，是否超出再生处理能力等	重新考虑负载条件、运行条件
		伺服驱动器的安装方法（方向、间隔）不适合	将伺服驱动器的温度降到 55 ℃以下
		伺服驱动器的风扇停止转动	更换伺服驱动器
		伺服驱动器故障，驱动器的功率晶体管损坏	
		电机与驱动器不匹配	重新选配

14. 漂移补偿量过大报警

引起漂移补偿量过大报警故障原因及排除见表 5.30。

表 5.30　漂移补偿量过大报警原因及排除

故障原因		排除措施
连接不良	动力线连接不良、未连接	正确连接动力线
	检测元件之间的连接不良	正确连接反馈元件连接线
数控系统的相关参数设置错误	漂移量补偿参数设置错误	重新设置参数
硬件故障	速度控制单元的位置控制部分出错	更换电路板或直接更换伺服单元

5.4.3　进给伺服系统维修实例

【例 5.21】 配备 FANUC 0i 数控系统的机床，进给驱动为直流伺服电机和晶闸管逻辑无环流可逆调速装置。故障现象为：Y 轴正向进给正常，反向进给时有时移动，有时停止，采用手摇脉冲发生器进给时也是如此。

故障分析：通过用替换法诊断，将故障定位在 Y 轴的驱动位置上。

用手摇脉冲发生器让 Y 轴正、反向进给，将示波器测试棒接在 CH19 和 CH20 两测试端上，观察电机电流波形时看到，反向波形有时为一条直线，偶尔闪出几个负向波形，可见电机负向供电不正常。

用万用表测量速度调节器输出端 CH8 点电压，其极性随正、反向进给而改变，无断续现象。测方向控制电路脚电压，正向进给时为 0 V，反向进给时为 6.6 V，方向控制输入电压正常。

再测该电路输出脚 9 和 10 端电压，正向进给时 SGA 为低电平，SGB 为高电平；反向进给时 SGA 为高电平，SGB 为低电平，但有时会出现 SGA 和 SGB 皆为高电平的异常现象，这时反向进给就停止。

更换 Y 轴驱动器，故障消失。

【例 5.22】 某进口卧式加工中心，当 X 轴运动到某一位置时，液压自动断开，且出现报警提示：Y 轴测量系统故障。断电后再通电，机床可以恢复正常工作，但 X 轴运动到某一位置附近时，又可能出现同一故障。

故障分析：该机床为卧式加工中心，与 SIEMENS 6RA 系列直流伺服驱动配套。由于 X 轴移动时出现 Y 轴报警，为验证系统的正确性，拔下 X 轴测量反馈电缆试验，出现 X 轴测量系统故障报警，排除系统误报警。

检查 X 轴出现报警的位置及其附近位置，发现它对 Y 轴测量系统(光栅)并无干涉与影响，且仅移动 Y 轴亦无报警，Y 轴工作正常，再检查 Y 轴电缆插头、光栅读数头和光栅尺状况，均未发现异常现象。

考虑到该设备电缆多，电柜与机床间的电缆较长，所有电缆均固定在电缆架上，随机床来回移动，根据分析，判断故障原因为电缆的弯曲导致局部断线。

维修时将 X 轴运动到故障点位置，移动电缆线，测量 Y 轴上每一根反馈信号线的连接情况，发现其中一信号线在电缆移动过程中偶尔出现开路现象，利用电缆内的备用线替代断线后，机床恢复正常。

【例 5.23】 一台配 SIEMENS 6RA26XX 数控系列直流伺服系统的卧式加工中心，在加工过程中突然停机，开机后面板上的“驱动故障”指示灯亮，机床无法正常启动。

故障分析：根据面板上“驱动故障”指示灯亮的现象，结合电器原理图与 PLC 程序分析，确认故障原因为 Y 轴驱动器未准备好。

检查驱动器，测量 6RA26XX 主电路电源输入，只有 V 向有电压，按电气原理图对照检查，发现 6RA26XX 驱动器进线快速熔断器的 U、W 相熔断。

用万用表测量驱动器主回路进线，断 1U、1W，确认驱动器主回路内部存在短路。

由于 6RA26XX 驱动器主回路进线直接与晶闸管相连，确认故障是晶闸管损坏。

逐一测量主回路晶闸管 V1～V6，确认 V1、V2 不良（已短路），更换同规格备件后，机床恢复正常，将此故障定性为瞬间电压波动或负载波动的偶然故障。

【例 5.24】 配备某系统的数控车床在运行过程中，被加工零件的 Z 轴尺寸逐渐变小，且每次的变化量与切削力有关，当切削力增加时，变化量也会随之变大。

故障分析：根据故障现象分析，产生故障的原因应在伺服电机与滚珠丝杠间的机械连接上。本机床采用的是联轴器直接连接的结构形式，当伺服电机与滚珠丝杠之间的弹性联轴器未能锁紧时，丝杠与伺服电机间将产生相对滑移，造成 Z 轴进给尺寸逐渐变小。

解决联轴器不能正常锁紧的方法是压紧锥形套，增加摩擦力。如果联轴器与丝杠间配合不良，依靠联轴器本身的锁紧螺钉无法保证锁紧时，通常是将每组锥形弹性套中的其中一个开一条 0.5 mm 左右的缝，以增加锥形弹性套的收缩量，解决联轴器与丝杠间配合松动问题。

【例 5.25】 某数控车床，用户在加工过程中发现 X 轴、Z 轴的实际移动尺寸与理论值不符。

故障分析：由于本机床 X 轴、Z 轴工作正常，故障仅是移动的实际值与理论值不符，可判定机床系统、驱动器等部件均无故障，故障的原因在于机械传动系统参数与控制系统参数匹配不当。

机械传动系统与控制系统匹配的参数在不同的系统中有所不同，通常有电子齿轮比、指令倍乘系数、检测倍乘系数、编码器脉冲数、丝杠螺距。参数设置必须保证系统的指令值与移动值相符。

检查参数发现，X 轴、Z 轴伺服的编码器脉冲数与系统设置不一致。在机床上，X 轴、Z 轴的型号相同，但内装式编码器分别为 2000 脉冲/转与 2500 脉冲/转，而系统的设置值正好与此相反。

据调查，用户在进行机床大修时，拆下 X 轴、Z 轴伺服进行清理，但安装时未注意到编码器的区别。对 X 轴、Z 轴进行交换后，机床恢复正常。

【例 5.26】 配置某系统的数控铣床，采用 FANUC S 系列三轴一体型伺服驱动器，开机后，X 轴、Y 轴工作正常，但手动移动 Z 轴，发现在较小的范围内，Z 轴可以运动，但继续移动 Z 轴，系统出现伺服报警。

故障分析：根据故障现象，检查机床情况，发现开机后 Z 轴可少量运动，不久温度迅速上升，表面发烫。

判断引起故障的原因，可能是机床电气控制系统故障或机械传动系统不良。为确定故障部位，考虑到本机床采用的是半闭环结构，首先松开伺服与丝杠的连接，再次开机试验，发现故障现象不变，故确认报警是由电气控制系统不良引起的。

由于机床 Z 轴伺服电机带有制动器，开机后测量制动器的输入电压正常；在系统、驱动器关机的情况下，对制动器单独加入电源进行试验，手动转动 Z 轴，发现制动器已松开，手动转动轴平稳、轻松，说明制动器工作良好。

为进一步缩小故障部位，确认 Z 轴伺服电机的工作情况，维修时利用同规格的 X 轴在机床侧进行互换试验，发现换上的伺服电机同样出现发热现象，且工作时的故障现象不变，排除了伺服电机本身的原因。

为确认驱动器的工作情况，维修时在驱动器侧对 X、Z 轴的驱动器进行了互换试验，即将 X 轴驱动器与 Z 轴伺服电机连接，Z 轴驱动器与 X 轴伺服电机连接，发现故障转移到 X 轴，Z 轴工作恢复正常。

根据以上试验，确认以下几点：

① 机床机械传动系统正常，驱动器工作良好。

② 数控系统工作正常，因为当 Z 轴驱动器带 X 轴时，机床无报警。

③ Z 轴伺服电机工作正常，因为将它在机床侧与 X 轴互换后，工作正常。

④ Z 轴正常，通过 X 轴驱动器在电柜侧互换控制 Z 轴后，同样发生故障。

综合考虑，确认故障是由 Z 轴电缆连接引起。检查伺服的电缆，发现该机床在出厂时电枢线连接错误，即驱动器的 L/M/N 端子与插头的 A/B/C 连接端的连接相序错误。重新连接后，故障消失。

【例 5.27】 一台配置 FANUC 7M 系统的加工中心，开机时系统 CRT 显示“系统处于‘急停’状态”和“伺服驱动系统未准备好”报警。

故障分析：引起上述两项报警的原因是机床参数丢失或伺服驱动系统存在故障。

检查发现机床参数正常，但速度控制单元的报警指示灯未亮，表明伺服驱动系统未准备好，且故障原因在速度控制单元。

进一步检查，发现 Z 轴伺服驱动器上的 30 A(晶闸管主回路)和 1.3 A(控制回路)熔断器均已经熔断，说明 Z 轴驱动器主回路存在短路。

驱动器主回路存在短路是由于晶闸管被击穿。用万用表检查主回路的晶闸管，发现其中的两只晶闸管已被击穿，造成主回路短路。

更换晶闸管后，恢复正常。

【例 5.28】 某配置 FANUC 6M 系统的进口立式加工中心，在自动加工过程中，出现 ALM402、ALM403、ALM 441 报警。

故障分析：FANUC 6M 出现以上报警的含义如下：

ALM401：附加第 1 轴(第 4 轴)速度控制单元过载报警。

ALM403：第 4 轴速度控制单元未准备好报警。

ALM441：第 4 轴位置跟随误差超过报警。

由于该机床的第 4 轴(A 轴)为数控转台，根据报警的含义，检查 A 轴速度控制单元及伺服电机，发现该轴伺服电机表面温度明显过高，证明 A 轴事实上存在过载。

旋转 A 轴蜗杆，发现蜗杆已被完全夹紧。考虑到该轴有液压夹紧机构，在松开 A 轴液压夹紧机构后再试验，蜗杆仍无法转动，确认故障是由 A 轴机械负载过重引起。

打开 A 轴转台，发现转台夹紧装置及检测开关位置不当，使 A 轴在松开状态下仍然无法旋转；重新调整转台夹紧装置及检测开关，再次试验，报警消失，恢复正常。

【例 5.29】 一台配置 FANUC 7M 系统的立式加工中心，开机时系统出现 ALM05、ALM07 和 ALM37 报警。

故障分析：FANUC 7M 系统 ALM 05 报警的含义是“系统处于‘急停’状态”，ALM07 报警的含义是“伺服驱动系统未准备好”，ALM37 报警的含义是“速度控制单元未准备好，位置跟随误差超差”。

可能原因如下：

① 过载，伺服变压器过热。

② 伺服变压器保护熔断器熔断。

③ 输入单元的 EMG(IN1 和 IN2)之间的触点开路。

④ 输入单元交流 100 V 熔断器熔断(F5)。

⑤ 伺服驱动器与 CNC 间的信号电缆连接不良。

⑥ 伺服驱动器的主接触器(MCC)断开。

综合分析，当速度控制单元出现故障时，一般均会出现 ALM37 报警，故障维修应针对 ALM37 报警进行。

确认速度控制单元与 CNC、伺服电机的连接无误，考虑到机床中使用的 X、Y、Z 伺服驱动系统的结构和参数完全一致，将 Y、Z 两轴的输出连线 XC(Z 轴)和 XF(Y 轴)，测速反馈线的 XE(Z 轴)和 XH(Y 轴)对调，相当于用 Y 轴信号控制 Z 轴，用 Z 轴信号控制 Y 轴，以判断故障部位是在 CNC 还是在驱动。经调换，发现故障现象仍然不变，说明故障与 CNC 无关。

为区分故障是由伺服电机还是由驱动器引起，将 Y、Z 轴速度控制单元进行整体对调，故障仍然不变，排除了速度控制单元的原因，将故障缩小到 Y 轴直流伺服电机上。

拆开 Y 轴直流伺服电机，发现其内部测速发电机与伺服电机间的连接齿轮松动，其余部分正常，将其连接紧固后，故障排除。

【例 5.30】 某配备 FANUC 3MA 系统的数控铣床，运行过程中系统显示 ALM31 报警。

故障分析：FANUC 3MA 系统显示 ALM31 报警的含义是“坐标轴的位置跟随误差大于规定值”。

对参数 DGN 800、801、802 进行检查，发现机床停止时 DGN 800(X 轴的位置跟随误差)在−1 与−2 之间变化，DGN 801(Y 轴的位置跟随误差)在+1 与−1 之间变化，但 DGN 802 (Z 轴的位置跟随误差)始终为 0。由伺服系统停止时的闭环动态调整过程可知，其位置跟随误差不可始终为 0，这说明 Z 轴位置测量回路可能存在故障。

采用替换法，将 Z 轴和 X 轴驱动器与反馈信号互换，即利用系统的 X 轴输出控制 Z 轴伺服电机。诊断参数 DGN 800 数值变为 0，但 DGN 802 开始有了变化，说明系统的 Z 轴输出及位置测量输入接口无故障，故障可能出在 Z 轴电机的编码器电缆。

检查 Z 轴编码器，发现编码器输出信号不良，更换编码器，机床恢复正常。

【例 5.31】 一台采用 FANUC 6M 系统的卧式加工中心，在 B 轴旋转时(不论手动或回参考点)出现 ALM403、ALM441 报警。

故障分析：FANUC 6M 系统 ALM403 报警是第 4 轴速度控制单元未准备好报警，ALM441 报警是第 4 轴位置跟随误差报警。

检查发现机床配的是齿牙盘回转工作台，工作台的回转应抬起转台后才能进行。检查该机床的实际动作，当按下 B 轴方向键后，转台有“抬起”动作，但回转动作一开始即出现以上报警。

现场分析，估计报警是由工作台抬起不到位引起，重新调节转台抬起行程，确保抬起到位后故障排除，机床恢复正常。

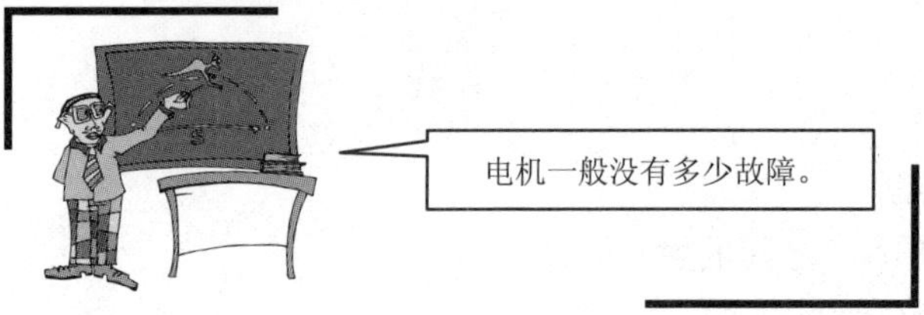

5.5 进给伺服电机故障诊断与维修

5.5.1 直流伺服电机故障诊断与维修

1. 电机不转动

机床开机后，CNC工作正常，机床锁住等信号已释放，按下方向键后系统显示伺服电机在运动(坐标轴位置值在变化)，实际伺服电机不转动，从电机本身及相关部分来说，可能是由以下几方面原因引起：

- 电枢线断线或接触不良。
- 电机永磁体脱落。
- 速度指令电压连接线连接不良或断线。
- 对于带制动器的电机，可能是制动器不良或制动器未通电造成的制动器未松开。
- 松开制动器用的直流电压未接入、整流桥损坏及制动器断线等。

2. 伺服电机过热

伺服电机过热可能的原因如下：

- 电机负载过大。
- 温度检测开关不良。
- 由于切削液和电刷灰引起换向器绝缘不正常或内部短路。
- 由于电枢电流大于磁钢去磁最大允许电流，造成磁钢发生去磁。
- 对于带有制动器的电机，可能是制动线圈断线、制动器未松开、调整不当。

3. 伺服电机旋转时有大的冲击

若机床电源刚接通，伺服电机即有冲击，通常是电枢或测速发电机极性相反引起。若在运动过程中出现冲击，可能原因如下：

- 测速发电机输出电压突变。
- 负载不均匀。
- 测速发电机输出电压的“纹波”太大。
- 测速发电机或脉冲编码器不良。
- 电枢绕组不良、内部短路及对地短路。
- 驱动器故障。

4. 低速加工时工件表面有大的振纹

刀具、切削参数、机床等都可能会引起振纹，电机方面的原因如下：

- 电机的永磁体被局部去磁。
- 测速发电机性能下降，纹波过大。
- 速度环增益设置不当。

5. 电机噪声过大

造成直流伺服电机噪声过大的原因有：

- 换向器接触面粗糙或换向器损坏。
- 电机轴向间隙过大。
- 切削液进入电刷槽中，引起换向器的局部短路。

6. 在运转、停车或变速时振动

造成直流伺服电机转动不稳、振动的原因主要有：

- 测速发电机或脉冲编码器不良。
- 电枢绕组不良，绕组内部短路或对地短路。
- 若在工作台快速移动时产生振动，有较大的冲击或驱动器的熔断器熔断，可能是测速发电机电刷接触不良。

5.5.2　交流伺服电机故障诊断与维修

1. 交流伺服电机的基本检查

交流伺服电机内含有精密检测器，发生碰撞、冲击将引起故障，应做如下检查：

- 安装的环境，如不适宜工作在潮湿、温度变化剧烈和有灰尘的地方。
- 电机是否受到任何机械损伤。
- 电机旋转部分是否可用手正常转动，是否有螺钉松动或间隙。
- 对于带制动器的交流伺服电机，制动器是否正常。

2. 交流伺服电机的安装

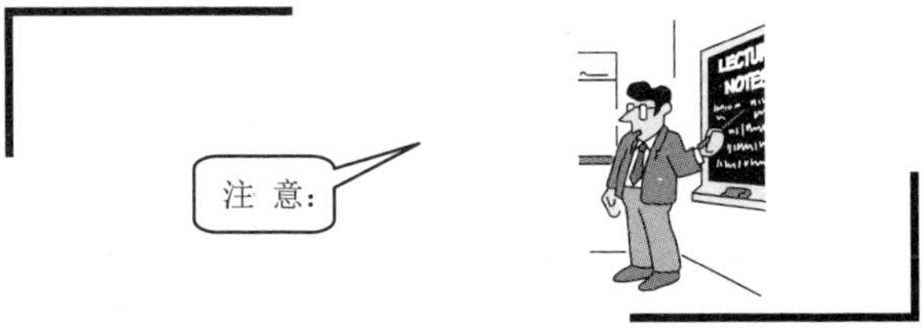

- 交流伺服电机密封性能差，如果切削液、润滑油等渗入，会引起绝缘性能降低或绕组短路，故应尽可能避免切削液溅入。
- 当交流伺服电机安装在齿轮箱上时，应注意齿轮箱的润滑油油面高度必须低于伺服的输出轴，以防止润滑油渗入。
- 固定联轴器、齿轮、同步带等连接件，作用力不能超过容许的径向、轴向负载，见表 5.31。

表 5.31　交流伺服电机容许的径向、轴向负载

电机形式	容许的径向负载(kg)	电机形式	容许的径向负载(kg)
1—0,2—0	25	10,20,30,30R	450
0,5	75	——————	—————

按机床连接图连接伺服和控制电路。连接中的错误，可能引起失控或振荡，也可能使机械件损坏。当接线完成进行通电前，必须对电源线和壳体间的绝缘进行测量，测量用 500 MΩ 表进行；再用万用表检查信号线和壳体间的绝缘。

注意：不能用兆欧表测量脉冲编码器输入信号的绝缘。

3. 交流伺服电机故障及排除

交流伺服电机常见故障：

- 接线故障。接线不当，多为插座脱焊、端子接线松开引起的接触不良。
- 转子位置检测装置故障。当霍尔开关或光电脉冲编码器发生故障时，会引起电机失控，进给有振动现象。
- 电磁制动故障。指带电磁制动的伺服电机，不松开、失电不制动的现象。
- 检测转子位置的霍尔开关等损坏，造成失控、振动。

4. 交流伺服电机故障判断方法

如电磁制动器故障，需用万用表或电桥测量电枢绕组的直流电阻，检查是否断路，并用兆欧表检查绝缘是否良好。

将电机与机械装置分离，用手转动转子，正常情况下感觉有阻力，转一个角度后手放开，转子有返回现象；如果用手转动转子时能连续转几圈并自由停下，说明电机已损坏；如果用手转不动或转动后无返回，则电机机械部分可能有故障。

交流伺服电机故障引起的机床故障，多表现为机床振动或紧急制动。

5. 脉冲编码器的更换

交流伺服的脉冲编码器不良，应更换脉冲编码器，按规定(安装说明书)执行。

原连接部分无定位标记的编码器不能随意拆离，否则很可能导致相位错位。

对采用霍尔元件换向的应注意开关的出线顺序。

平时不应敲击安装位置检测装置的部位。

伺服电机一般在定子中埋设热电阻，当出现过热报警时，应检查热敏电阻是否正常。

5.5.3 步进电机故障与维修

步进电机由微电脑控制，它的耗能相对较大，速度也不高。常见故障见表 5.32。

表 5.32 步进电机常见故障及排除

故障现象	故障原因	排除措施
电机尖叫，电机不能旋转	CNC 与驱动的参数设置、调整不当	正确设置参数
	保险丝熔断	更换保险丝
	动力线短路	确保动力线连接良好
	参数设置不当	依照参数说明书，重新设置相关参数
	电机卡死	排除卡死的故障原因
电机发热异常	生锈或故障，动力线连线不搭配	更换步进电机，正确连接 R、S、T 线

5.6 实　训

5.6.1 步进电机驱动系统调试及使用项目

1. 项目构思(Conceive)

(1) 熟悉步进电机的运行原理及其驱动系统的连接。

(2) 掌握步进电机的性能特性及其与驱动器的关系。

(3) 了解步进电机驱动系统的加、减速特性。

2. 项目设计(Design)

(1) 57HS13 型两相混合式步进电机一台。

(2) M535 型两相双极性细分驱动器一台。

(3) CZ-0.5 型磁粉制动器(5 N·m)一台。

(4) 光电编码器(2500 或 3600 线,A、B、Z 相信号,带线驱动器输出)一只。

(5) HNC-21TF 数控系统一套。

(6) 可安装于步进电机轴上的惯量圆盘。

3. 项目实施(Implement)

(1) 把步进电机安装于负载测试台上,松开与磁粉制动器连接的联轴器,连接光电编码器与电机。将 57HS13 型电机、M535 型电机驱动器与 HNC-21TF 系统连接起来。

(2) HNC-21TF 系统参数设置。

(3) M535 电机驱动器参数设置。

(4) 在线路和电源检查无误后,进行通电试运行,以手动或手摇脉冲发生器方式发送脉冲,控制电机慢速转动和正、反转,在没有堵转等异常情况下,逐渐提高电机转速。

(5) 测定步进电机的步距角。

(6) 测定步进电机的静转矩特性。

(7) 测定步进电机的空载启动频率。拆去光电编码器,让步进电机空载。在步进电机轴身处做一标记,由数控系统设置步进电机整数转的位移和速度,且将加、减速时间常数设置为 0。步进电机在锁定状态下,执行上述命令。当步进电机突然启动并突然停止后,根据轴身处标记判断步进电机是否失步。若启动成功,则提高速度参数再测试,直至某一临界速度,并由此速度换算步进电机的空载启动频率。

(8) 测定步进电机的启动惯频特性。在步进电机轴身上安装惯量圆盘,用实验法测试其启动频率,惯量增加,启动频率下降。

(9) 测定步进电机的运行矩频特性。

① 将步进电机与磁粉制动器用联轴器相连接。由数控系统设置步进电机的速度，且将加、减速时间常数设置为 1 s 以上。

② 电机在锁定状态下，执行启动命令，电机将加速至给定转速。待速度稳定后，调节磁粉制动器的激励电流，逐渐加大负载，直至电机失步停转，记录该激励电流值。

③ 增加电机的速度，重复上述步骤，记录新转速下使电机失步的激励电流值。由磁粉制动器特性曲线，获取对应激励电流的制动转矩值(N · m)，并由速度指令值换算为频率值，即可绘出电机的运行矩频特性。

④ 将电机定子绕组改为并联接法，按上述步骤测定步进电机的运行矩频特性(绕组并联后，将电机的电流设置增大一倍，不至于降低电机在低频段的输出转矩)。

(10) 排除故障。如在运行中出现故障，参照说明书排除故障。

4. 项目运作(Operate)

(1) 简述步进电机的控制原理。

(2) 如何区分步进电机控制系统的强、弱电连接?

(3) 简要说明步进电机控制系统投入运转的操作步骤。

(4) 比较步进电机绕组串联与绕组并联时矩频特性的差别。

(5) 简述系统加、减速设置对电机运行的作用，加、减速时间常数的选择原则。

(6) 在实验中如出现故障，则分析故障现象，并简述排除故障所采取的措施。

(7) 绘制电机控制系统电气连接图。

5.6.2 交流伺服系统调整及使用项目

1. 项目构思(Conceive)

(1) 熟悉交流伺服系统的构成以及伺服电机、驱动器、数控系统的互联。

(2) 掌握交流伺服电机及驱动器的控制特性。

(3) 了解交流伺服系统的动态特性及其参数调整方法。

2. 项目设计(Design)

(1) MSMA022A1A 型交流伺服电机一台。

(2) MSDA023A1A 型伺服驱动器一台。

(3) 华中世纪星数控系统(HNC - 21TF)一套。

(4) $X - Y$ 轴工作台一套。

(5) 负载试验台一套。

(6) 双通道储存示波器一台。

(7) 音频信号发生器一台。

3. 项目实施(Implement)

(1) 主回路接线。

(2) 空载下试运行电机。

(3) 测试交流伺服电机的转速动态响应特性。

(4) 测试交流伺服电机的频带宽度。

(5) 测试交流伺服电机的稳速误差。

(6) 测试位置环下伺服电机的稳态刚度。
(7) 位置控制方式的测试。
(8) 故障排除。

如在运行中出现故障，参照说明书排除故障。

4. 项目运作(Operate)

(1) 描述永磁式同步交流伺服系统的控制原理。
(2) 绘制永磁式同步交流伺服系统控制框图。
(3) 区分永磁式同步交流伺服系统的强、弱电连接。
(4) 说明 MINAS A 系列交流伺服电机驱动器投入运转的操作步骤。
(5) 如出现故障，请分析故障现象及采用的措施。
(6) 绘制永磁式同步交流伺服系统电气连接图。
(7) 根据实验数据，计算伺服系统的稳态精度。

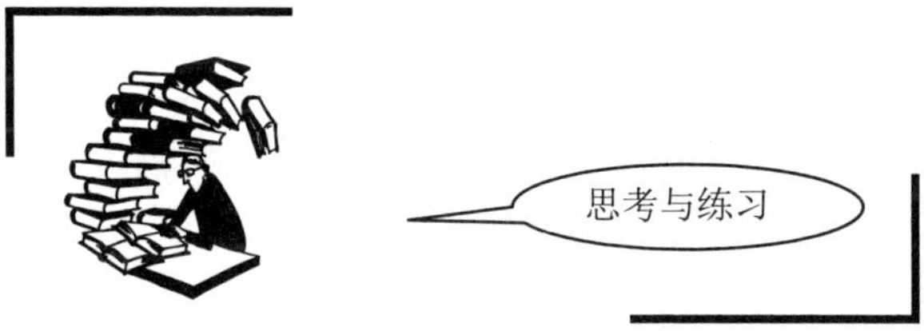

1. 数控机床伺服系统是以什么为控制对象的？
2. 怎样的数控机床可能出现飞车失控现象？如何来分析其故障的成因？
3. 进给伺服驱动系统有哪几个组成部分？简述各部分的功能。
4. 列表总结机床进给伺服驱动系统故障。
5. 直流伺服电机的常见故障是什么？
6. 交流伺服电机的常见故障是什么？
7. 结合实际，调查经济型数控机床经常发生的故障，并提出使用建议。
8. 如果运行中突然出现交流电机不能动作，如何诊断？
9. 进给伺服系统可分为哪几类？简述各自的特点。
10. 数控机床伺服系统的组成部分有哪些？
11. 按作用或功能不同分，数控机床的伺服系统有哪几类？
12. 画出开环、半闭环、闭环伺服系统的原理框图。
13. 数控机床主轴驱动变速形式主要有哪几种？
14. 进给伺服系统的结构形式有哪几种？进给伺服系统常见的故障形式有哪些？
15. 直流伺服电机的维护内容是什么？

第6章　数控机床机械故障诊断与维修

学习数控机床主传动系统与主轴部件、滚珠丝杠和导轨副、刀库及换刀装置的故障诊断及维修，提高机械故障诊断与维修的技能。

6.1　机械系统故障诊断

机械系统故障诊断包括对运行情况的监视、识别和预测。通过对振动、温度、噪声等的测定、分析、比较，依据经验判断工作状态，分为机械检测法和仪表诊断法两种诊断方法。

1. 机械检测法

机械检测法是使用一般的检查工具或通过看、听、摸、嗅等对机床进行快速测定故障部位，监测劣化趋势，以选择有疑难问题的故障进行精密诊断。

2. 仪表诊断法

仪表诊断法是利用测试手段进行精确的定量检测与分析，确定采取的修理方法。

一般采用机械检测法来诊断机床的现时状态，对在机械检测中提出疑难问题的机床才进行仪表诊断，两种诊断方法配合使用。

数控机床机械系统故障的诊断方法见表6.1。

表6.1　数控机床机械系统故障的诊断方法

诊断方法	诊断原理	应用场合
机械检测	借用百分表、水准仪、光学仪，通过感官，观察形貌、声音、温度、颜色和气味，根据经验来诊断	应用于现场故障诊断
油液测量	通过原子吸收光谱仪，对进入润滑油或液压油中磨损的各种金属微粒和外来杂质等残余物的形状、大小、成分、浓度进行分析，判断磨损状态、机理和严重程度，掌握零件磨损情况	用于测量零件磨损
振动测量	通过传感器，利用振动计巡回检测，测量如位移、速度、加速度、幅频特征等	多用振动和噪声来诊断信息。先测强度，确认有异常时，再分析
噪声测量	用噪声测量计、声波计对齿轮、轴承在运行中的噪声信号频谱的变化进行分析，识别和判断齿轮、轴承磨损失效故障	
温度测量	用温度计、热电偶、测量贴片等接触轴承、电机、齿轮箱表面，用红外测温仪、红外热像仪、红外扫描仪等检测温度	用于机床运行异常发热的诊断
裂纹测量	通过磁性探伤法、超声波法、电阻法、声发射法等观察零件内部机体的裂纹缺陷	裂纹可导致应力集中，不同材料裂纹测量应选用不同方法

6.2　主传动系统与主轴故障诊断与维修

6.2.1　主传动系统

数控机床的主传动系统常采用的配置形式，有如下几种类型：

1. 变速齿轮

采用液压拨叉，由液压缸驱动，用电磁离合器实现滑移齿轮的换挡，在大、中型数控机床中采用较多。

齿轮失效形式及故障有以下几种：

① 基圆偏心。

② 齿形误差超差。

③ 齿侧间隙过大。

④ 齿轮磨损，渐开线失形。

⑤ 同时有齿面磨损、渐开线失形、齿侧间隙过大。

⑥ 各齿面均有点蚀。

⑦ 部分齿面有点蚀、塑性变形、胶合与剥落等。

⑧ 相邻周节差超差。

⑨ 周节累积误差超差或修缘不良。

2. 电机与主轴直联

这种形式的特点是结构紧凑，但主轴转速的变化及转矩的输出和电机的输出特性一致，因而使用受到一定的限制。

常见的故障：轴弯曲（轴上有齿轮与联轴节）；滑移部件配合部分磨损。

3. 采用带传动

这种形式可避免齿轮传动引起的振动和噪声，但只能用在低扭矩的情况下，在小型数控机床中经常使用。

常见的故障：皮带接头不良、截面不均匀、磨损或打滑。

4. 内置电机主轴变速

这种主传动是电机直接带动主轴旋转，通常作为功能部件被用在高速数控机床上，其主轴部件结构紧凑，重量轻，惯量小，可提高启动、停止的响应特性，有利于控制振动和噪声，缺点是制造和维护困难，且成本较高。

6.2.2　主轴部件

1. 主轴端部结构

要求定位准确、安装可靠、连接牢固、装卸方便，并能传递足够的转矩。

车床主轴端部的结构形式如图 6.1(a)所示。

主轴为空心，前端有安装顶尖或心轴的莫氏锥孔。卡盘靠前端的短圆锥面和凸缘端面定位，用拔销传递转矩。卡盘装有固定螺栓。卡盘装于主轴端部时，螺栓从凸缘上的孔穿过，转动快卸卡盘将数个螺栓同时固定，再拧紧螺母将卡盘固定在主轴端部。

镗、铣类机床主轴端部的结构形式如图 6.1(b)所示。

铣刀或刀杆在前端 7∶24 的锥孔定位，高速切削加工机床也有采用 1∶10 大锥度的，并用拉杆从主轴后端拉紧，由前端的端面键传递转矩。

磨床砂轮主轴端部的结构形式如图 6.1(c)所示。

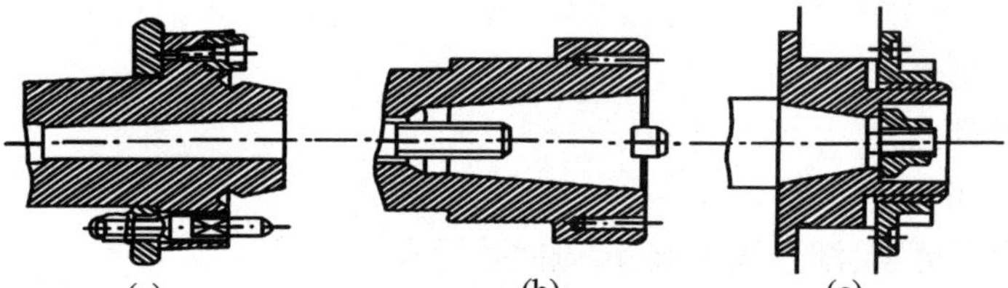

图 6.1　主轴端部结构形式示意图

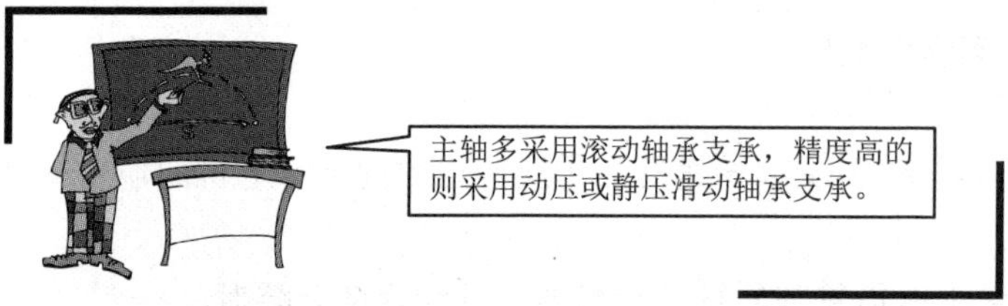

2. 主轴部件支承

主轴部件常用的滚动轴承有以下几种：

(1) 角接触球轴承

这种轴承常两个或三个或更多组配使用，能承受径向、双向轴向负载。组配使用可满足刚度要求，能消除轴向和径向间隙，并对其预紧，允许主轴的转速较高。

(2) 圆柱滚子轴承

这种轴承只承受径向载荷，承载能力大，刚度大，能消除径向间隙，进行径向预紧，允许最高转速比向心推力球轴承低。

(3) 60°角接触推力调心球轴承

这种轴承只承受轴向载荷，承载能力大，刚度大，容易消除轴向间隙，允许主轴最高转速与同孔径的圆柱滚子轴承相同，适合两者配套使用。

(4) 圆锥滚子轴承

这种轴承能同时承受较大的轴向载荷和径向载荷，刚度大，容易消除间隙和预紧，但转速受到限制。

实际应用中，机床主轴轴承的常见配置形式如图 6.2 所示。

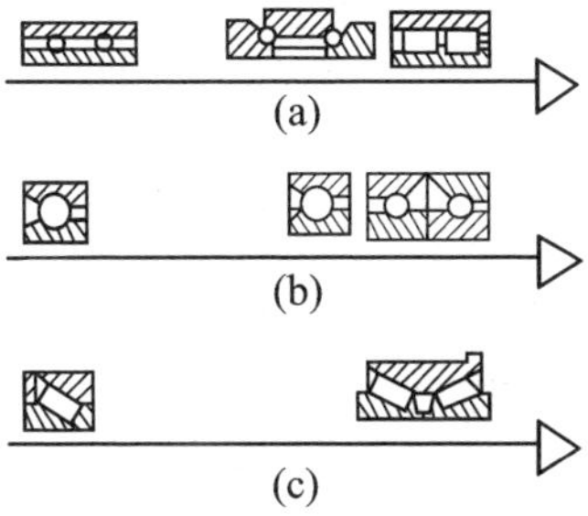

图 6.2 机床主轴轴承配置形式

图 6.2(a)所示的配置形式能使主轴获得较大的径向和轴向刚度，满足机床强力切削的要求，普遍应用于各类数控机床的主轴，后支承也可用圆柱滚子轴承，提高后支承径向刚度。

图 6.2(b)所示的配置形式没有图 6.2(a)所示的主轴刚度大，但提高了主轴的转速，适合较高转速的机床。为提高主轴刚度，前支承可用 4 个或更多个轴承相组配，后支承用两个轴承相组配。

图 6.2(c)所示的配置形式能使主轴承受较重载荷(尤其是承受较强的动载荷)，径向和轴向刚度高，安装和调整性好，适用于中等精度、低速重载机床主轴。

此外，液体静压轴承和动压轴承主要应用在主轴高转速、高回转精度的场合，对于要求更高转速的主轴，可以采用空气静压轴承，可达几万转/分的转速，并有高的回转精度。

3. 主轴轴承润滑

主轴轴承的润滑方式有油脂润滑、油液循环润滑、油雾润滑、油气润滑等。

• 油脂润滑：目前数控机床常用的润滑方式，在前支承轴承上更是常用。油脂加入量通常为轴承空间容积的 10%，油脂过多会加剧主轴发热。

• 油液循环润滑：主轴转速在 6000～8000 r/min 间的机床主轴，一般采用油液循环润滑方式。

• 油雾润滑：将油液经高压气体雾化后从喷嘴以雾状喷到需要润滑部位的润滑方式。雾状油液吸热性好，无油液搅拌，常用于高速轴(8000～13000 r/min)的润滑，但油雾容易吹出，会污染环境。

• 油气润滑：针对高速主轴的新型润滑方式，用极微量的油(0.03 cm^3油/(8～16 min))润滑轴承，以抑制轴承发热。

4. 防泄漏

泄漏是油液从密封面上的间隙中溢出，或由于密封部件内、外两侧密封介质的压力差或浓度差，使油液向压力或浓度低的一侧流动。

在密封件中，被密封的介质往往是以渗漏、渗透或扩散的形式泄漏到密封处的另一侧。

卧式加工中心主轴前支承处采用双层小间隙密封装置，如图 6.3 所示。

主轴前端车出两组锯齿形护油槽，在法兰盘 4 和 5 上开槽及泄漏孔；当喷入轴承 2 内的油液流出后被法兰盘 4 内壁挡住，并经过其下部的泄油孔 9 和套筒 3 上的回油斜孔 8 流回油箱；少量油液沿着主轴 6 流出时，主轴护油槽在离心力的作用下被甩至法兰盘 4 的沟槽内，经过回油斜孔 8 重新流回油箱，达到防泄漏目的。

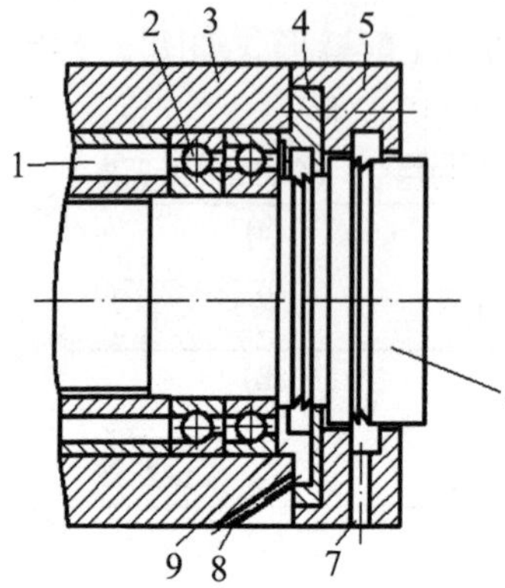

图 6.3　卧式加工中心主轴前支承密封

1—进油口;**2**—轴承;**3**—套筒;**4,5**—法兰盘;
6—主轴;**7**—泄漏孔;**8**—回油斜孔;**9**—泄油孔

当外部切削液、切屑及灰尘等沿主轴 6 与法兰盘 5 之间的间隙进入时,经法兰盘 5 的沟槽由泄漏孔 7 排出;少量的切削液、切屑及灰尘进入前锯齿沟槽,在主轴 6 高速旋转的离心力作用下,被甩至法兰盘 5 的沟槽内,由泄油孔 7 排出,实现主轴端部的密封。

要实现在一定的压力和温度下的防泄漏性能,需满足以下条件:

· 法兰盘 4 与主轴 6 的配合间隙应控制在 0.1～0.2 mm(单边)范围内。间隙偏大,则泄漏量将按照间隙的 3 次方扩大;间隙过小,容易与主轴接触,使主轴局部升温并产生噪声。

· 法兰盘 4 内端与轴承端面的间隙应控制在 0.15～0.3 mm 之间。小间隙可使压力油直接被挡住,沿法兰盘 4 内端面下部的泄油孔经回油斜孔 8 与泄油孔 9 流回油箱。

· 法兰盘 5 与主轴的配合间隙应控制在 0.15～0.25 mm(单边)范围内。间隙太大,进入主轴 6 内的切削液及杂物会显著增多;间隙太小,则容易与主轴接触。

· 法兰盘 5 的沟槽深度应大于 10 mm(单边),泄漏孔 7 应大于 Φ6 mm,并位于主轴下端靠近沟槽内壁处。法兰盘 4 的沟槽深度应大于 12 mm(单边),主轴上的锯齿尖而深;一般在 5～7 mm 范围内,以确保具有足够的甩油空间。法兰盘 4 处的主轴锯齿向后倾斜,法兰盘 5 处的主轴锯齿向前倾斜。

· 法兰盘 4 上的沟槽与主轴 6 上的护油槽对齐,保证被主轴甩至法兰盘沟槽内腔的油液可靠流回油箱。

· 套筒前端的回油斜孔 8 及法兰盘 4 的泄油孔 9 流量为进油孔 1 的 2～3 倍,以保证压力油顺利流回油箱。

5. 刀具夹紧

要实现刀具在主轴上的自动装卸,主轴上必须有刀具的自动卡紧机构,如图 6.4 所示。

刀杆采用 7∶24 的大锥度锥柄和主轴锥孔配合定心,保证了刀具回转中心每次装卡后与主轴回转中心同轴。大锥度的锥柄有利于定心,也方便松卡。标准的刀具卡头 5(拉钉)是拧紧在刀柄内的。

装刀具时,活塞 1 的右端无油压,蝶形弹簧 3 的弹簧力使活塞 1 向右移至图示位置。拉杆 2 在弹簧 3 的压力下向右移至图示位置。钢球 4 被迫收拢,卡紧在卡槽 5 的环槽中。通过钢球，拉杆把卡头 5 向右拉紧，使刀杆锥柄的外锥面与主轴锥孔的内锥面相互压紧，刀具就被卡紧在主轴上。

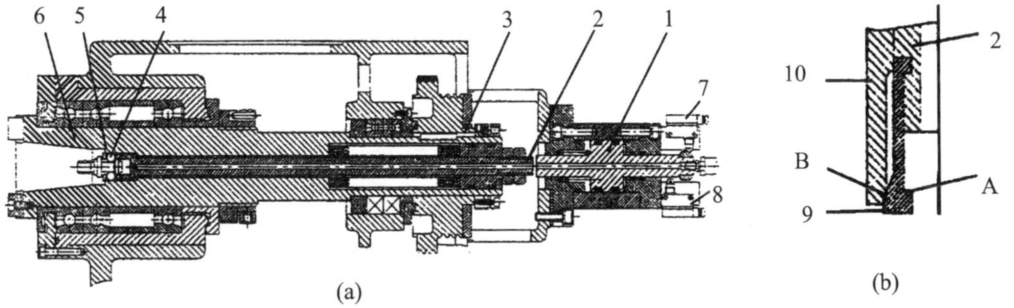

图 6.4　加工中心机床主轴卡紧机构

1—活塞；2—拉杆；3—蝶形弹簧；4—钢球；5—卡头(拉钉)；
6—主轴；7、8—行程开关；9—弹力卡爪；10—卡套

放松刀具时，液压油进入活塞 1 的右端，油压使活塞 1 左移，推动拉杆 2 左移。此时，蝶形弹簧被压缩，钢球 4 随拉杆一起左移，当钢球移至主轴孔径较大处时，便松开卡头 5，刀具连同卡头 5 被机械手取下。

当机械手将新刀装入后，活塞 1 右端液压油卸压，重复刀具卡紧过程。刀杆卡紧机构使用弹簧卡紧，液压放松，如果突然停电，刀杆不会自行松脱。

如主轴锥孔中掉进了切屑或灰尘，在拉紧刀杆时，主轴锥孔表面和刀杆的锥柄就会被划伤，使刀杆发生偏斜。为此，在活塞杆孔的右端接有压缩空气，当机械手将刀具从主轴中拔出后，压缩空气通过活塞杆和拉杆的中心孔把主轴孔吹净，使刀柄锥面和主轴锥孔紧密贴合，保证刀具的正确定位。

行程开关 7 和 8 用于发出卡紧和放松刀杆的信号。用钢球 4 拉紧卡头 5，其缺点是接触应力太大，易将主轴孔和刀杆压出坑来。新式的刀杆已改用弹力卡爪，它由两瓣组成，装在拉杆 2 的左端，如图 6.4(b)所示。卡套 10 与主轴是固定在一起的。卡紧刀具时，拉杆 2 带动弹力卡爪 9 上移。卡爪 9 下端的外周是锥面 B，与卡套 10 的锥孔配合，锥面 B 使卡爪 9 收拢，卡紧刀杆。松开刀具时，拉杆带动弹力卡爪下移，锥面 B 使卡爪 9 放松，使刀杆从卡爪 9 中退出。这种卡爪与刀杆的结合面 A 与拉力垂直，故卡紧力较大；卡爪与刀杆为面接触，接触应力小，不易压溃刀杆。

6. 主轴准停装置

主轴准停是当主轴停止时，控制其停于固定的位置。

在加工中心上，切削转矩是通过刀杆的端面来传递的，要求主轴具有准确定位于圆周上特定角度的功能。在通过前壁小孔镗内壁的同轴大孔，或进行反倒角等加工时，要求主轴实现准停，使刀尖停在一个固定的方位上，以便主轴偏移一定尺寸后，刀刃能通过前壁小孔进入箱体内对大孔进行镗削。

准停装置分为机械方式和电气方式两种。

机械准停装置中的 V 形槽轮定位盘如图 6.5 所示。其工作过程是：带有 V 形槽的定位盘与主轴端面保持一定的位置关系，以实现定位。

首先使主轴低速转动，然后当无触点开关有效信号被检测到后，立即使主轴电机停转并

断开主轴传动链。主轴电机与主传动件依惯性继续空转，同时定位液压缸定位销伸出，并压向定位盘。

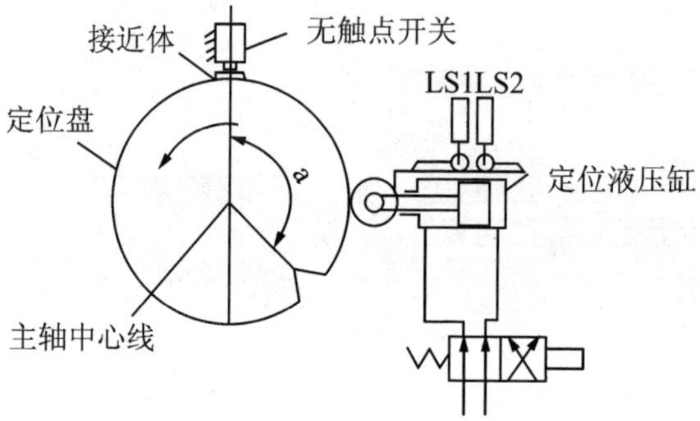

图 6.5　机械准停原理示意图

当定位盘 V 形槽与定位销对正时，由于液压缸的压力，定位销插入 V 形槽，准停到位检测开关 LS2 信号有效，表明准停动作完成，LSl 为准停释放信号。

采用这种方式时，必须逻辑互锁。即当 LS2 信号有效后，才能进行下面的换刀等动作；只有当 LSl 信号有效，才能启动主轴电机正常运转。

机械准停还可以采取其他方式，如端面螺旋凸轮准停，但其基本原理类同。

电气准停装置主要有磁传感器方式、编码型方式和数控方式三种。其中数控方式要求主轴驱动控制器具有闭环控制，因此对大功率的主轴驱动系统就较难适用。一般用得较多的是磁传感器主轴准停系统，如图 6.6 所示。

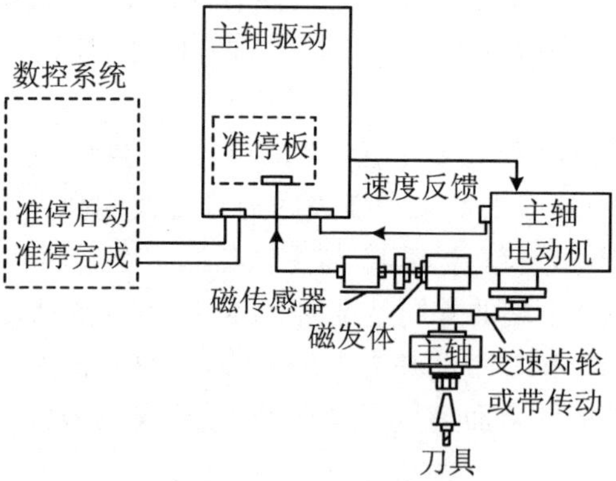

图 6.6　磁传感器准停控制系统

当主轴需要准停时，接收到系统发来的准停开关量信号 ORT，主轴立即减速至某一准停速度。

主轴到达准停速度且准停位置到达时，主轴即减速至某一爬行速度。然后当磁传感器信号出现时，主轴驱动立即进入磁传感器作为反馈元件的位置闭环控制，目标位置即为准停位置。准停完成后，主轴驱动装置输出准停完成 ORE 信号给数控系统，从而可进行换刀或其他动作。

6.2.3　主传动与主轴部件故障诊断与维修

主传动与主轴部件故障诊断与维修见表 6.2。

表 6.2　主传动与主轴部件常见故障及维修

故障现象	故障原因	维修方法
主轴发热	主轴轴承预紧力过大	调整预紧力
	主轴前端盖与箱体压盖研伤	修磨主轴前端盖，与后盖 0.02～0.05 mm 间隙
	润滑油脂耗尽或涂抹过多	涂抹润滑油脂，每个 3 mL
	主轴轴承损伤或轴承不清洁	更换轴承，清除脏物
主轴停转	液压卡盘未夹紧工件	调整或修理卡盘
	皮带表面有油	用汽油清洗后擦干净，重新装上
	变挡电磁阀体内泄漏	更换电磁阀
	摩擦离合器调整过松或磨损	调整摩擦离合器，修磨或更换摩擦片
	保护开关没有压合或失灵	检修压合保护开关或更换
	电机与主轴连接的皮带过松	移动电机机座，拉紧皮带，将机座重新锁死
主轴噪声	主轴部件动平衡不好	重做动平衡
	小带轮与大带轮传动不平稳	带轮上的平衡块脱落，重新进行动平衡
	主轴与电机连接的皮带过紧	移动电机机座，使皮带松紧度合适
	齿轮啮合间隙不均匀或损坏	调整间隙或更换齿轮
	润滑不良	每个轴承涂抹润滑脂，不得超过 3 ml
	齿轮精度差	更换齿轮
	传动轴承损坏或传动轴弯曲	修复或更换轴承，校直传动轴
主轴没有润滑油循环或润滑不足	油泵转向不正确或间隙太大	改变油泵转向或修理油泵
	吸油管没有插入油箱的油面下	将吸油管插入油面以下 2/3 处
	油管和滤油器堵塞	清除堵塞
	润滑油压力不足	调整阀的供油压力
润滑油泄漏	润滑油过量	调整供油量
	密封件损坏	更换密封件
	管件损坏	更换管件
刀具不能夹紧	蝶形弹簧位移量较小	调整蝶形弹簧行程长度
	刀具松紧弹簧上的螺母松动	顺时针旋转松夹螺母，最大工作载荷不超过 13 kN
刀具夹紧后不能松开	松刀弹簧压合过紧	逆时针旋转松夹螺母，最大工作载荷不超过 13 kN
	液压缸压力和行程不够	调整液压压力和活塞行程开关位置

续表 6.2

故障现象	故障原因	维修方法
加工精度达不到要求	机床本体受到冲击	检查对机床精度有影响的各部位
	安装不牢、安装精度低	重新安装调平、紧固
切削振动大	主轴箱和床身连接螺钉松动	恢复精度后紧固连接螺钉
	轴承预紧力不够,游隙过大	调整轴承游隙,预紧力不宜过大
	预紧螺母松动,使主轴窜动	紧固螺母,确保主轴精度合格
	轴承拉毛或损坏	更换轴承
	主轴与箱体位置、配合精度超差	调整配合精度、位置精度
	运动部位松动或压力小,未卡紧	调整修理

6.2.4 主传动部件维修实例

【例 6.1】 某机械厂一台 CK6140 数控车床运转在 1200 r/min 时,主轴噪声变大。

故障分析:CK6140 数控车床采用的是齿轮变速传动,产生噪声的噪声源主要有:齿轮在啮合时的冲击和摩擦产生的噪声;主轴润滑油箱的油不到位产生的噪声;主轴轴承的状态不良引起的噪声。

将主轴箱上盖的固定螺钉松开,卸下上盖,发现油箱的油在正常水平。

检查该挡位的齿轮及变速用的拨叉,看看齿轮有没有毛刺及啮合硬点,结果正常,拨叉上的铜块没有摩擦痕迹,且移动灵活。在排除以上故障后,卸下皮带轮及卡盘,松开前后锁紧螺母,卸下主轴,检查主轴轴承,发现轴承的外环滚道表面上有一个细小的凹坑碰伤。

更换轴承,重新安装好后,用声级计检测,主轴噪声降到 73.5 dB。

【例 6.2】 某机械厂一台 ZJK7532 数控钻铣床,工作过程中出现主轴漏油。

故障分析:该钻铣床为手动换挡变速,通过主轴箱盖上方的注油孔加入冷却润滑油。在加工时只要速度达到 400 r/min,油就会顺着主轴流下来。观察油箱油标,油标显示油在上限位置。拆开主轴箱上盖,发现冷却油已注满了主轴箱(还未超过主轴轴承端),游标也被油浸没。

可以肯定是油加得过多,在达到一定速度时油弥漫所致。

放掉多余的油后,漏油问题解决。外部观察油标正常,是因为加油过急导致游标中的空气来不及排出,油将游标浸没,从而给加油者造成假象,导致加油过多,从而漏油。

【例 6.3】 某工厂有一台 CJK6032 数控车床,轴箱部位有油渗出。

故障分析:该机床为经济型数控机床,将主轴外部防护罩拆下,发现油从主轴编码器处渗出。

CJK6032 车床的编码器安装在主轴箱内，属于第 3 轴，该编码器的油密封采用 O 形密封圈的密封方式。

拆下编码器，将编码器轴卸下，发现 O 形密封圈的橡胶已磨损，弹簧已露出来，属于安装 O 形密封圈不当所致。更换密封圈后问题解决。

【例 6.4】 有一台 CK6136 车床，车削工件粗糙度不合格。

故障分析：该机床在车削外圆时，车削纹路不清晰，精车后粗糙度达不到要求。

在排除工艺方面的因素（如刀具、转速、材质、进给量、吃刀量等）后，将主轴挡位挂到空挡，用手旋转主轴，感觉主轴较松。

打开主轴防护罩，松开主轴止退螺钉，收紧主轴锁紧螺母。用手旋转主轴，感觉主轴合适后，锁紧主轴止退螺钉，重新精车，问题得到解决。

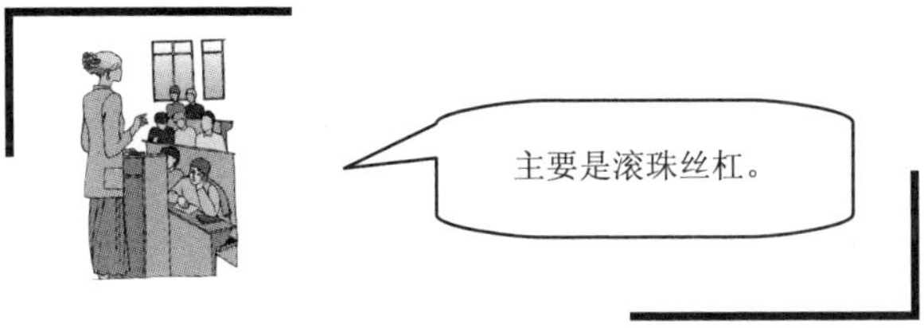

6.3　进给系统的结构及维修

6.3.1　滚珠丝杠副

1. 滚珠丝杠副的特点

① 摩擦损失小、传动效率高。

② 丝杠螺母预紧后，可以完全消除间隙。传动精度高、刚度好。

③ 不易产生低速爬行现象，保证了运动的平稳性。

④ 磨损小、寿命长、精度保持性好。

⑤ 不能自锁。既能将旋转运动转换为直线运动，也能将直线运动转换为旋转运动，可满足特殊要求的传动场合。当立式使用时，应增加平衡或制动装置。

滚珠丝杠分为普通滚珠丝杠和滚轧滚珠丝杠，按螺母形式分为单侧法兰盘双螺母型、单侧法兰盘单螺母型、双法兰盘双螺母型、圆柱双螺母型、圆柱单螺母型、简易螺母型等。

2. 滚珠丝杠副结构

滚珠丝杠的主要区别体现在螺旋滚道型面的形状、滚珠的循环方式、轴向间隙的调整及预加负载的方法。

（1）外循环

外循环多用螺旋槽式和插管式。常用的插管式外循环方式如图 6.7 所示。

图中被压板 1 压住的弯管 2 的两端插入螺母 3 上与螺纹滚道相切的两个孔内，引导滚珠 4 构成循环回路。其特点是结构简单、制造方便，但径向尺寸大，弯管端部容易磨损。

若不用弯管，在螺母 3 的两个孔内装上反向器，引导滚珠通过螺母外表的螺旋凹槽形成滚珠循环回路，则为螺旋槽式，其径向尺寸小、工艺简单，但滚道接缝处很难做得平滑，影响平稳性。

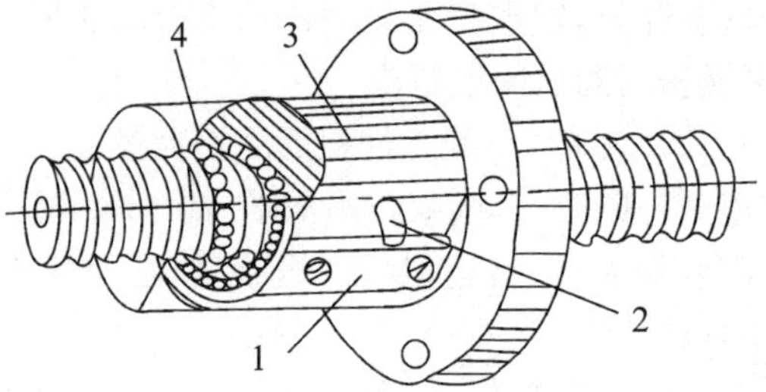

图 6.7　插管式外循环方式原理图

1—压板；2—弯管（回珠管）；3—螺母；4—滚珠

（2）内循环

内循环采用反向器实现滚珠循环。

图 6.8(a)所示为圆柱凸键反向器，反向器的圆柱部分嵌入螺母内，端部开有反向槽 1，反向槽靠圆柱外圆面及其上端的凸键 2 定位，以保证对准螺旋滚道方向。

图 6.8(b)为扁圆镶块反向器，反向器为一半圆头平键形镶块，镶块嵌入螺母的切槽中，其端部开有反向槽 3，用镶块的外廓定位。

比较两种反向器，后者尺寸较小，降低了对螺母上切槽尺寸精度的要求。

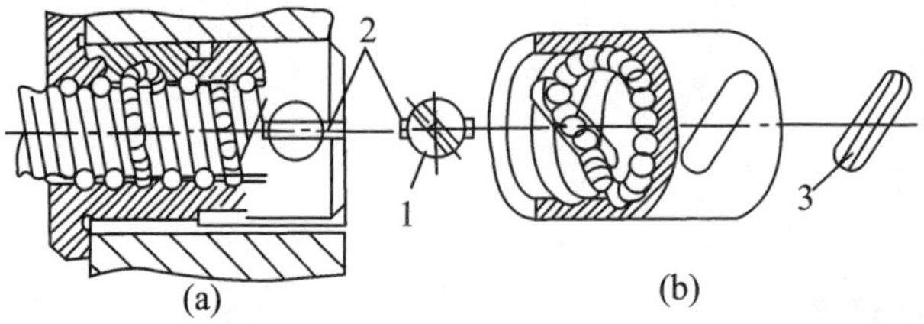

图 6.8　内循环方式原理图

1，3—反向槽；2—凸键

内循环反向器和外循环反向器相比，其结构紧凑、定位可靠、刚性好、不易磨损、回滚道短、不易发生滚珠堵塞、摩擦损失小，其缺点是反向器结构复杂、制造困难、不能用于多线螺纹传动。

3. 滚珠丝杠副安装

（1）双推-自由方式

如图 6.9(a)所示，丝杠一端固定，另一端自由，固定端轴承同时承受轴向力和径向力，适用于行程短的短丝杠。

（2）双推-双推方式

如图 6.9(b)所示，丝杠两端均固定，固定端轴承可以同时承受轴向力，这种支承方式可对丝杠施加适当的预紧力，提高丝杠支承刚度，部分补偿丝杠的热变形。

（3）双推-支承方式

如图 6.9(c)所示，丝杠一端固定，另一端支承，固定端同时承受轴向力和径向力，支承端只承受径向力，而且能做微量的轴向浮动，可减少或避免因丝杠自重而出现的弯曲，同时丝杠热变形能自由地向一端伸长。

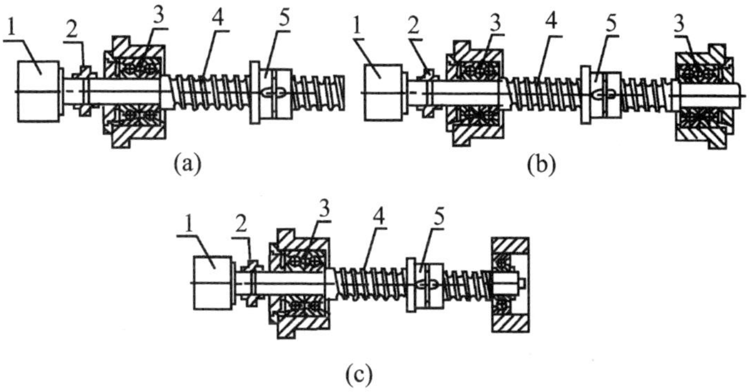

图6.9　滚珠丝杠副安装方式

1—电机；2—弹性联轴器；3—轴承；4—滚珠丝杠；5—滚珠丝杠螺母

4. 滚珠丝杠副防护

滚珠丝杠装有防护装置，避免硬质灰尘或切屑污物进入滚珠丝杠。

滚珠丝杠在机床上外露，则应采用螺旋弹簧钢带套管、伸缩套管及折叠式套管等防护罩。安装时将防护罩的一端连接在滚珠螺母的侧面，另一端固定在滚珠丝杠的支承座上。

如果滚珠丝杠处于隐蔽位置，则可采用密封圈防护。接触式的弹性密封圈采用耐油橡胶或尼龙制成，其内孔做成与丝杠螺纹滚道相配的形状。接触式密封圈的防尘效果好，但由于存在接触压力，使摩擦力矩略有增加。非接触式密封圈采用硬质塑料制成，其内孔与丝杠螺纹滚道的形状相反，并稍有间隙，避免摩擦力矩，防尘效果差。

工作过程中应避免碰击防护装置，若有损坏应及时更换。

5. 滚珠丝杠副故障及排除

滚珠丝杠副的常见故障及排除见表6.3。

表6.3　滚珠丝杠副故障及排除

故障现象	故障原因	排除方法
加工件表面粗糙度大	伺服电机未调整好，增益过大	调整伺服电机控制系统
	滚珠丝杠有局部拉毛或研磨	更换或修理滚珠丝杠
	丝杠轴承损坏，运动不稳	更换轴承
	润滑油不足，溜板爬行	加润滑油，排除润滑故障
反向误差大，加工精度不稳定	丝杠轴联轴器锥套松动	重新紧固并反复测试
	丝杠轴滑板配合压板过紧或过松	重装调整或修研，使接触率达70%以上
	丝杠轴滑板配合楔铁过紧或过松	
	滚珠丝杠预紧力过紧或过松	
	螺母端面与结合面不垂直，结合过松	修理调整
	丝杠支座轴承预紧力过紧或过松	
	滚珠丝杠制造误差大或轴向窜动	自动补偿消除间隙，测量并调整丝杠窜动
	润滑油不足或没有	调节油路

续表 6.3

故障现象	故障原因	排除方法
滚珠丝杠在运转中转矩过大	滑板配合压板过紧或研伤	重新调整或修研压板
	滚珠丝杠螺母副反向器损坏，滚珠丝杠卡死或轴端螺母预紧力过大	修复或更换滚珠丝杠并精心调整
	丝杠磨损	更换丝杠
	伺服电机与滚珠丝杠连接不同轴	调整同轴度并紧固连接座
在运转中转矩过大	无润滑油	调整润滑油路
	超程开关失灵造成机械故障	检查故障部位并排除
	伺服电机过热报警保护	
丝杠螺母润滑不良	分油器分油	检查定量分油器
	油管堵塞	清除管道油污
滚珠丝杠噪声	滚珠丝杠轴承压盖压合不良	调整压盖，使其压紧轴承
	丝杠润滑不良	改善润滑条件，使润滑油量充足
	滚珠产生破损	更换滚珠
	电机与丝杠联轴器产生松动	拧紧锁紧螺钉

6.3.2　滚珠丝杠副维修实例

【例 6.5】 某工厂 XK7140G 立式铣床，加工过程中 *X* 轴出现跟踪误差过大报警。

故障分析：该机床采用闭环控制系统，伺服电机与丝杠采用直联的连接方式。在检查系统控制参数无误后，拆开电机防护罩，在电机伺服带电的情况下，用手拧动丝杠，发现丝杠与电机有相对位移，可以判断故障是由电机与丝杠连接的胀紧套松动所致。

紧固紧定螺钉后，故障消除。

【例 6.6】 某工厂一台 CLK6140D 车床，在 *Z* 向移动时有明显的机械抖动。

故障分析：该机床在 *Z* 向移动时，明显感受到机械抖动。在检查系统参数无误后，将 *Z* 轴电机卸下，单独转动电机，电机运行平稳。

用扳手转动丝杠，振动手感明显。

拆下 *Z* 轴丝杠防护罩，发现丝杠上有很多小铁屑及脏物，初步判断为丝杠故障引起的机械抖动。

拆下滚珠丝杠副，打开丝杠螺母，发现螺母反向器内也有很多小铁屑及脏物，造成钢球运转流动不畅，时有阻滞现象。

用汽油清洗，清除杂物，重新安装，调整好间隙，故障排除。

6.4　导轨副结构及维修

6.4.1　导轨副的结构

数控机床采用的导轨有滚动导轨、静压导轨、塑料导轨等。

1. 滚动导轨

滚动导轨是在导轨工作面间安排滚动体，使导轨面间的摩擦变为滚动摩擦。

滚动导轨的滚动体可以是滚珠、滚柱和滚针。

滚珠导轨的承载能力小，刚度低，适用于运动部件质量不大、切削力和颠覆力矩较小的机床。

滚柱导轨的承载能力和刚度都比滚珠导轨大，适用于载荷较大的机床。滚针导轨的滚针尺寸小，结构紧凑，适用于导轨尺寸较小的机床。

滚动导轨分为开式和闭式两种。

开式用于加工过程中载荷变化较小、颠覆力矩较小的场合。当颠覆力矩较大、载荷变化较大时可用闭式导轨。

滚动导轨块已制成独立的标准部件，具有刚度高、承载能力大、便于拆装等优点，可直接装在任意长度的运动部件上，其结构如图 6.10 所示。

器件 1 为防护板，端盖 2 与导向片 4 引导滚动体返回，器件 5 为保持架。当运动部件移动时，滚柱 3 在支承部件的导轨面与本体 6 之间滚动，同时又绕本体循环滚动。滚柱 3 与运动部件的导轨面并不接触，因而该导轨面不需淬硬磨光。

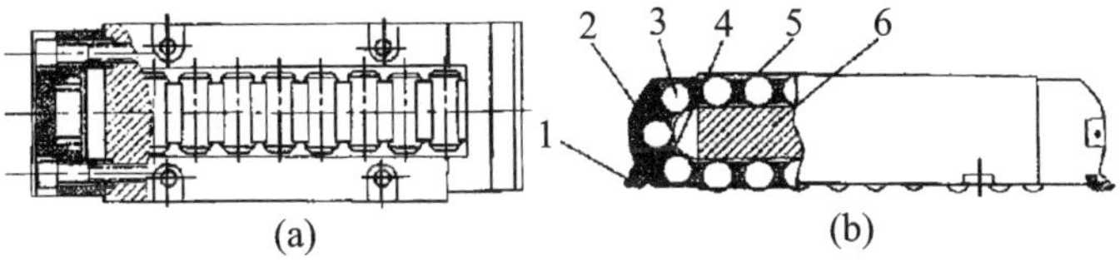

图 6.10　滚动导轨块结构

1—防护板；2—端盖；3—滚柱；4—导向片；5—保持架；6—本体

2. 静压导轨

静压导轨的滑动面间开有油腔，将有一定压力的油通过节流器输入油腔，形成压力油膜，浮起运动部件，使导轨处于纯液体摩擦，磨损小，精度保持好，同时摩擦因数也极低（为 0.0005，滚动摩擦因数为 0.0025～0.005）。

其运动不受速度和负载的限制，低速无爬行，承载能力好，刚度好，油液有吸振作用，抗振性好，导轨摩擦发热小，多用于重型机床。

3. 塑料导轨

塑料导轨已广泛用于数控机床。

其摩擦因数小，且动、静摩擦因数差很小，能防止低速爬行；耐磨性好；加工性和化学稳定性好，工艺简单，成本低，有良好的自润滑性和抗振性。

塑料导轨多与铸铁导轨或淬硬钢导轨配合使用。

导轨复合材料的填充用 PTEE(四氟乙烯)软带，与其他导轨相比，塑料导轨的特点有：

① 摩擦因数低而稳定。

② 动、静摩擦因数相近。

③ 吸收振动。

④ 耐磨性好。

⑤ 化学稳定性好。

⑥ 维护修理方便。

⑦ 经济性好。

6.4.2 导轨副故障及排除

导轨副常见故障及排除见表 6.4。

表 6.4　导轨副常见故障及排除

故障现象	故障原因	排除方法
导轨研伤	地基与床身水平度有变化	定期检查水平调整，或者修复导轨精度
	承受集中负荷，导轨局部磨损严重	合理分布短工件的安装位置，分散负荷
	导轨润滑不良	调整导轨润滑油量，保证润滑油压力
	刮研质量不符合要求	提高刮研修复的质量
	机床维护不良，导轨面落入脏物	加强机床保养，保护好机床防护装置
导轨移动部件运动不良	导轨面研伤	用 170＃砂布修磨研伤部位
	导轨压板研伤	卸下压板，调整压板与导轨间隙
	导轨镶条与导轨间隙太小，调得太紧	调整镶条螺栓，使得运动部件运动灵活
加工面在接刀处不平	导轨直线度超差	调整或刮研导轨允差 0.015/500 mm
	工作台镶条松动或镶条弯度太大	调整镶条弯度在自然状态小于 0.05 mm/全长
	机床水平度差，使得导轨发生弯曲	调整水平度，保证平行度、垂直度小于 0.02/1000 mm

6.4.3　导轨维修实例

【例 6.7】 某工厂 CK6140 数控车床,加工圆弧过程中 X 轴出现加工误差过大。

故障分析:在加工过程中,从直线到圆弧时接刀处出现明显的加工痕迹,用千分表分别对车床的 Z、X 轴的反向间隙进行检测,发现 Z 轴为 0.008 mm,而 X 轴为 0.08 mm。

可以确定该现象是由 X 轴间隙过大引起。

对电机连接的同步带、带轮检查无误后,将 X 轴分别移至正、负极限处,将千分表压在 X 轴侧面,推拉 X 轴中拖板,发现有 0.06 mm 的移动值,判断 X 轴导轨镶条间隙过大。

松开镶条止退螺钉,调整镶条调整螺母,移动 X 轴,X 轴移动灵活,间隙测试值还有0.01 mm。

锁紧止退螺钉,在系统参数里将“反向间隙补偿”值设为相当于 0.01 mm 的值,重新启动系统运行程序,故障现象消失。

【例 6.8】 某工厂 CJK6136 数控机床,运动过程中 Z 轴出现跟踪误差过大报警。

故障分析:该机床采用半闭环控制系统,在 Z 轴移动时产生跟踪误差报警,在参数检查无误后,对电机与丝杠的连接等部位进行检查,结果正常。

将系统的显示方式设为负载电流显示,在空载时发现电流为额定电流的 40%左右,在快速移动时就出现跟踪误差过大报警。

用手触摸 Z 轴电机,明显感受到电机发热。

检查 Z 轴导轨上的压板,发现压板与导轨间隙不到 0.01 mm。

可以判断是由于压板压得太紧而导致摩擦力太大,使得 Z 轴移动受阻,导致电机电流过大而发热,快速移动时产生丢步而造成跟踪误差过大报警。

松开压板,使得压板与导轨间的间隙在 0.02～0.04 mm 之间,锁紧紧定螺母,重新运行,机床故障排除。

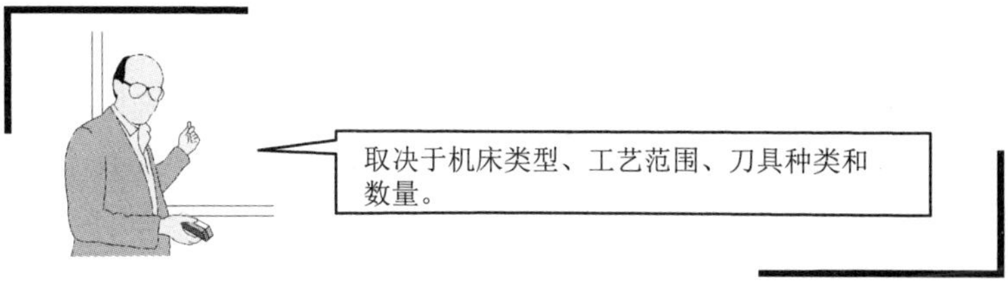

6.5 换刀装置故障诊断与维修

6.5.1 自动换刀装置的形式

常用自动换刀装置类型、特点、适用范围如下：

1. 回转刀架换刀装置

回转刀架换刀多为顺序换刀。

其换刀时间短、结构简单紧凑，但容纳刀具较少，主要用于数控车床。

有四方刀架、六角刀架和八(或更多)工位的圆盘式轴向装刀刀架等，按数控装置的指令换刀。刀架不但可储存刀具，且在切削时连同刀具一起承受切削力，在加工过程中完成刀具交换转位、定位夹紧等动作。

四工位电动刀架的原理是系统发出换刀信号，控制继电器动作，电机正转，通过蜗轮、蜗杆、螺杆将销盘上升至一定高度，离合销进入离合盘槽，离合盘带动离合销，离合销带动销盘，销盘带动上刀体转位；当上刀体转到所需刀位时，霍尔元件电路发出到位信号，电机反转，反靠销进入反靠盘槽，离合销从离合盘槽中爬出，刀架完成粗定位；同时销盘下降端齿啮合，完成精定位，刀架锁紧。

刀架的电气控制分强电和弱电两部分，强电部分是三相交流异步电机正、反向旋转，实现电动刀架的松开、转位、锁紧等动作；弱电部分由位置传感器—发讯盘构成，发讯盘采用霍尔传感器发讯。

刀架必须具有良好的强度和刚度，以承受粗加工时的切削抗力。

车削加工精度在很大程度上取决于刀尖位置，对于数控车床来说，加工过程中刀具位置不进行人工调整，必须选择可靠的定位方案和合理的定位机构，以保证具有尽可能高的重复定位精度。

2. 多主轴转塔头换刀装置

在带有旋转刀具的数控机床中，主轴头通常有立式与卧式两种，常用转塔的转位来更换主轴头，实现换刀。在转塔的各个主轴头上预先安装旋转刀具，当发出换刀指令时，各主轴头依次旋转到加工位置，并接通主轴运动，带动刀具旋转，其他主轴都与主运动脱开。

通过多主轴转塔头的转位来换刀，这种机床的主轴转塔头就是一个转塔刀库，转塔头有卧式和立式两种。图 6.11 是数控转塔式镗铣床的外观图。数控转塔式镗铣床要求按顺序自动地将装有所需刀具的主轴转到工作位置，实现自动换刀，同时接通主传动，不处在工作位置的主轴便与主传动脱开。

转塔头的转位(即换刀)由槽轮机构来实现。

这种换刀装置储存的刀具数量少，适用于加工较简单的工件。其优点是省去了自动松、夹、卸刀、装刀以及刀具搬运等复杂操作，缩短了换刀时间，提高了换刀的可靠性。但是由于空间位置的限制，主轴部件结构不能设计得十分坚实，因而影响了主轴系统的刚度。为保证主轴的刚度，必须限制主轴数目。

转塔头主轴通常只适用于工序较少、精度不高的机床，例如数控钻床、镗床、铣床等。

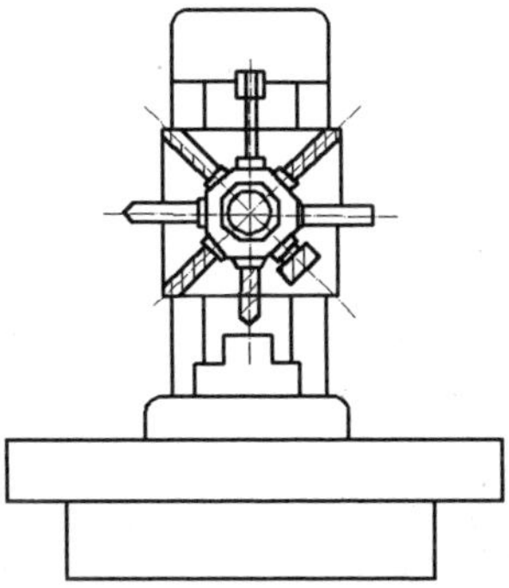

图 6.11　转塔式镗铣床的外观

3. 带刀库换刀装置

加工中心对工件完成多工序加工时需要更换刀具，自动换刀系统的主要指标是刀库容量、换刀可靠性和换刀时间。

加工中心的刀库按其形式可分为盘式刀库、链式刀库等，按换刀方法不同分为有机械手换刀和无机械手换刀两种。

选用何种结构形式，根据工艺、刀具数量、主机结构、总体布局等多种因素决定。

换刀装置由刀库和刀具交换机构组成。

工作过程是：先把加工过程中所需要使用的全部刀具分别安装在标准统一的刀柄上，在机外预调整刀具尺寸，按一定方式放入刀库。换刀时先在刀库中选刀，后由刀具交换装置从刀库和主轴（或刀架）取出刀具，并进行交换，把旧刀放回刀库，将新刀装入主轴或刀架。刀具的定位机构要保证更换的刀具能准确地停在换刀位置上。

控制部分可采用简易位置控制器或类似半闭环进给系统的伺服位置控制装置，也可采用电气和机械结合的方式，要求综合定位精度达到 0.1～0.5 mm。

（1）*刀库形式*

刀库的形式有多种，在加工中心上有盘式刀库和链式刀库。密集型的鼓轮式刀库或格子式刀库虽然占地面积小，但由于结构的限制，很少用于单机加工中心上，多用于 FMS 中的集中供刀系统。

无机械手换刀系统的优点是结构简单，换刀可靠，成本低；其缺点是结构布局受到了限制，刀库的容量少，换刀时间较长（10～20 s），多用于中小型加工中心。

在有机械手的自动换刀系统中，刀库的容量、刀库的形式、布局等比较灵活，机械手的配置形式可以是单臂、双臂，也可有主、辅机械手，换刀时间缩短到几秒，甚至更短。

选刀方式有顺序选刀和任意选刀两种，顺序选刀要求加工用刀具严格按加工过程中使用的顺序放入刀库中，任意选刀有刀套编码、刀具编码和记忆等方式。

加工中心多用记忆式的任选换刀，刀具号和在刀库中的放置（地址）对应地记忆在系统中，刀库上装有位置检测装置，在使用中无论位置如何变化，系统总能追踪记忆刀具在刀库中的位置，这样刀具就可以从刀库中任意取出并送回。刀库中设有机械原点，每次选刀时，系统可以确定取刀最短路径，就近取刀，如圆盘刀库不会在刀库旋转超过 180°的情况下选刀。

盘式刀库如图 6.12 所示。盘式刀库结构简单,应用较多,但由于刀具环行排列,空间利用率低,因此出现将刀具在盘中采用一环或多环排列的方式,以增加空间利用率。

盘式刀库的缺点是外径过大,转动惯量也很大,选刀时间较长。盘式刀库一般用于刀具容量较少的刀库。

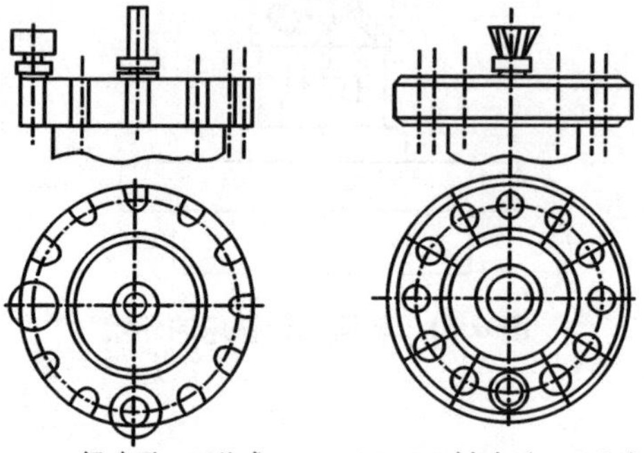

(a) 径向取刀形式　(b) 轴向取刀形式

图 6.12　盘式刀库

链式刀库如图 6.13 所示。链式刀库的结构紧凑,刀库容量较大。链环的形状可以根据机床的布局配置成各种形状,也可将换刀位突出,以利换刀。

当链式刀库需增加刀具容量时,只需增加链条的长度,在一定范围内,无需变更线速度及惯量。当刀具数量多于 30 把时,一般多采用链式刀库。

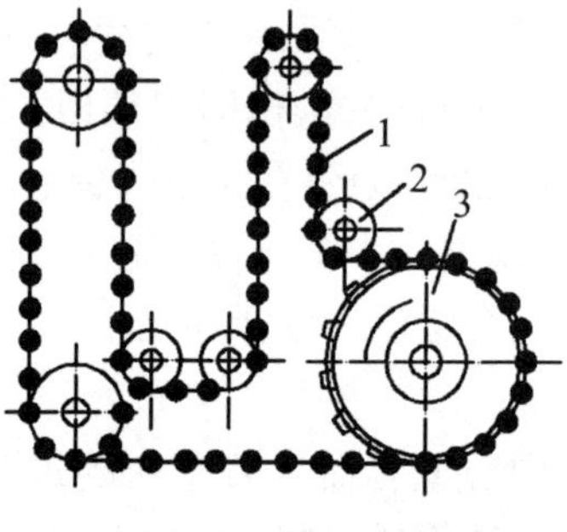

图 6.13　链式刀库

1—刀座;2—滚轮;3—主动链轮

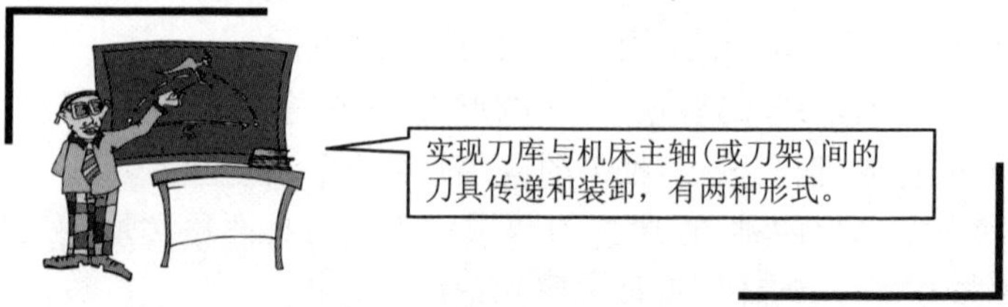

(2) 刀具交换装置

1) 利用刀库与机床主轴的相对运动交换刀具

首先将用过的刀具送回刀库,然后再从刀库中取出新刀具,这两个动作不可能同时进行,换刀时间较长。图 6.14 所示的数控立式镗铣床就是采用这类刀具交换方式的实例。

刀库安放在机床工作台的一端,当刀具加工完毕从工件上退出后,即开始换刀。其刀具交换过程如下：

① 工作台快速向右移动，将工件从主轴下面移开时将刀库移到主轴下面，使刀库的某个空刀座恰好对准主轴。

② 主轴箱下降，将主轴上用过的刀具放回刀库的刀座中。

③ 主轴箱上升，接着刀库回转，将下一工步需用的刀具对准主轴。

④ 主轴箱下降，将下一工步所需的刀具插入机床主轴。

⑤ 主轴箱及主轴带着刀具上升。

⑥ 工作台快速向左返回，将刀库从主轴下面移开，将工件移至主轴下面，使主轴上的刀具对准工件的加工面。

这种换刀装置只有一个刀库，不需要其他装置，结构简单，但换刀过程复杂。它的选刀和换刀由三个坐标轴的数控定位系统来完成，每交换一次刀具，工作台和主轴箱就必须沿着三个坐标轴做两次往复运动，增加了换刀时间。

由于刀库置于工作台上，减少了工作台的有效使用面积。

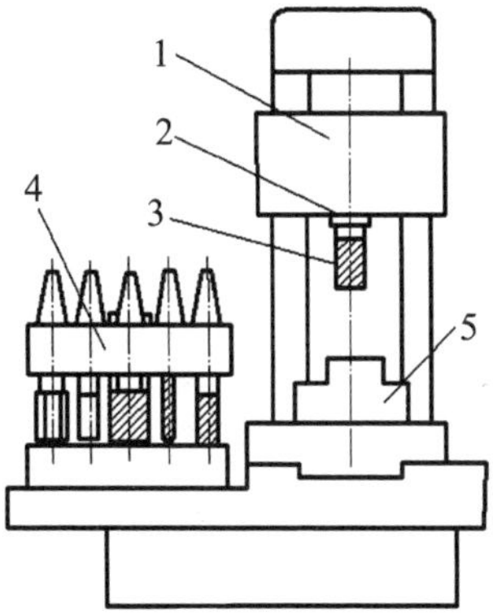

图 6.14　数控立式镗铣床

1—主轴箱；2—主轴；3—刀具；4—刀库；5—工件

2）采用机械手交换刀具

由于机械手换刀灵活、动作迅速、结构简单，故这种方式应用广泛。

根据刀库及刀具交换方式的不同，机械手也有多种形式，图 6.15(a)、(b)、(c)为双臂回转机械手，能同时抓取和装卸刀库及主轴(中间搬运装置)上的刀具，动作简单，换刀时间少；图 6.15(d)虽然不是同时抓取刀库和主轴上的刀具，但换刀准备时间及将刀具返回刀库的时间与机加工时间重复，因而换刀时间也很短。

抓刀运动可以是旋转运动，也可以是直线运动。

图 6.15(a)为钩手，抓刀运动为旋转运动。

图 6.15(b)为抱手，抓刀运动为两个手指旋转。

图 6.15(c)、(d)为叉刀手，抓刀运动为直线运动。

抓刀运动为直线时，在抓刀过程中可以避免与相邻的刀具碰撞，所以当刀库中刀具排列较密时，常用叉刀手。钩刀手和抱刀手抓刀运动的轨迹为圆弧，容易和相邻的刀具碰撞，要适当增加刀库中刀具之间的距离，合理设计机械手的形状及其安装位置。

图 6.16 所示为钩刀机械手换刀一次所需的基本动作。

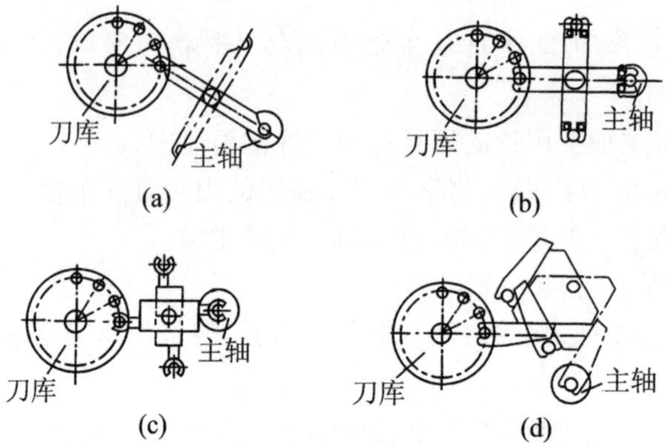

图 6.15 常用换刀机械手形式

图 6.16(a)为抓刀动作:手臂旋转 90°,同时抓住刀库和主轴上的刀具。

图 6.16(b)为拔刀动作:主轴夹头松开刀具,机械手同时将刀库和主轴上的刀具拔出。

图 6.16(c)为换刀动作:手臂旋转 180°,新旧刀具交换。

图 6.16(d)为插刀动作:机械手同时将新旧刀具分别插入主轴和刀库,然后主轴夹头夹紧刀具。

图 6.16(e)为复位动作:转运手臂,回到原始位置。

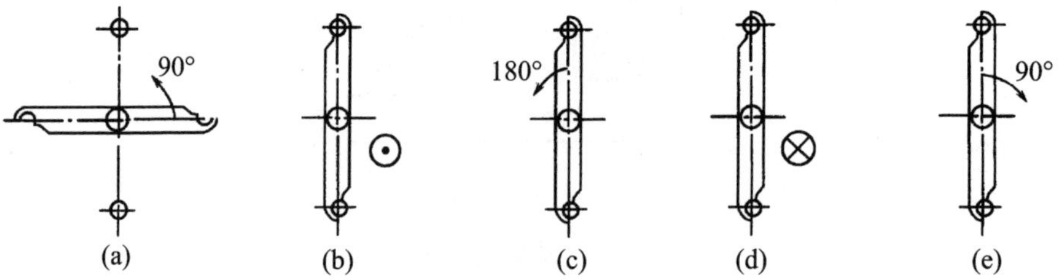

图 6.16 钩刀机械手换刀过程

刀具必须装在标准的刀柄上,安装于主轴、刀库内或由机械手抓取。

我国提出了 TSC 工具系统,制定了刀柄标准。标准中有直柄及 7∶24 锥度锥柄两类,分别用于圆柱形主轴孔及圆锥形主轴孔,如图 6.17 所示。

为了使机械手能可靠地抓取刀具,刀柄必须有合理的夹持部分。图 6.17 中,3 为刀柄定位部位;2 为机械手抓取部位;1 为键槽,用于传递切削扭矩;4 为螺孔,用以安装可调节拉杆,供拉紧刀柄用。刀具的轴向尺寸和径向尺寸应先在调刀仪上调整好,才可装入刀库中。

丝锥铰刀要先装在浮动夹具内再装入标准刀柄内。

圆柱形刀柄在使用时需在轴向和径向夹紧,因而柱柄安装精度高,磨损后不能自动补偿;锥柄稍有磨损不会过分影响刀具的安装精度。

在换刀时,机械手抓住刀柄快速回转,做拔、插刀具的动作,还要保证刀柄键槽的角度位置对准主轴上的驱动键。机械手的夹持部分要可靠,并保证有适当的夹紧力,其活动爪要有锁紧装置,防止刀具在换刀过程中转动或脱落。

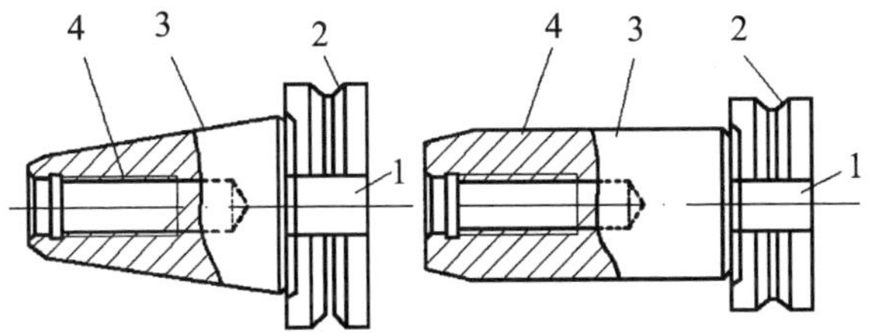

图 6.17　标准刀柄及夹持结构

1—键槽；2—机械手抓取部位；3—刀柄定位部位；4—螺孔

6.5.2　换刀装置故障及排除

换刀装置常见故障及排除见表 6.5 和表 6.6。

表 6.5　转塔刀架故障诊断及排除

故障现象	故障原因	排除方法
转塔刀架没有抬起动作	系统没有 T 指令输出信号	检查电器
	电磁铁断线或阀杆卡死	清除污物，更换电磁阀
	压力不够	检查油箱并重新调整压力
	抬起液压缸研损或密封圈损坏	修复研损部位或更换密封圈
	与转塔抬起联接的部分研损	修复研损部位或更换零件
转塔转位速度缓慢或不转位	电源相序接反、电源缺相	检查转位继电器是否吸合，将电源相序调换
	转位电磁阀断线或阀杆卡死	修理或更换
	压力不够	检查是否液压故障，调整到额定压力
	转位速度节流阀卡死	检修或更换液压泵
	凸轮轴压盖过紧	调整调节螺钉
	抬起液压缸体与转塔产生摩擦、研损	进行转位试验，配磨平面轴承的调整垫
	安装附具不配套	重新调整附具安装，减少转位冲击
	PLC 程序出错，换刀信号没有发出	重新调试 PLC
转塔转位碰刀	抬起速度或抬起延时时间过短	增加延时时间
转塔不到位	转位盘上的撞块与选位开关松动，使转塔到位时传输信号超期或滞后	拆下护罩，使转塔处于正位状态，重新调整撞块与选位开关的位置并紧固
	连接盘与中心轴花键间隙过大，位移偏差大，落下时碰牙顶，引起不到位	重新调整连接盘与中心轴的位置；间隙过大可更换零件
	转位凸轮与转位盘间隙大	将凸轮调至中间位置；转塔左右窜量保持在二齿中间，确保落下时顺利咬合；转塔抬起时用手摆动，摆动量小于两齿的 1/3
	凸轮在轴上窜动	调整并紧固固定转位凸轮的螺母
	凸轮轴轴向预紧力过大或有机械干涉	重新调整预紧力，排除干涉

续表 6.5

故障现象	故障原因	排除方法
转塔转位不停	两计数开关不同时计数或复位开关损坏，刀位信号没有到达	调整两个撞块的位置及两个计数开关的计数延时，修复复位开关，检查线路是否有误
	24 V 电源断线，检测信号的开关损坏	接好电源线，维修或更换开关
	磁钢磁极装反，磁钢与霍尔元件高度位置不准，I/O 输入输出板出错	调整磁钢磁极方向，调整磁钢与霍尔元件的位置，维修或更换 I/O 输入输出板
转塔重复定位精度差	液压夹紧力不足	检查压力并调到额定值
	上下牙盘受冲击，定位松动	重新调整固定
	牙盘间有污物或滚针脱落在牙盘间	清除污物，保持转塔清洁，检修或更换滚针
	转塔落下夹紧时有干涉	检查排除干涉障碍
	夹紧液压缸拉毛或研损	更换密封圈
	压板和楔铁配合不牢产生运动偏大	修理调整压板和楔铁
刀架不能锁紧	刀架反转信号没有输出	检查线路是否有误
	刀架锁紧时间过短	增加锁紧时间
	机械故障	重新调整机械部分

表 6.6　刀库的常见故障及排除

故障现象	故障原因	排除方法
刀库中的刀套不能卡紧刀具	刀套上的调整螺母松动	顺时针旋转调整螺母压紧弹簧，顶紧卡紧销
	拉杆行程不够	对拉杆进行调整
	松刀接近开关位置变动	调整接近开关的位置
	拉杆头部损坏	更换拉杆
	阀未动作、卡死或者未上电	检查阀是否有动作或有电输出
	拉钉未拧紧或者型号选择不正确	检查拉钉并更换
	蝶形弹簧位移量太小	调整蝶形弹簧
	刀具松夹弹簧上螺母松动	紧固螺母
刀具交换时掉刀	主轴箱没回到换刀点或换刀点漂移；机械手抓刀没到位就开始拔刀	重新操作主轴箱运动，使其回到换刀点位置，重新设置换刀点
刀库不能转动	连接电机轴与蜗杆轴的联轴器松动	紧固联轴器上的螺钉

续表 6.6

故障现象	故障原因	排除方法
转动不到位	电机转动故障,传动机构误差	更换电机,调整传动机构
	液压故障,油路不畅或液压阀故障	检查液压系统
	液压马达出现故障	检查液压马达是否正常工作
	刀库负载大,或者有阻滞的现象	检查刀库装刀是否合理
	润滑不良	检查润滑油路是否畅通,并重新润滑
机械手换刀速度过快或过慢	气压太高或太低,换刀气阀节流开口太大或太小	调整气压大小和节流阀开口
刀库换刀动作不能完成	松刀感应开关或电磁阀损坏或失灵	更换松刀感应开关或电磁阀
	压力不足或漏油,行程不到位	检查液压系统
	PLC 调试出错,换刀条件不满足	调试 PLC,观察 PLC 输入输出状态
	主轴系统出错	维修或更换主轴驱动器
刀具夹紧后不能松开,主轴刀柄取不下来	松刀力不够	调整机械部分
	气、液压阀松或拉力气缸损坏	维修或更换
	拉杆行程不够或拉杆位置变动	调整机械部分
	7∶24 锥为自锁与非自锁的临界点	重新调整
	刀具松夹弹簧压合过紧	调整刀具松夹弹簧
	液压缸压力和行程不够	对液压缸进行检查

6.5.3　换刀装置维修实例

换刀装置的结构复杂,运动频繁,故障率高,维护十分必要,具体要做到:

① 严禁把超重、超长的刀具装入刀库,防止在换刀时掉刀或发生碰撞。

② 刀具放置在刀库上的顺序正确。所换刀具号与所需刀具一致,防止换错刀具。

③ 用手动方式往刀库上装刀时,确保装到位、牢靠。检查刀座上的锁紧是否可靠。

④ 经常检查刀库的回零位置,检查回换刀点位置是否到达,及时调整。

⑤ 做好刀柄和刀套的清洁和防锈(用丝绸擦刀柄、刀套,不要用棉布)。

开机时,先使刀库和机械手空运行,检查各部分工作情况,行程开关和电磁阀动作情况,液压系统和气压系统的压力情况,刀具在机械手上的锁紧情况。

【例 6.9】 某机械厂 CLK6140D 数控车床,6 刀位刀架换刀时 6 号刀位转不到位。

故障分析:经分析,原因一般有两种:

第一种是电机相位接反,或者外界电源换向,但调整电机相位线后故障不能排除。

第二种是磁钢与霍尔元件高度位置不准。

拆开刀架上盖,发现 3 号磁钢与霍尔元件高度位置相差距离较大,用尖嘴钳调整 1 号磁钢与霍尔元件高度与其他刀号位基本一致,重新启动系统,故障排除。

【例 6.10】 某机械厂一台 TH42160 龙门加工中心自动换刀时刀链运转不到位,刀库就停止运转,机床报警。

故障分析:通过观察故障报警信息,知道刀库伺服电机过载,检查电气控制系统,没有发现什么异常。经分析,可能的原因有:

① 刀库链内有异物卡住。

② 刀库链上的刀具太重。

③ 润滑不良。

经过检查排除了上述可能,卸下伺服电机,发现伺服电机不能正常运转,更换伺服电机,故障排除。

【例 6.11】 某机械厂 XH715D 加工中心,使用一段时间后出现换刀故障,刀插入主轴刀孔时,发生了错位,机床上无任何报警。

故障分析:在对机床进行观察和分析后,发现造成刀具插入错位是因为主轴定向后又偏移了原来的位置。

在使用手动方式检查主轴定向时发现:主轴在定向完成后位置是正确的,当用手转动一下主轴后,主轴会慢慢向使力的相反方向转动一小段距离,逆时针旋转时在定向完成后只转动一点,再顺时针旋转后能返回到原来的位置。

为了确认电气部分是否正常,在主轴定向后检查了有关的信号,均正常,由于定向控制是通过编码器进行检测的,因此对编码器产生了怀疑。

对该部分的电气和机械连接进行了检查,当将主轴的编码器拆开后即发现编码器上的联轴器止退螺钉松动且已经后移,因而工作时编码器与检测齿轮不能同步,使主轴的定向位置不准,造成了换刀错位故障。

6.6　实训：滚珠丝杠螺母维修、维护项目

1. 项目构思(Conceive)

(1) 掌握机床进给传动机构中滚珠丝杠螺母的工作原理及其特性，采用双螺母调整法调整间隙。

(2) 练习支承轴承的检查方法。

(3) 练习滚珠丝杠螺母副的润滑和保护。

2. 项目设计(Design)

(1) 通用工具：

① 活动扳手两个。

② 木柄起子两个。

③ 内六角扳手一套。

④ 紫铜棒或木质手锤一个。

⑤ 齿厚卡尺一个。

(2) 滚珠丝杠螺母副一套。

(3) 60°角接触滚珠轴承一个。

(4) 消除间隙双片齿轮装置一套。

3. 项目实施(Implement)

(1) 采用双螺母调整法进行轴向间隙的调整，掌握其工作原理、结构特点和精度要求。

采用双螺母调整法调整两个螺母间产生的轴向位移时，使两个滚珠螺母中的流球分别贴紧在螺旋滚道的两个相反的侧面上，消除间隙和产生预紧力。

实训时，应注意预紧力的大小，如预紧力过小，不能完全消除轴向间隙，起不到预紧作用；预紧力过大，会使空载力矩增加，降低传动效率，缩短使用寿命。还要消除丝杠安装部分和驱动部分的间隙。

实训时使用下列调整方法：

① 垫片调隙式。

如图 6.18 所示，通过改变垫片的厚度，使螺母产生轴向位移。这种结构简单可靠、刚性好，但调整费时，且不能在工作中随意调整。

② 螺母调隙式。

如图 6.19 所示为利用螺母实现预紧的结构。两个螺母以平键与外套相连，平键可限制螺母在外套内移动，其中右边的一个螺母外伸部分有螺纹。用两个锁紧螺母 1、2 能使螺母相对丝杠做轴向移动。这种结构紧凑，工作可靠，调整也方便，故应用较广，但调整位移量不易精确控制，预紧力也不能准确控制。

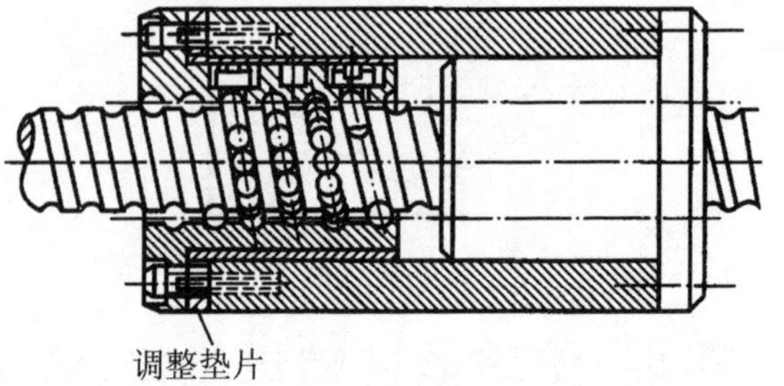

图 6.18　垫片调隙式结构图

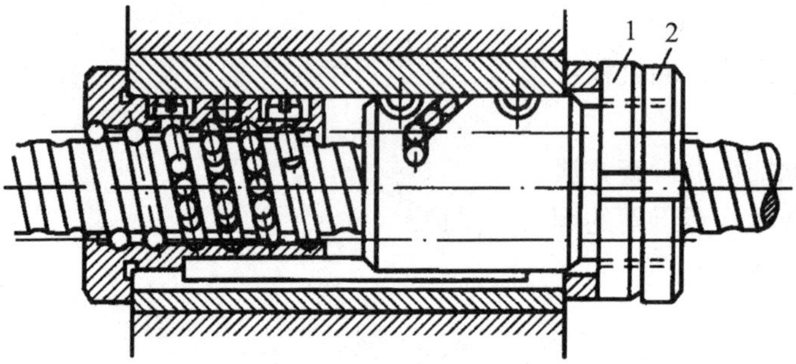

图 6.19　螺母调隙式结构图

1，2—锁紧螺母

③ 齿差调隙式。

如图 6.20 所示为齿差式调整结构。在两个螺母的凸缘上分别有齿数为 $Z1$、$Z2$ 的齿轮(齿数差为 1)，且 $Z1$、$Z2$ 与相应内齿轮啮合。内齿轮紧固在螺母座上。预紧时脱开内齿轮，使两个螺母同向转过相同齿数，然后再合上内齿轮。

两螺母的轴向相对位置发生变化，从而实现间隙的调整并施加预紧力。

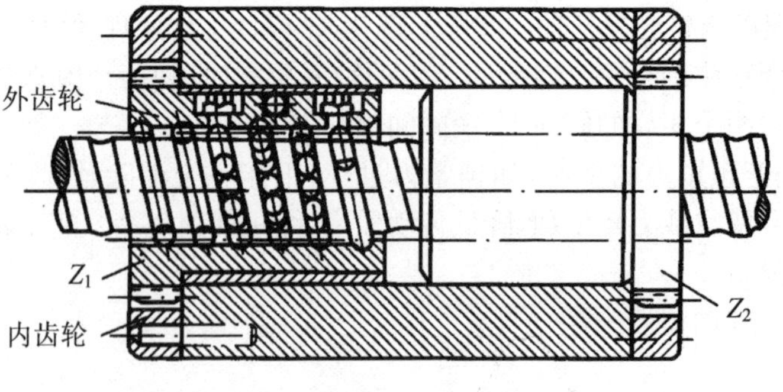

图 6.20　齿差调隙式结构图

(2) 支承轴承的检查，掌握其受力和定位特点。

检查丝杠支承轴承与床身的连接是否有松动，支承轴承是否损坏等。

(3) 滚珠丝杠螺母副的润滑方式和特点。

① 清洗丝杠上的旧润滑脂，涂上新的润滑脂。

② 在螺纹滚道和安装螺母的壳体空间内添加润滑脂。

③ 在壳体上的油孔中注入润滑油。

(4) 滚珠丝杠螺母副的保护检查。

4. 项目运作(Operate)

(1) 绘制滚珠丝杠螺母副的工作原理简图。

(2) 按所绘制的工作原理简图说明滚珠丝杠螺母副的工作原理。

(3) 论述滚珠丝杠螺母副维修、维护要点。

(4) 总结滚珠丝杠螺母副的使用及注意事项。

6.6.2 导轨副维修、维护

1. 项目构思(Conceive)

掌握机床进给传动机构中导轨副的工作原理及其特性,滚动导轨的维修、维护方法。

2. 项目设计(Design)

(1) 通用工具:

① 活动扳手两个。

② 木柄起子两个。

③ 内六角扳手一套。

④ 紫铜棒或木质手锤一个。

⑤ 齿厚卡尺一个。

(2) 滚动导轨副一套。

(3) 贴塑导轨模型一副,塑料带(50 mm×100 mm)一条。

3. 项目实施(Implement)

(1) 掌握滚动导轨副的工作原理、结构特点和精度要求。

(2) 观察贴塑导轨的外形及结构。

(3) 导轨副间隙调整。

保证导轨面之间间隙合理,间隙过小,则摩擦阻力大,导轨磨损加剧;间隙过大,则运动失去准确性和平稳性,失去导向精度。

① 压板调整间隙。

矩形导轨上常用的压板装置如图 6.21 所示。压板用螺钉固定在动导轨上,常用钳工配合刮研及选用调整垫片、平镶条等,使导轨与支承面间的间隙均匀,达到规定的接触点数。

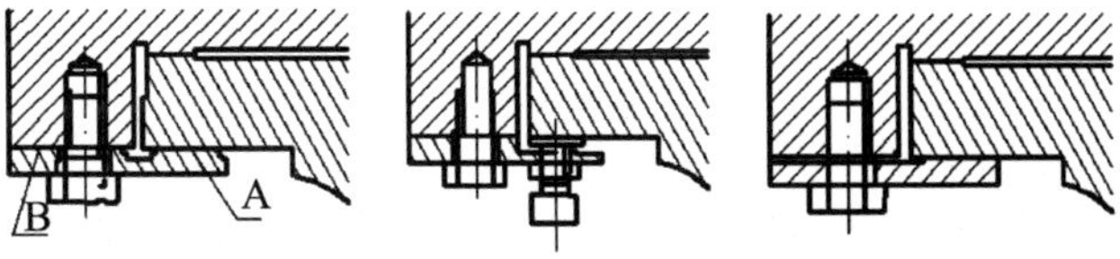

(a) 修磨刮研式　(b) 镶条式　(c) 垫片式

图 6.21　压板调整间隙

对图 6.21(a)所示的压板结构,如间隙过大,应修磨和刮研 B 面;间隙过小或压板与导轨压得太紧,则可刮研或修磨 A 面。

图 6.21(b)所示的是采用镶条式调整间隙。

图 6.21(c)所示的是采用垫片式调整间隙。

② 镶条调整间隙。

如图 6.22(a)所示为用一种全长厚度相等、横截面为平行四边形(用于燕尾形导轨)或矩形的平镶条,通过侧面的螺钉调节和螺母锁紧,以其横向位移调整间隙。

由于收紧力不均匀,故在螺钉的着力点有挠曲。

如图 6.22(b)所示为用一种全长厚度变化的斜镶条及二种用于斜镶条的调节螺钉,以其斜镶条的纵向位移来调整间隙。斜镶条在全长上支承,其斜度为 1∶40 或 1∶100,由于锲形的增压作用会产生过大的横向压力,因此调整时应细心。

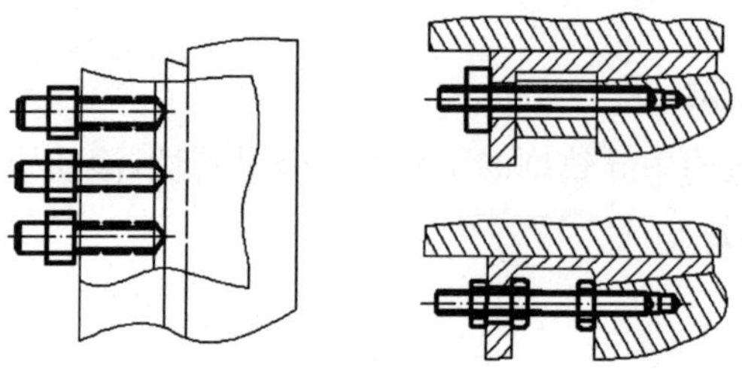

(a) 等厚度镶条　　(b) 斜镶条

图 6.22　镶条调整间隙

③ 压板镶条调整间隙。

如图 6.23 所示,T 形压板用螺钉固定在运动部件上,运动部件内侧和 T 形压板之间放置斜镶条;镶条不是在纵向有斜度,而是在高度面做成倾斜。

调整时,借助压板上的推拉螺钉,使镶条上、下移动,从而调整间隙。三角形导轨的上滑动面能自动补偿,下滑动面间隙调整的方法和矩形导轨下压板底面间隙调整的方法相同;圆形导轨的间隙不能调整。

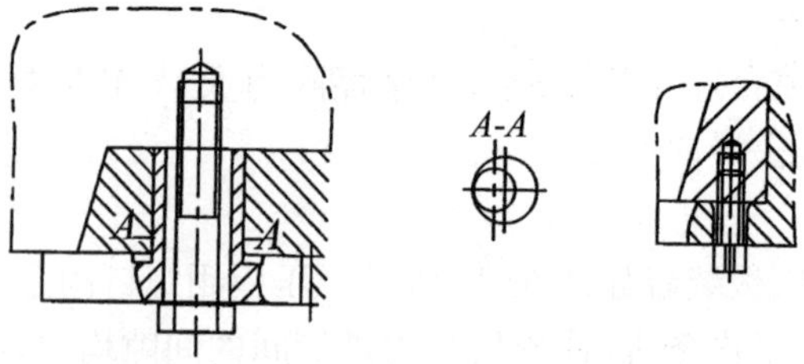

图 6.23　压板镶条调整间隙

(4) 滚动导轨的预紧。

为提高滚动导轨的刚度,对滚动导轨应预紧。

预紧可提高接触刚度和消除间隙,在立式滚动导轨上,预紧可防止滚动体脱落和歪斜。

① 调整过盈配合量。

预加载荷大于外载荷,预紧力产生过盈量为 2～3/μm,过大会使牵引力增加。若运动部件较重,其重力可起预加载荷作用;若刚度满足要求,可不施加预载荷。

② 实训调整方法。

利用螺钉、斜块或偏心轮调整来进行预紧。

(5) 检查导轨的润滑和防护。

① 润滑方法。

人工定期加油或油杯供油，成本低，但不可靠，用于调节辅助导轨及运动速度低、工作不频繁的滚动导轨。对运动速度较高的导轨，大都采用润滑泵以压力强制润滑，不但可连续或间歇供油给导轨进行润滑，且可利用油的流动冲洗和冷却导轨表面。有专门的供油系统。

② 对润滑油的要求。

温度变化时，油黏度变化要小，要有良好的润滑性能和足够的油膜刚度，油中杂质尽量少且不侵蚀机件。

常用的有全损耗系统用油 L－AN10、L－AN15、L－AN32、L－AN42、L－AN67，精密机床导轨油 L－TSA32、L－TSA46 等。

为防止切屑、磨粒或冷却液散落在导轨面上而引起磨损、擦伤和锈蚀，导轨面上应有可靠的防护装置。常用的刮板式、卷帘式和叠层式防护罩大多用于长导轨上。在机床使用过程中应防止损坏防护罩，对叠层式防护罩应经常用刷子蘸机油清理移动接缝，以避免碰壳现象的产生。

4. 项目运作(Operate)

(1) 绘制导轨副的工作原理简图。

(2) 按所绘制的工作原理简图说明导轨副的工作原理。

(3) 论述导轨副维修、维护要点。

(4) 总结导轨副的使用及注意事项。

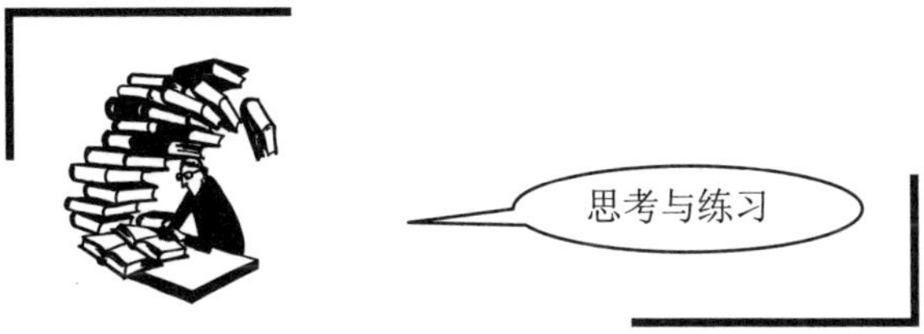

1. 试比较普通机床与数控机床机械结构的特点，举一例说明。
2. 数控机床主传动系统常采用的配置方式有哪些?
3. 数控机床运行中主轴发热的可能原因是什么? 如何排除?
4. 数控机床运行中主轴噪声大的可能原因是什么? 如何排除?
5. 滚珠丝杠副常见的故障有哪些? 如何排除?

第 7 章　液压与气动系统故障诊断与维修

7.1　液压系统故障诊断与维修

7.1.1　液压系统组成及功能

1. 液压系统组成

液压装置使用工作压力高的油性介质，因此机构出力大，机械结构紧凑，动作平稳可靠，易于调节，噪声小，但要配置液压泵和油箱，当油液渗漏时易污染环境。液压系统组成包括以下部分：

① 动力元件

包括泵装置和蓄能器，能够输出压力油，把原动机的机械能转变为液体的压力能并储存起来。

② 执行元件

包括液压缸、液压马达等，用来带动运动部件，将液体压力能转变成使工作部件运动的机械能。

③ 控制元件

指各种液压阀，用于控制液体的压力、流量和流动方向，从而控制执行部件的作用力、运动速度和运动方向，也可用来卸载，实现过载保护等。

④ 辅件元件

如油箱、压力表、过滤器、管路、管接头、加热器和冷却器等。

液压系统中，各种控制阀采用分散布局，就近安装，分别装在数控机床的有关零部件上。变量泵减少了系统的发热，油箱内安装有过滤器，应定期用汽油或超声波清洗。

2. 液压系统的功能

液压系统在数控机床中主要实现辅助功能，包括以下内容：刀具自动交换系统（ATC）、托盘自动交换系统、主轴箱的平衡，主轴箱齿轮的变挡，以及回转工作台的夹紧、车床尾座的伸缩、工件的自动装夹等。

7.1.2　液压系统故障与维护

1. 液压系统常见故障

（1）油温过高

液压系统的油温一般≤60 ℃，高压系统油温≤50 ℃，精密机床油温≤10 ℃或 15 ℃。油温过高会导致油液变质产生氧化物，导致堵塞、油黏度下降与元件热变形，增大配合间隙而使泄漏增加，降低工作压力和工作速度。

例如进给量不稳定、元件热膨胀不同导致配合间隙变小而卡死、热变形导致机床精度破坏或影响加工质量。

油温过高的原因：

① 大量油液由溢流阀溢回油池将大量压力能转变成了热能。

② 油液黏度太大(油液不当或滤油网损坏)。

③ 流速过大(节流调速方式不当或调整不当、油管不通畅)、液流噪声或振动、装配不良、摩擦力、工作压力等，使大量机械能转换成热能。

④ 环境温度过高与油缸散热不良。

但是，油温过低又可能造成油液黏度增大，故必须保证数控机床的环境温度。

（2）油液泄漏

液压设备以油液为介质，密封件密封性能不好、损坏，密封件方向装反，油管破裂，纸垫被压力油击穿，各配合件因磨损而间隙增大等会引起泄漏。油液泄漏会使液压提不高，工作速度达不到，容积效率低，液压系统不能正常工作，外泄漏造成浪费并污染环境，甚至引起意外事故。

引起泄漏的其他原因：

① 油液不符合规定或油温过高而使油黏度太小。

② 油箱容量不足导致停用时的溢油。

③ 回油管未插入油面下，造成回油飞溅。

④ 油标观察孔、螺钉孔出问题，封油未用耐油的密封件等。

⑤ 长期失修以至于油箱、管道、液压元件结胶、结碳、杂质积聚造成油路堵塞等。

（3）噪声与振动

液压系统的噪声会影响液压系统的性能，并缩短元件的寿命。噪声和振动是伴随发生的，影响加工质量。振动会加速零部件的变形、磨损和损坏，甚至导致刀具破损。

噪声有两类：流体噪声(FBN)与结构噪声(SBN)。最终传入人耳反映为空气噪声(ABN)。液压系统中的噪声声源，就是噪声的故障源，结构噪声由机械零件与电器元件故障所致。

（4）爬行

爬行表现为大距离的跳动，是发生在相对滑动表面上的一种“负阻尼”现象。

阻力大小正比于移动物体速度，而阻力方向与物体移动方向相反。当相对移动的表面存在蓄能机构时(一定粗糙度表面内有油液、水或其他液体，或微观晶格移动的晶界)，会将阻尼力所做的功转换成应变能储存在表面的薄层内。当能量超过极限时，会瞬间释放出与移动方向一致的“正阻力”，这种正阻力起到加速移动作用($F=Ma$)，即出现爬行现象。

爬行的加速度愈大，则爬行愈严重。

加速作用的倍率大小，由油液的性质与温度、相对移动表面的粗糙度及两表面间油膜厚度与油膜压力等因素决定。油液不当，油温过高，油液中混入空气(密封不良，回油飞溅搅起泡沫，或阀等回油管在油面之上造成停用时空气进入)，或系统压力低于空气分离压而使溶解于油中的空气分离出来，从而改变了油液的润滑性质；液压元件或导轨间的间隙调整不当、导轨或零件磨损或精度不良(拉毛、不平行、不同轴)造成过大间隙，增大了油膜厚度而使压力下降；堵塞造成进油管中局部真空、进油管浸入油池太少造成进油不畅，回油管中背压不足等造成油膜厚度过小；控制失灵造成油液供给不稳定，都可引发爬行。

(5) 液压冲击

当液流方向迅速改变或停止时，液流速度急速改变而产生大冲量，导致系统内瞬时大压力，即为液压冲击。

液压冲击会使液压系统失去稳定，损坏零部件，降低设备的寿命，其原因有：

① 工作压力调整过高、压力阀故障使压力突然升高、背压阀压力调整不当或故障。

② 油温过高、油黏度过小、泄漏增加等减弱了节流缓冲作用。

③ 无节流缓冲装置或装置调整不当与失灵。

④ 换向阀制动角度太大、换向阀与节流阀间装配不良。

⑤ 液压元件有松动。

⑥ 系统内混入大量空气。

⑦ 管路过长且拐弯太多。

⑧ 液压系统的局部发生冲击等。

(6) 系统压力不稳或提不高

造成这种现象的原因有：

① 液压泵没有压力油输入或压力不足(管道、阻尼孔或节流口堵塞)。

② 油液黏度太大或油管太细；系统大量泄漏；轴向、径向间隙过大或泵连接处密封不严而混入空气。

③ 系统压力油路和回油路互通。

④ 进出油口装反、压力阀的卡死致使压出的油液在低压下经阀回流。

⑤ 压力阀内弹簧断裂。

⑥ 溢流阀失灵。

⑦ 电机方向接反或功率不足。

对于叶片泵，则主要由于叶片与转子转反、叶片与定子内环曲线表面接触不良、配油盘与体壳接触不良、叶片在叶片槽内卡死等。对于柱塞泵，主要是由于柱塞泵柱塞。

(7) 达不到工作速度或不运动

在空载时液动机速度可以达到规定值，在负载时其工作速度显著降低。

故障原因可能为系统压力不足、系统泄漏过大、油黏度太高或油中杂质堵塞节流小孔或滑阀卡住、系统内混入大量空气、导轨润滑不良(润滑油在负载下较难进入相对运动件之间)、电机发热导致转速下降等。

(8) 工作循环不能正确实现

这类故障与液压系统的控制链路、控制方式、液压元件的质量等因素有关。主要原因有：

① 控制信号未到达

如行程开关损坏、接触不良、电气线路接错等原因。

② 控制信号未能正确执行

这与控制器件有关，包括：电磁阀失灵（电压过低、励磁线圈绝缘不良、铁芯与滑阀不同轴、弹簧弹性失效等）；滑阀阀体变形移动不灵活或卡住，或滑阀内配合间隙过大而使高低压油路互通；液动阀控制装置的单向阀或节流阀失灵；弹簧复位阀类的弹簧刚度选择不当或弹性失效。

③ 液压回路间的相互干扰

如用同一液压泵给工作油路与控制油路供油，当工作油路卸荷或空载时，系统油压很低，可能使控制油路没有足够的压力去推动液压阀移动。同一液压泵同时给多个液压缸动作供油，而各路油压与油量相差较大时，如设计不当，可造成低压力液压缸用去大部分甚至全部油液，导致高压力液压缸不动作或动作滞后。

④ 其他可能

管路接错、管道或阀通道堵塞、系统大量泄漏、液压缸装配不良或安装精度不好、锲铁调整不当，造成摩擦力不稳定或润滑系统供油不正常等。

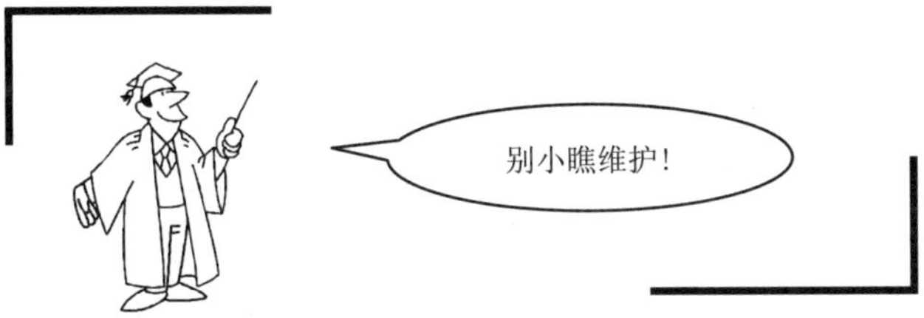

2. 液压传动系统维护

液压传动系统的维护要做好以下几点：

① 保持清洁

多数故障是由于油液污染引起，污染还会加速液压元件的磨损。

② 控制油液温升

油温变化范围大，影响液压泵吸油能力及容积效率；导致工作压力大、速度不稳定、动作不可靠；液压元件内外泄漏增加；加速油液的氧化变质。

③ 控制泄漏

泄漏和吸空是液压系统常见的故障。首先要提高液压元件零部件的质量和元件的装配质量，及管道系统的安装质量；其次要提高密封件的质量，并注意密封件的安装使用与定期更换，加强日常维护保养。

④ 防止振动

振动使螺钉松动、管接头松脱，从而引起漏油。

⑤ 定期检查

液压故障有隐蔽性、可变性和难于判断性，应定期对液压系统的工作状态进行检查，记录可能产生的故障现象。

⑥ 定期紧固、清洗、过滤和更换

冲击振动、磨损和污染等，将使管件松动，金属件和密封件磨损，故应对液压件及油箱实行定期清洗和维修，对油液、密封件定期更换。

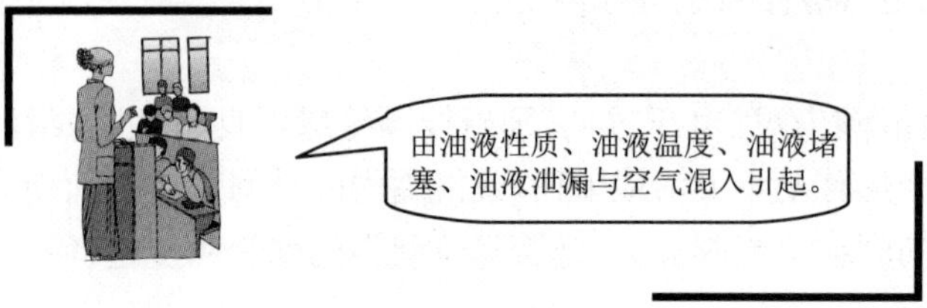

7.1.3　液压元件故障及排除

液压元件包括液压泵、整体多路阀、电磁换向阀、液压缸等。液压泵有齿轮泵、叶片泵和柱塞泵等，以齿轮泵为例介绍其故障及诊断，见表 7.1。

表 7.1　液压泵故障及排除

故障现象	故障原因	排除方法
噪声严重及压力波动	泵轴与联轴器不同心，扭曲摩擦	调整同心度，使误差不超过 0.2 mm
	油液不足，吸油位置高，吸油管外露	加油到油标位，降低吸油位置
	泵的油封骨架脱落，泵体不密封	更换泵轴油封
	泵齿轮的啮合精度不够	对研齿轮，达到齿轮啮合精度
	过滤器被阻塞	用干净的清洗油将过滤器污物去除
输油不足	轴向间隙与径向间隙过大	更换零件
	泵体裂纹与气孔泄漏	更换泵体
	油液黏度太高或油温过高	20＃油适于在 10～50 ℃下工作，三班工作，应装冷却
	电机反转	调整电机电源相序
	过滤器有污物，管道不畅通	清除污物，更换油液，保持油液清洁
	压力阀失灵	修理或更换压力阀
液压泵运转不正常或有咬死现象	泵中有杂质	清除杂物
	滚针轴承转动不灵活	更换滚针轴承
	盖板和轴的同心度不好	更换盖板，使其与轴同心
	压力阀失灵	修理或更换压力阀
	联轴器同心度不够	调整同心度
	轴向间隙或径向间隙过小	更换零件，调整轴向或径向间隙

整体多路阀常见故障及排除见表 7.2。

表 7.2　整体多路阀常见故障及排除

故障现象	故障原因	排除方法
工作压力不足	调压弹簧损坏	更换弹簧
	溢流阀的滑阀卡死	拆开清洗，重新组装
	溢流阀调定压力偏低	调整溢流阀压力
	管路压力损失太大	更换管路或调整溢流阀压力
工作油量不足	系统供油不足	检查油源
	阀内泄漏量大	更换油液；降低油温；更换零件
	由弹簧损坏引起的复位失灵	更换弹簧
	Y 形密封圈损坏	更换密封圈
	油口安装法兰面密封不良	检查相应部位，紧固与密封
	紧固螺钉、调压螺钉松动	紧固相应螺钉

电磁换向阀常见故障及排除见表 7.3。

表 7.3　电磁换向阀故障及排除

故障现象	故障原因	排除方法
附阀动作不灵活	滑阀被拉坏	修整滑阀与阀孔的毛刺及拉坏表面
	阀体变形	调整螺钉的压紧力，安装转矩不得大于规定值
	复位弹簧失灵	更换弹簧
电磁线圈烧损	线圈绝缘不良	更换电磁铁
	电压太低	使用电压应在额定电压的 90%以上
	工作压力和流量超过规定值	调整工作压力，或采用性能更高的阀
	回油压力过高	检查背压，应在规定值以下

液压缸常见故障及排除见表 7.4。

表 7.4　液压缸常见故障及排除

故障现象	故障原因	排除方法
外部漏油	活塞杆碰伤拉毛	用极细的砂纸或油石修磨，或更换新杆
	防尘密封圈被挤出或反唇	拆开检查，更换密封圈
	密封件磨损与损伤	更换密封件
	液压缸安装定心不良，活塞杆伸出困难	安装应符合要求
活塞杆爬行或蠕动	缸内进入空气或油中有气泡	松开接头，将空气排出
	液压缸的安装位置偏移	安装时，应使之与主机运动方向平行
	活塞杆全长或局部弯曲	校正活塞杆（直线度误差≤0.03/100 mm）或更换
	缸内锈蚀或拉伤	去除锈蚀和毛刺，严重时更换缸筒

7.1.4　液压回路故障维修实例

【例 7.1】 压力控制回路中溢流不正常。

故障分析:可能是溢流阀主阀芯卡住。如图 7.1 所示的压力控制回路中,液压泵为定量泵,采用三位四通换向阀,中位机能为 Y 型。液压缸停止运行时,系统不卸荷,压力油全部由溢流阀溢回油箱。溢流阀通常为先导式溢流阀,其结构为三级同心式。三处同轴度要求较高,但这种溢流阀用在高压大流量系统中,调压溢流性能较好。

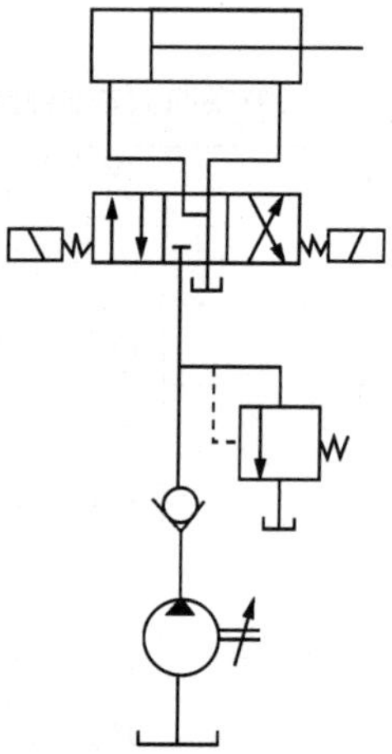

图 7.1　定量泵压力控制回路

将换向阀置于中位,调整溢流阀的压力时发现,当压力在 10 MPa 以下时,工作正常;而当压力高于 10 MPa 时,系统会发出尖叫声,此时压力表指针剧烈振动,并发现噪声来自溢流阀。

主阀芯与阀体、阀盖有两处滑动配合,如果阀体和阀盖装配后的内孔同轴度超出规定,主阀芯就不能灵活动作,而是贴在内孔的某一侧做不正常运动。当压力调整到一定值时,就必然激起主阀芯振动。

这种振动不是主阀芯在工作运动中出现的常规振动,而是主阀芯卡在某一位置(此时主阀芯同时承受着液压卡紧力)而激起的高频振动。这种高频振动必将引起弹簧特别是调压弹簧的强烈振动,从而出现共振噪声。

由于高压油不通过正常的溢流口溢流,而是通过被卡住的溢流口和内泄油道溢回油箱,从而发出高频率的流体噪声。

振动和噪声是在特定的运行条件下激发出来的,这就是在压力低于 10 MPa 时不发出尖叫的原因。

首先调整阀盖，因为阀盖与阀体配合处有调整余地。装配时，调整同轴度，使主阀芯能灵活运动，无卡紧现象，按装配工艺要求，依照一定的顺序用定转矩扳手拧紧，使拧紧力矩基本相同。

当阀盖孔有偏心时，应进行修磨，消除偏心。主阀芯与阀体配合滑动面若有污物，应清洗干净，保证主阀芯滑动灵活的工作状态，避免产生振动和噪声。

主阀芯上的阻尼孔，在主阀芯振动时有阻尼作用，当油液黏度降低、温度过高时，阻尼作用减小。选用合适黏度的油液和控制系统温升过高也有利于减振降噪。

【例 7.2】　速度控制回路中速度不稳定。

故障分析：可能是节流阀前后压差过小致使速度不稳定。在图 7.2 所示系统中，液压泵为定量泵，属于进口节流调速系统，采用三位四通电动换向阀，中位机能为 O 型，系统回油路上设置单向阀以起背压阀作用。

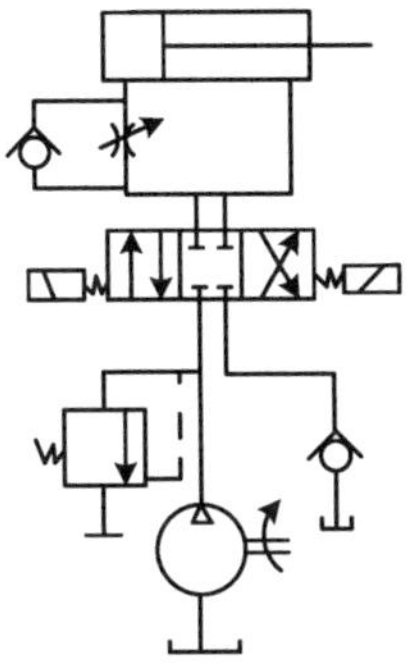

图 7.2　进口节流调速回路示意图

故障是液压缸推动负载运动时，运动速度达不到。

各元件工作正常，油液温度正常。发现溢流阀的调节压力只比液压缸压力高 0.3 MPa，压力差值偏小，即溢流阀的调节压力较低，再加上回路中，油液通过换向阀时压力要损失 0.2 MPa，造成节流阀前后压差值低于0.2～0.3 MPa，使节流阀的流量达不到要求，于是液压缸的运动速度就达不到调定值。

提高溢流阀的压力，使节流阀前后压差达到合理压力值后，故障消除。

【例 7.3】　方向控制回路中滑阀没有完全回位。

故障分析：换向阀的滑阀因回位阻力增大而没有完全回位是最常见的故障之一，造成液压缸回程速度变慢。

首先更换合格的弹簧。

其次是由于滑阀精度差，而使其径向卡紧，应对滑阀进行修磨或配制。一般阀心的圆度和锥度允差为 0.003～0.005 mm，最好使阀心有微量的锥度，使大端在低压腔一边，这样能减小偏心量，减小摩擦力，减小或避免径向卡紧力。

其他原因：

① 脏物进入滑阀缝隙中而使阀心移动困难。

② 间隙配合过小，当油温升高时阀心膨胀而卡死。

③ 电磁铁推杆密封圈处阻力过大。

④ 安装紧固电动阀时使阀孔变形等。

找到故障的原因后，就好排除故障。

【例 7.4】 在图 7.3(a)所示系统中，液压泵为定量泵，三位四通换向阀中位机能为 Y 型，系统为进口节流调速。液压缸快进、快退时，二位二通阀接通。系统故障是液压缸在开始完成快退动作时，首先出现向工件方向前冲，然后再完成快退动作，影响加工精度，损坏工件和刀具。

故障分析：从系统中可以看出：在执行快退动作时，三位四通电动换向阀和二位二通换向阀必须同时换向。

由于三位四通换向阀换向时间的滞后，在二位二通换向阀接通的一瞬间，有部分压力油进入液压缸工作腔，使液压缸出现前冲。

当三位四通换向阀换向终了时，压力油才全部进入液压缸的有杆腔，无杆腔的油液才经二位二通阀回油箱。

改进后的系统如图 7.3(b)所示。在二位二通换向阀和节流阀上并联一个单向阀，液压缸快退时，无杆腔油液经单向阀回油箱，二位二通阀仍处于关闭状态，这样就避免了液压缸前冲的故障。

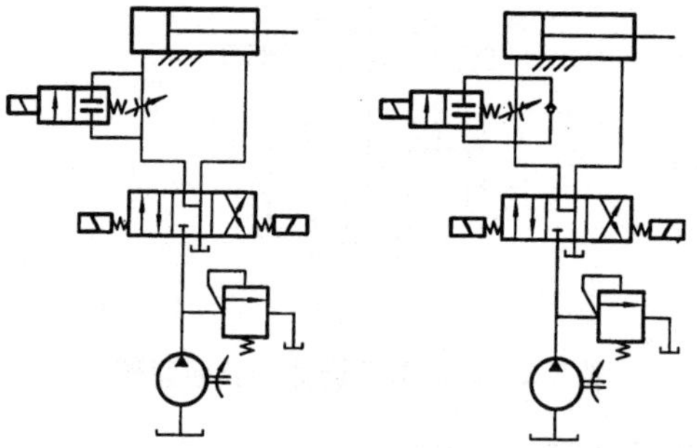

(a) (b)

图 7.3 液压系统原理图

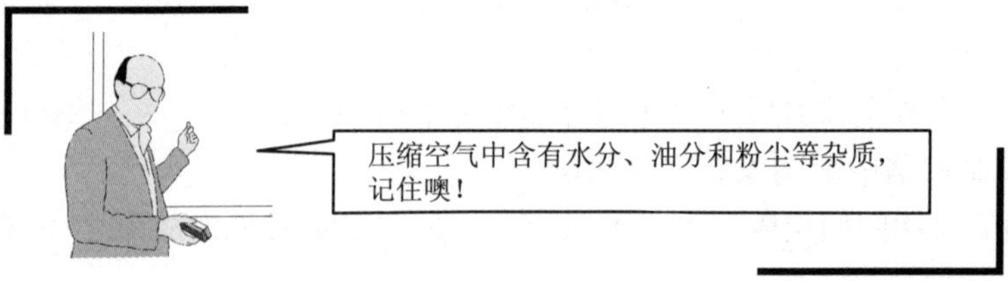

7.2 气动系统故障诊断与维修

7.2.1 气动系统维护、维修与检查

1. 气动系统维护要点

气动系统的维护要做好以下几点：

① 洁净的压缩空气

水分会使管道、阀和气缸腐蚀；油分会使橡胶、塑料和密封材料变质；粉尘造成阀体动作失灵。

因此要选用合适的过滤器，清除压缩空气中的杂质。使用过滤器时应及时排除积存的液体，否则当积存液体接近挡水板时，气流仍可将积存物卷起。

② 空气中含有适量润滑油

大多数气动执行元件和控制元件都要求适度的润滑，否则将会发生以下故障：

- 摩擦阻力增大而造成气缸推力不足，阀芯动作失灵。
- 密封材料磨损而造成空气泄漏。
- 生锈造成元件的损伤及动作失灵。

一般采用油雾器进行喷雾润滑，油雾器一般安装在过滤器和减压阀之后。油雾器的供油量一般不宜过多，通常每 10 m^3 自由空气供 1 ml 的油量（即 40～50 滴油）。

检查润滑是否良好的方法：找一张清洁的白纸放在换向阀的排气口，如果在阀工作 3～4 个循环后，白纸上只有很轻的斑点，表明润滑良好。

③ 气动系统的密封性

漏气不仅增加了能量的消耗，也会导致供气压力的下降，甚至造成气动元件工作失常。

严重的漏气在气动系统停止运行时，由漏气引起的响声很容易发现；轻微的漏气则需要利用仪表或用涂抹肥皂水的办法进行检查。

④ 运动零件的灵敏性

从空气压缩机排出的压缩空气，包含有粒度为0.01～0.08 μm的压缩机油微粒，在排气温度为 120～220 ℃的高温下，这些油粒会迅速氧化，氧化后油粒颜色变深，黏性增大，并逐步由液态固化成油泥。这种微米级以下的颗粒，一般过滤器无法滤除。当它们进入到换向阀后便附着在阀芯上，使阀的灵敏度逐步降低，甚至出现动作失灵。

为了清除油泥，保证灵敏度，可在气动系统的过滤器之后，安装油水分离器，分离出油泥。定期清洗阀，保证阀的灵敏度。

⑤ 工作压力和运动速度

调节工作压力，压力表应工作可靠，读数准确。

为防止松动，减压阀与节流阀调节好后，需紧固调压阀盖或锁紧螺母。

2. 气动系统点检与定检

(1) 管路系统点检

主要是对冷凝水和润滑油的管理。

冷凝水的排放，一般应当在气动装置运行之前进行。当温度低于 0 ℃时，为防止冷凝水冻结，气动装置运行结束后，应开启放水阀门排放冷凝水。

补充润滑油时，要检查油雾器中油的质量和滴油量。

此外，点检应包括检查供气压力，有无漏气现象。

(2) 气动元件定检

主要是彻底处理系统的漏气现象。

例如更换密封元件、处理管接头或连接螺钉松动等问题，定期检验测量仪表、安全阀和压力继电器。

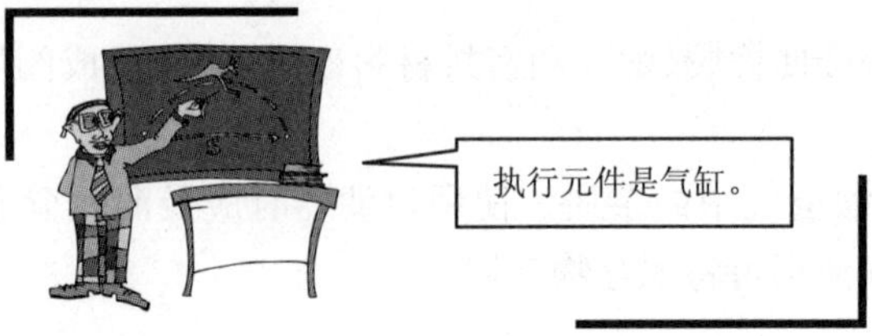

3. 气动系统常见故障及其维修

(1) 执行元件故障

常用的执行元件是气缸,故障形式有:气缸泄漏;输出力不足,动作不平稳;缓冲效果不好;外载造成的气缸损伤等。

故障的原因:密封圈损坏,润滑不良,活塞杆偏心或有损伤;缸筒内表面有锈蚀或缺陷,进入了冷凝水杂质,活塞或活塞杆卡住;缓冲部分密封圈损坏或性能差,调节螺钉损坏,气缸速度太快;由偏心负载或冲击负载等引起的活塞杆折断。

解除办法:更换密封圈,加润滑油,清除杂质;重新安装活塞杆使之不受偏心负荷;检查过滤器有无毛病,不好用要更换;更换缓冲装置调节螺钉或其密封圈;避免偏心载荷和冲击载荷加在活塞杆上,在外部或回路中设置缓冲机构。有时要多种办法同时使用。

(2) 控制元件故障

气动系统中控制元件主要有各种阀类,如压力控制阀、流量控制阀和方向控制阀等,在气动控制系统中起着信号转换,信号放大,逻辑程序控制作用以及压缩空气的压力、流量和流动方向的控制作用。

• 减压阀常见的故障有二次压力升高、压力降很大(流量不足)、漏气、阀体泄漏、异常振动。

故障的原因:调压弹簧损坏,阀座有伤痕或阀座橡胶有剥离,阀体中进入灰尘,活塞导向部分摩擦阻力大,阀体接触面有伤痕。

排除方法:找准故障部位,查清故障原因,对出现故障处进行处理。如将损坏了的弹簧、阀座、阀体、密封件等更换,同时清洗、检查过滤器,不让杂质再次混入。

• 安全阀故障有压力上升但不溢流,未超过设置值却溢流,振动,阀体和阀盖漏气。

故障的原因:

① 阀内部混入杂质或异物,将孔堵塞或将阀的移动零件卡死。

② 调压弹簧损坏,阀座损伤;膜片破裂,密封件损伤。

③ 压力上升速度慢,阀的流量过大引起振动。

排除方法:更换破损零件、密封件、弹簧。

• 节流阀出现的故障可参考前面所述。

• 方向控制阀中以换向阀的故障最为多见且典型,常见故障为阀不能换向、泄漏、产生振动。

故障的原因:

① 润滑不良,滑动阻力和始动摩擦力大。

② 密封圈压缩量大或膨胀变形。

③ 尘埃或油污等被卡在滑动部分或阀座上。

④ 弹簧卡住或损坏。

⑤ 密封圈压缩量过小或有损伤。

⑥ 阀杆或阀座有损伤。

⑦ 壳体有缩孔。

⑧ 压力低(先导式)、电压低(电磁阀)等。

排除方法:针对故障现象,有目的地进行清洗,更换破损零件和密封件,改善润滑条件,提高电源电压,提高先导操作压力。

7.2.2　气动系统故障维修实例

【例 7.5】　TH5840 立式加工中心换刀时,向主轴锥孔吹气,把含有铁锈的水滴吹出,并附着在主轴锥孔和刀柄上,致使刀柄和主轴接触不良。

故障分析:TH5840 立式加工中心气动控制原理图如图 7.4 所示。

故障产生的原因是压缩空气中含有水分。采用空气干燥机,使用干燥后的压缩空气,问题即可解决。

若受条件限制没有空气干燥机,也可在主轴锥孔吹气的管路上进行两次水分过滤,设置自动放水装置,并对气路中相关零件进行防锈处理,故障即可排除。

【例 7.6】　TH5840 立式加工中心换刀时,主轴松刀动作缓慢。

故障分析:根据图 7.4 所示的气动控制原理图进行分析,主轴松刀动作缓慢的原因有:

① 气动系统压力太低或流量不足。

② 机床主轴拉刀系统有故障,如碟型弹簧破损。

③ 主轴松刀气缸有故障。

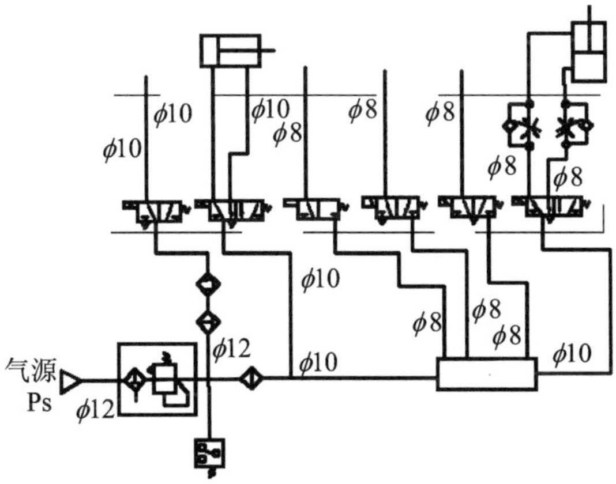

图 7.4　某立式加工中心气动控制原理图

根据分析，检查系统的压力，压力表显示气压为 0.6 MPa，压力正常。

将机床操作转为手动，手动控制主轴松刀，发现系统压力下降明显，气缸的活塞杆缓慢伸出，故判定气缸内部漏气。

拆下气缸，打开端盖，压出活塞和活塞环，发现密封环破损，气缸内壁拉毛。

更换新的气缸后，故障排除。

【例 7.7】 TH5840 立式加工中心换挡变速时，变速气缸不动作，无法变速。

故障分析：根据图 7.4 所示的气动控制原理图进行分析，变速气缸不动作的原因有：

① 气动系统压力太低或流量不足。

② 气动换向阀未得电或换向阀有故障。

③ 变速气缸有故障。

根据分析，首先检查气动系统的压力，压力表显示气压为 0.6 MPa，压力正常。

检查发现换向阀电磁铁已带电，用手动换向阀换向，变速气缸动作，故判定气动换向阀有故障。拆下气动换向阀，检查发现有污物卡住阀心。

进行清洗后重新安装，故障排除。

7.3 实　　训

7.3.1 液压装置故障检查、维修项目

1. 项目构思(Conceive)

掌握液压系统的结构特点和工作原理，液压系统常见故障的检查、维修方法。

2. 项目设计(Design)

(1) 通用工具：

① 活动扳手两个。

② 木柄起子两个。

③ 内六角扳手一套。

④ 紫铜棒或木质手锤一个。

⑤ 生胶带。

⑥ 压力量表等。

(2) SSK20A 数控车床的液压工作站。

(3) 电磁阀、溢流阀、管接头等液压元器件。

3. 项目实施(Implement)

(1) 检查SSK20A数控车床的液压工作站,对各个液压装置元件进行测量。

(2) 查找供油回路不输出压力油的原因并排除故障。

① 图7.5所示为供油回路,液压泵为限压式变量叶片泵,换向阀为三位四通M型电磁换向阀。

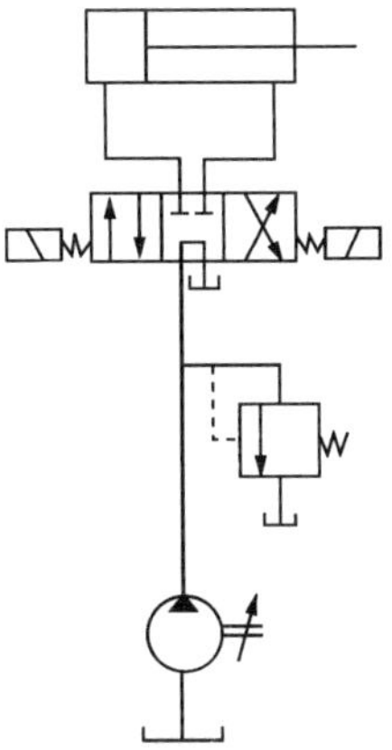

图7.5　变量泵供油装置回路

② 启动液压系统,调节溢流阀,压力表指针不动作,说明无压力。

③ 启动电磁阀,使其置于右位或左位,液压缸均不动作。

④ 电磁换向阀置于中位时,系统没有液压油回油箱。

⑤ 检测溢流阀和液压缸,其工作性能参数均正常。

而液压系统没有压力油输出,显然液压泵没有吸进液压油,其原因可能有:液压泵的转向不对;吸油过滤器严重堵塞或容量过小;油液黏度过高或温度过低;吸油管路严重漏气;过滤器没有全部浸入油液的液面或液面过低;叶片在转子槽中卡死;液压泵至油箱液面高度大于500 mm等。

⑥ 经检查,泵的转向正确,过滤器工作正常,油液的黏度、温度合适,泵运转时无异常噪声,说明没有过量空气进入系统,泵的安装位置也符合要求。

⑦ 将液压泵解体,泵内各运动副、叶片在转子槽中滑动灵活,但发现可移动的定子环卡死于零位附近。变量叶片泵的输出流量与定子相对转子的偏心距成正比,定子卡死于零位,即偏心距为零,因此泵的输出流量为零。

⑧ 排除步骤:将叶片泵解体,清洗并正确装配,重新调整泵的上支承盖和下支承盖螺钉,使定子、转子和泵体的水平中心线互相重合,使定子在泵体内调整灵活,并无较大的上下窜动,避免定子卡死的故障出现。

4. 项目运作(Operate)

(1) 绘制SSK20A数控车床液压系统原理简图。

(2) 按所绘制的工作原理简图说明其工作原理。

(3) 总结液压装置常见故障的检查与维修要点。

(4) 简述液压传动的优点和使用注意事项。

7.3.2　气动系统检查、维修

1. 项目构思(Conceive)

掌握气动系统的结构特点和工作原理,气动系统常见故障的检查、维修方法。

2. 项目设计(Design)

(1) 通用工具:

① 活动扳手两个。

② 木柄起子两个。

③ 内六角扳手一套。

④ 紫铜棒或木质手锤一个。

⑤ 生胶带。

⑥ 气压表。

⑦ 快速接头。

⑧ 气管等。

(2) 气压站或气泵(8 个大气压),数控加工中心的气压系统。

(3) 元器件:

① 气缸。

② 电磁阀。

③ 油雾器。

④ 调压阀。

⑤ 油水分离器。

⑥ 安全阀及压力继电器等。

3. 项目实施(Implement)

(1) 管路系统点检

在运行前进行冷凝水排放,当温度低于 0 ℃时,为防止冷凝水冻结,气动运行结束,应开启放水阀门排放冷凝水。

补充润滑油时,要检查油雾器中油的质量和滴油量是否符合要求。点检还应包括检查供气压力是否正常,有无漏气现象等。

(2) 气动元件的定检

更换密封元件,处理管接头或连接螺钉松动等问题,检验测量仪表、安全阀和压力继电器等,彻底处理漏气现象。

具体检查气动元件的实训内容:

① 气缸。

- 活塞杆与端面之间是否漏气。
- 活塞杆是否划伤、变形。
- 管接头、配管是否划伤、损坏。
- 气缸动作时有无异常声音。
- 缓冲效果是否合乎要求。

② 电磁阀。

- 电磁阀外壳温度是否过高。
- 电磁阀动作时工作是否正常。
- 气缸行程到末端时，通过检查阀的排气口是否有漏气来确诊电磁阀是否漏气。
- 紧固螺栓及管接头是否松动。
- 电压是否正常，电线有无损伤。
- 检查排气口是否被油润湿，排气是否在白纸上留下油雾斑点，判断润滑情况。

③ 油雾器。

- 油杯内油量是否足够，润滑油是否变色、混浊，油杯底部是否有灰尘和水。
- 滴油量是否合适。

④ 调压阀。

- 压力表读数是否在规定范围内。
- 调压阀盖或锁紧螺母是否锁紧。
- 有无漏气。

⑤ 油水分离器。

- 储水杯中是否积存有冷凝水。
- 滤芯是否应该清洗或更换。
- 冷凝水排放阀动作是否可靠。

⑥ 安全阀及压力继电器。

- 在调定压力下动作是否可靠。
- 校验合格后，是否有铅封或锁紧。
- 电线是否损伤，绝缘是否可靠。

4. 项目运作(Operate)

(1) 绘制实训用的气动系统原理简图。

(2) 按所绘制的工作原理简图说明其工作原理。

(3) 总结气动装置常见故障的检查与维修要点。

(4) 简述气压传动的优点和注意事项。

思考与练习

1. 数控机床气动系统维护的要点是什么?
2. 数控机床液压系统常见故障的特征是什么?
3. 数控机床液压元件常见故障及排除方法是什么?
4. 分析数控机床滑动导轨副的间隙过大或过小可能引起的故障。

第 8 章　数控机床 PLC 故障诊断与维修

8.1　PLC 原理、结构及应用

8.1.1　PLC 的工作原理

PLC 是计算机技术与自动控制技术有机结合的一种工业控制器。在 PLC 出现之前，机床的顺序控制是以机床当前运行状态为依据，使机床按预先规定好的动作依次工作。

这种控制方式的实现，由继电器逻辑电路（RLC）完成，电路是将继电器、接触器、开关、按钮等机电分立元件用导线连接，存在体积大、耗电多、寿命短、可靠性差、动作迟缓、柔性差、不易扩展等缺点，逐渐被 PLC 组成的顺序控制系统所代替。

CNC 和 PLC 协调配合，实现对数控机床的控制。

CNC 主要完成与数字运算和管理等有关的功能，如零件程序的编辑、插补运算、译码、位置伺服控制等。

PLC 主要完成与逻辑运算有关的动作，没有轨迹上的具体要求。同时控制辅助装置完成机床相应的开关动作，如工件的装夹、刀具的更换、冷却液的开关等。

它还接受机床操作面板的指令，一方面直接控制机床的动作，另一方面将一部分指令送往 CNC 用于加工过程的控制。

PLC 采用循环扫描方式，执行程序不是从头到尾只执行一次，而是执行完一次之后，又返回去执行第二次、第三次……直至停机。如果程序指令执行速度足够快，整个程序并不长，即使在上一次执行程序所占用的时间内，控制对象的变化状态没有捕捉到，也能保证在下一次执行程序时，该条件依然存在。

程序循环一次的时间为一个扫描周期。它的长短和每条指令的执行时间有关，其次和程序中所用指令类型、指令条数的多少有关。前者主要和 PLC 的主频有关，PLC 确定之后，它也随之而定；后者则和被控系统的复杂性及程序编制者的水平有关。

PLC 的工作过程就是用户程序的执行过程，在系统软件的控制下顺序扫描各输入点的状态，按用户逻辑解算控制逻辑，然后顺序向各输出点发出相应的控制信号。为提高工作可靠性和及时接收外来的控制命令，在每个扫描周期内还要进行故障自诊断和处理与编程器、计算机的通信请求。整个扫描过程如图 8.1 所示。

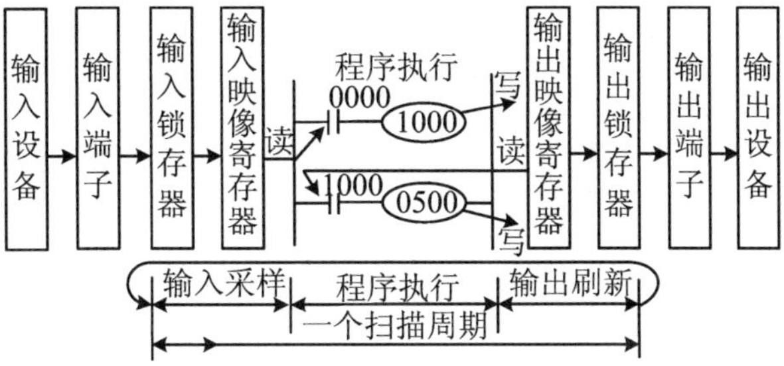

图 8.1　PLC 扫描工作过程

PLC 运行扫描的步骤：

① 自诊断。

② 与外设通信。

③ 输入现场状态。

④ 解算用户逻辑。

⑤ 输出结果。

完成上述 5 步操作后，PLC 又从自诊断开始进行下一次扫描。反复循环扫描，实现对过程及设备的连续控制，直到收到停止命令，或遇到其他情况如停电、故障时才停止。

8.1.2　PLC 的结构

机床 PLC 有两类：

一类是 CNC 厂家为实现机床的顺序控制，而将 CNC 和 PLC 综合起来设计，PLC 是 CNC 的一部分，称为内装型(集成型)PLC。

另一类是以独立专业化的 PLC 厂家的产品来实现顺序控制，称为独立型(外装型)PLC。

PLC 硬件构成如图 8.2 所示。通用的 PLC 主要由中央处理单元 CPU、存储器、输入/输出模块及电源组成，通过总线连接起来。

PLC 对动作速度要求不是特别快的顺序控制，不需使用高速微处理器。

CPU 是 PLC 的核心，按 PLC 中系统程序的功能，接受并储存用户程序和数据，用扫描方式查询现场输入装置的信号状态和数据，并存入输入过程状态寄存器或数据寄存器中，在确认了电源及 PLC 内部电路工作状态和语法无误后，进入运行。

从存储器中逐条读取用户程序，经过命令解释后，产生相应的控制信号，去启闭有关的控制电路，分时、分渠道地去执行数据的存取、传送、组合、比较和变换等，完成用户程序中规定的逻辑或算术运算。

内装式 PLC 的 CPU 有两种用法：

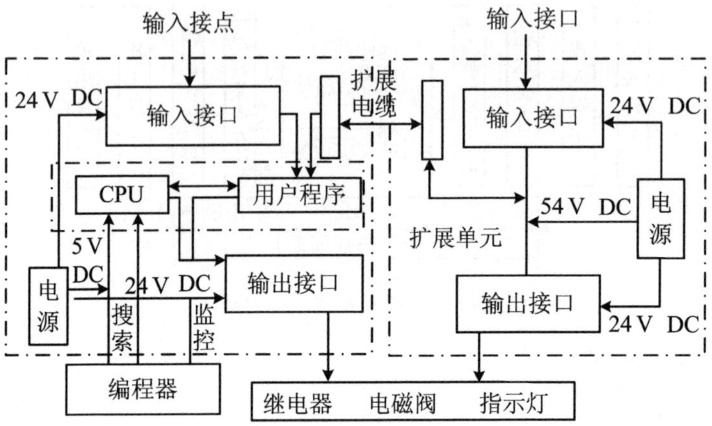

图 8.2 可编程序控制器结构

一种是 PLC 装置与数控装置共用一个 CPU，相对价格低，但其功能受到一定限制。

另一种是专用 CPU，控制处理速度快，并能增加控制功能。

为提高 PLC 的功能，可采用多 CPU 控制，一个 CPU 分管逻辑运算与专用的功能指令，另一 CPU 管理输入/输出模块，甚至还可采用单独的 CPU 管理故障处理和诊断，以增加 PLC 的工作速度及功能。内装型 PLC 与 CNC 间的信息传送在 CNC 内部实现，PLC 与机床间信息的传送则通过 CNC 的输入/输出接口电路来实现。该类型的 PLC 不能独立工作，是 CNC 向 PLC 功能的扩展，两者不能分离。

在硬件上，内装型 PLC 与 CNC 共用 CPU，也可单独使用一个 CPU。由于 CNC 的功能和 PLC 的功能在设计时同时考虑，系统在硬件和软件上结构合理、实用，性能价格比高。由于 PLC 和 CNC 间没有多余的连线，且 PLC 上的信息能通过 CNC 显示器显示，PLC 的编程更为方便，且故障诊断功能和系统的可靠性也有所提高。

CNC 装置和 PLC 的数据交换和处理过程如下：

① CNC 装置将需 PLC 处理的数据写到 DPRAM 中。

② PLC 从 DPRAM 中读取数据，并进行相关逻辑检测、逻辑运算和处理。

③ 一方面 PLC 用处理的结果通过输出接口控制机床电器，另一方面将处理的状态通过 DPRAM 反馈给 CNC 装置。

④ CNC 装置根据反馈结果，进行相关处理和显示。

PLC 的存储器包括随机存储器 RAM 和只读存储器 EPROM。RAM 用于存放 PLC 的参数设置值、定时器/计数器设置值数据、保持存储器的数据及必须保存的输入/输出状态，也可用于存放用户程序。RAM 中的数据由电池供电保持。EPROM 用于存储 PLC 的系统程序，也可以固化编好调试后的用户程序。

输入/输出模块是 PLC 与 CNC 的输入/输出接口和其他外部设备的连接部件。输入/输出模块可直接连到执行件上，将外部过程信号转换成控制器内部的信号电平，或将内部信号电平与执行机构所需电平匹配。所控对象不同，其接收的输入信号电压和控制的输出信号电压也不同，如直流 24 V、交流 110 V 或 220 V，因此，PLC 提供各种操作电平、驱动能力以及输入/输出模块，如输入/输出电平转换、串/并行转换、数据传送、数据转换、A/D 转换、D/A 转换及其他的功能控制模块。输入/输出模块采用了光电隔离、消抖动回路、多级滤波器等措施，并与外界绝缘，具有抗噪声和抗干扰性能。当 PLC 输入/输出点数不能满足要求时还可以扩展。

PLC 通过编程器可将用户程序送入 PLC，因此编程器是 PLC 的主要辅件。编程器用于程序的编制、编辑、修改和监视，最后将程序固化在 EPROM 中。还可通过通信接口与 PLC 的 CPU 联系，调用和显示 PLC 的内部状态或参数。

编程器分简易型和智能型。

简易型编程器通过专用接口与 PLC 连接，只能在线编程，程序以软件模块的形式输入，先在编程器的 RAM 区存放，然后转送到 PLC 的存储器中，或者经调试通过后，将程序固化到 EPROM 中。

智能型编程器既可在线编程，又可离线编程，还可以远离 PLC 插到现场工作站的相应接口进行编程。

8.1.3　PLC 地址使用和梯形图符号

1. PLC 地址使用

机床侧的输入触点信号(X)和 NC 系统部分的输出信号(F)，是不能作为线圈输出的。如图 8.3 所示。

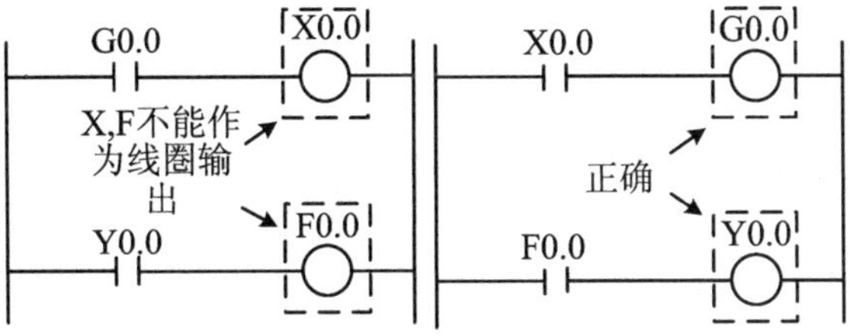

图 8.3　输入信号和输出信号的梯形图

对于输出线圈而言，输出地址不能重复定义，否则该地址的状态不能被确定。如图 8.4 所示。

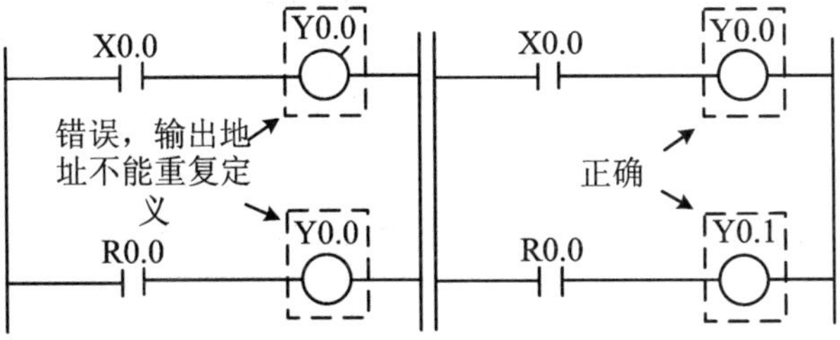

图 8.4　输出地址在梯形图中的使用

定时器号(T)是不重复的，计数器号(C)也不能重复使用。梯形图中同一地址的触点的作用可以认为是无穷数量的。如图 8.5 所示。

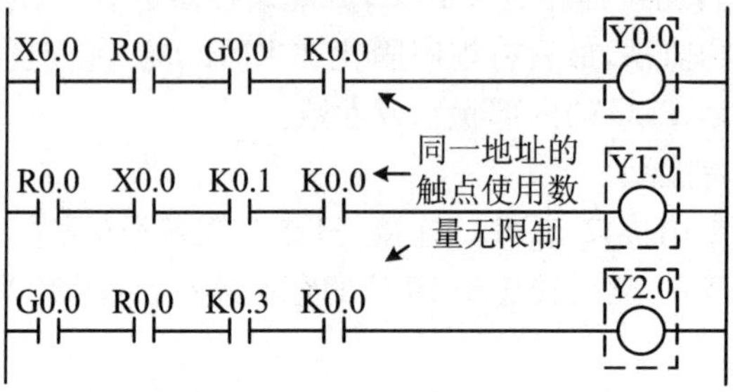

图 8.5 构成梯形图基本要素符号

2. PMC 的编程方法及梯形图符号

编写 PMC 程序时,一种方法是使用助记符语言;另一种方法是用梯形图符号进行编程。

梯形图,即梯形逻辑图(RLL),是从继电器—接触器控制系统的电气原理图演化而来的,它沿用了继电器的触点、线圈串并联等术语和图形符号,增加了一些简单的计算机符号,来完成时间上的顺序控制操作。继电器和触点图形符号就是编程语言的指令符号,如常开触点、线圈。数字 0,1,2,…是对应元件的地址编号。易于理解,方便编辑和阅读。梯形图基本符号如图 8.6 所示。

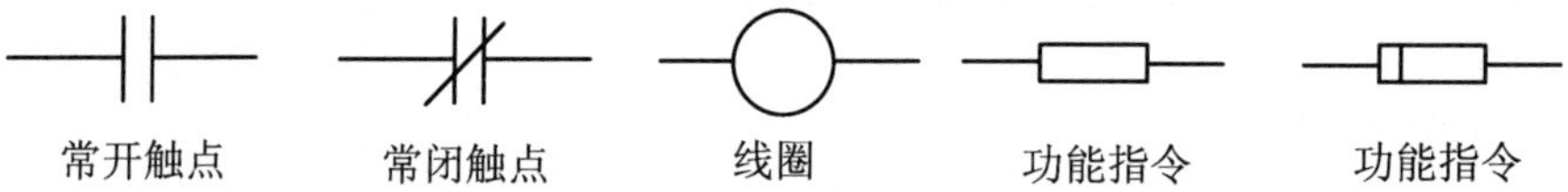

图 8.6 梯形图基本符号

8.1.4 用梯形图诊断故障

梯形图编制的是强电柜控制信号的执行顺序及互锁,如图 8.7 所示。

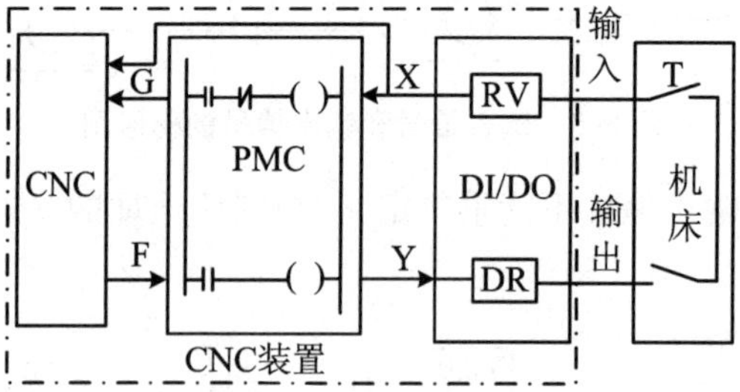

图 8.7 梯形图信号传送

信号包括 G、F、X 和 Y。

X 是机床到 PMC 的输入信号,是机床操作板上使机床运行的按钮、开关,如自动加工起动、暂停、急停等。

Y 是 PMC 到机床的输出信号,是指令机床的电控元件动作的电磁阀、继电器,如使主轴正转、反转、停止等。

G 是从 PMC 到 CNC 的信号,是要求 CNC 执行的动作,如要求处于编辑、MDI、自动加工、进给暂停等状态。

F 是 CNC 到 PMC 的信号，是 CNC 处理加工程序后指令机床实现的动作，是 Y 信号的指令，如 M 代码或 T 代码的译码信号，指令主轴正反转、切削液的开关或刀具交换等。还有一些 F 信号是 CNC 对 PMC 输入的 G 信号的响应，表明 CNC 所处的状态，如处于进给、进给暂停、报警状态。G 信号是 CNC 根据机床的实际操作事先设计，信号地址已在 PMC 中确定。

用梯形图诊断故障是根据机床操作或 CNC 执行的加工程序指令检查 PMC 的输入/输出信号状态，判断接线或强电柜的继电器、阀、开关及按钮等故障。在梯形图上，使某信号动作(置 1)，则图中相应地址的图标就显得非常明亮。

一个网格动作时，该网格就非常明亮。如实际操作按下某一按钮时，发现梯形图中该信号的图标不明亮，则检查该信号的接线及按钮，或检查信号的顺序，即可找出故障。至于 G 和 F 信号，由于其地址和功能在 CNC 内部已经确定，其动作可靠。

如图 8.8 所示，X 是 PMC 内的存储单元，由 PMC 写 1 或 0。若手动按下主轴正转按钮 X1.3，则 M03(R1.3)＝1，主轴正向转动。若按下 X1.3 时主轴并未正转，则应检查 R1.3 是否为 1，为 1 时图中的 R1.3 图标显得比较亮。若不是，则需检查接线是否断线，否则应更换按钮。DEC 是 BCD 数据的译码指令，M03、M04、M05、RST 均为梯形图内部处理的点。

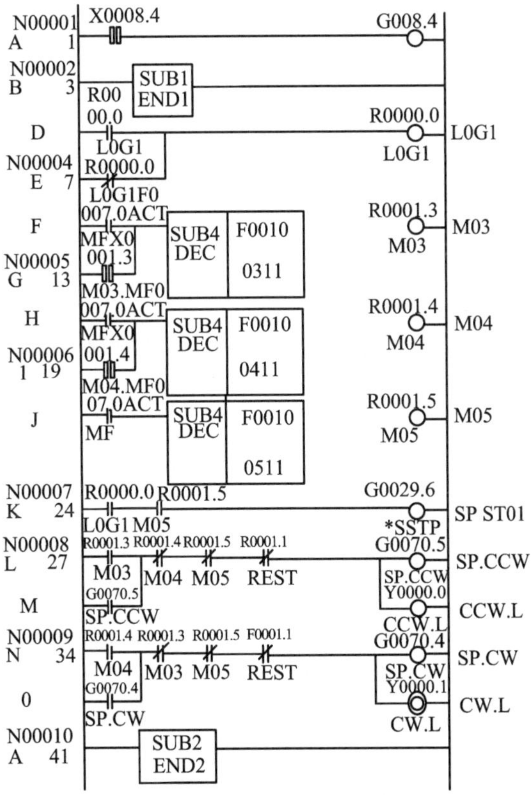

图 8.8　用梯形图诊断故障

梯形图程序逻辑在出厂前调试完成，现场维修只需根据梯形图检查机床的电磁阀、按钮、继电器、开关等硬件及接线。用梯形图诊断机床故障清晰、简单，是维修中最常用的方法。需熟悉 X、Y、C、F 的意义、地址号及梯形图指令。

如图 8.9 所示为简单三相异步电机启动、停止控制电路。

图 8.9 中，SB1 为常开触点，SB2 为常闭触点，KM 为继电器线圈。

当常开触点 SB1 闭合时，SB2 常闭触点不动(闭合)，继电器线圈 KM 通电，使得常开触点 KM 闭合；当常开触点 SB1 断开时，继电器线圈 KM 仍然保持通电，只有当常闭触点 SB2 断开时，继电器线圈 KM 才断电，形成一个继电器线圈通电自锁电路。

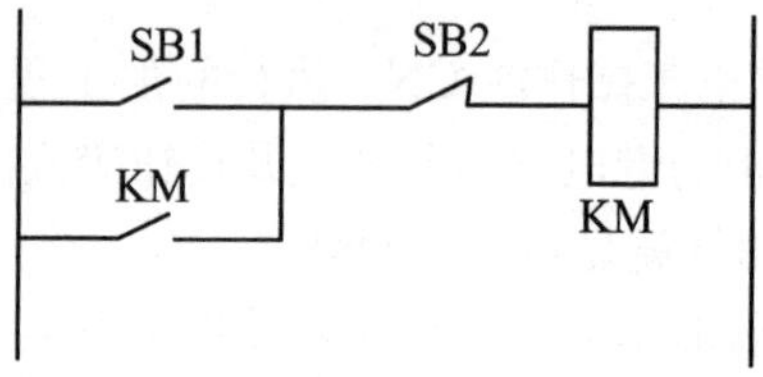

图 8.9　三相异步电机启动、停止控制原理图

用梯形图来描述三相异步电机启动、停止控制电路，如图 8.10 所示，该图采用 OMRON 的 C20 普及型 PLC，其中 0001 和 0002 为输入继电器的编号，0500 为输出继电器的编号。不同厂家生产的 PLC，或不同型号的 PLC，其继电器的编号也不同，可查阅说明书。

通过梯形图对异步电机启、停电路的编程，简单、形象、直观、容易掌握。

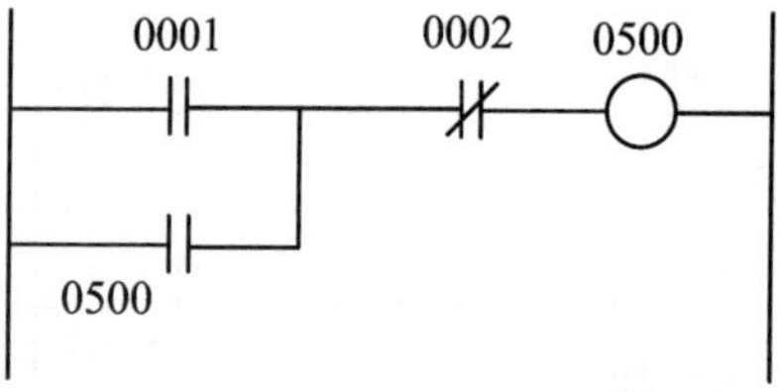

图 8.10　三相异步电机启动、停止控制梯形图

梯形图编程的原则：

- 梯形图按自上而下、从左到右的顺序排列。
- 继电器线圈在一个程序中只能引用一次，常开、常闭触点可多次引用。
- 输入、输出继电器和内部继电器的驱动方式不同。
- 计数器使用前要赋值。
- 要求编程简单，结构简化。
- 不能存在几条并列支路同时运行的情况。

指令语句表是用语句助记符来编程。不同的机型有不同的语句助记符，比汇编语言简单，容易掌握，是目前用得最多的编程方法。

指令语句表包括若干个指令，每一条指令由操作码和操作数组成。操作码用助记符表示，表明 CPU 要完成的操作，如“与”、“或”、“非”、“+”、“－”、“×”、“÷”，时间或条件控制中的计时、计数、移位、转移等。操作数指明助记符对哪个继电器进行操作，实际上就是某个继电器的编号。如图 8.9 的指令语句表为：

地址	指令	数据
0200	LD	0001
0201	OR	0500
0202	AND-NOT	0002

0203　　OUT　　0500

LD 指令为用于靠近母线或分支母线的继电器指令，用于常开触点；OR 指令指明常开触点 0500 和输入继电器 0001 是并联关系；AND-NOT 指令指明输入触点为常闭触点，与前两个常开触点 0001、0500 是串联关系；OUT 指令用于驱动输出线圈 0500。

8.1.5　PLC 的调试

1. PLC 调试内容

① 操作数控装置，显示输入/输出开关量状态，对照机床电气原理图，逐个检查 PLC 输入/输出点的连接和逻辑关系是否正确。

② 检查机床超程限位开关是否有效，报警显示是否正确(各坐标轴的正、负超程限位开关的一个常开触点，已经接入输入开关量接口)。

2. PLC 调试方法

调试、检查 PLC 的步骤如下：

- 在“PLC 状态”中观察所需的输入开关量(X 变量)或系统变量(R、G、F、P、B 变量)是否已正确输入，若没有，则检查外部电路；对于 M、S、T 指令，应编写一段包含该指令的零件程序，以自动或单段的方式执行该程序，在执行过程中观察相应的变量(在 MDI 方式下，正在执行程序时不能观察 PLC 状态)。
- 在“PLC 状态”中观察所需的输出开关量(Y 变量)或系统变量(R、G、F、P、B 变量)是否已正确输出，若没有，则检查 PLC 源程序。
- 检查由输出开关量(Y 变量)直接控制的电气开关或继电器是否动作，若没有动作，则检查连线。
- 检查由继电器控制的接触器等开关是否动作，若没有动作，则检查连线。
- 检查执行单元，包括主轴电机、步进电机、伺服电机等。

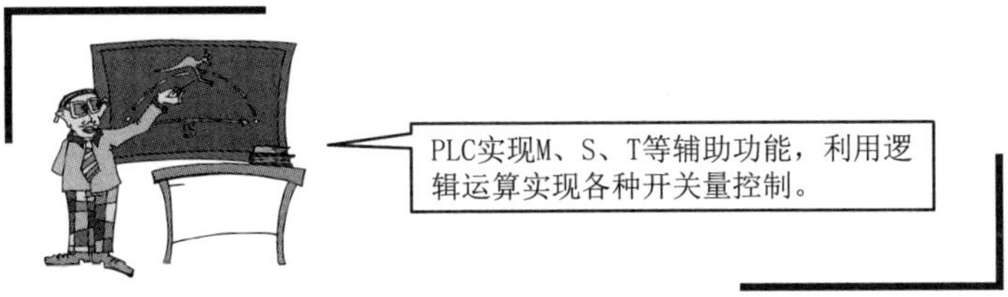

8.2　PLC 在数控机床上的应用

8.2.1　PLC 的逻辑功能

PLC 代替传统的机床强电顺序控制的继电器逻辑控制，在 CNC 与机床间进行信号的传送和处理，既可把 CNC 对机床的控制信号，通过 PLC 去控制机床动作；也可把机床的状态信号传给 CNC，实现 CNC 对机床的自动控制。

PLC 传送机床各坐标基准点信号，M、S、T 功能响应信号，报警标志信号等。PLC 向机床传递执行信号，如继电器、接触器、电磁阀等的动作信号、运动状态信号和故障指示。机床给 PLC 的信息，主要由机床操作面板上的开关、按钮完成，包括机床的启动、停止，机械变速选择，主轴正转、反转、停止，切削液的开、关，各坐标的点动和夹具的松开、夹紧等信号，以及保护装置、准备信号和状态监视信号等。

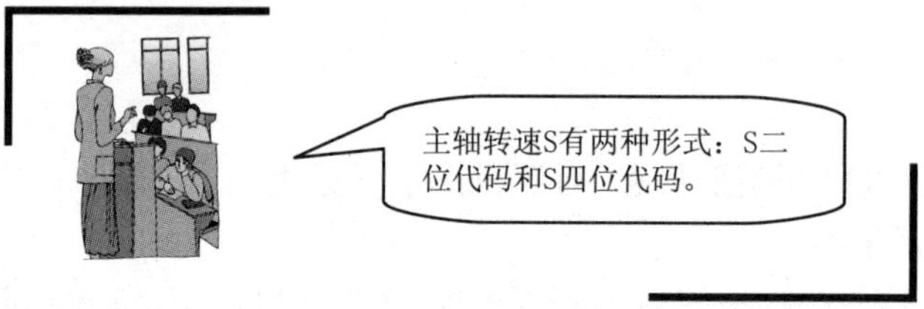

8.2.2　PLC 转速控制

用 S 二位代码控制时，要找到 S 代码所对应的主轴转速，再去控制主轴转速。通过 PLC 处理时经过电平转换、译码、数据转换、限位控制和 D/A 转换后输出给主轴伺服系统。其中限位控制是当 S 代码对应的转速大于规定的最高转速时，限定在最高转速。

用 S 四位代码可直接指定主轴转速。为提高主轴转速的稳定性，保证低速时的切削力，主轴传动系统中有机械变速，并可通过辅助功能 M 代码来进行换挡选择。当 S 代码为四位代码时，PLC 的 S 功能程序流程如图 8.11 所示。

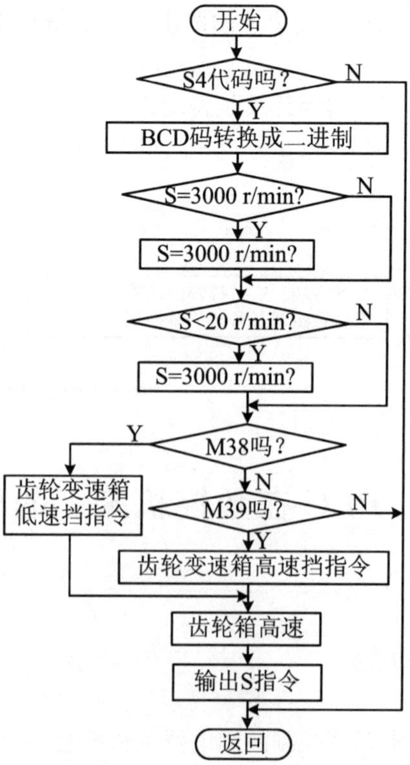

图 8.11　功能程序流程

在图中，为保证速度的安全，将其限制在 20～3000 r/min 范围内。当给定值超过上下界限时，则取相应界限值作为输出结果。

PLC 和数控系统联合控制主轴转速，如图 8.12 所示。

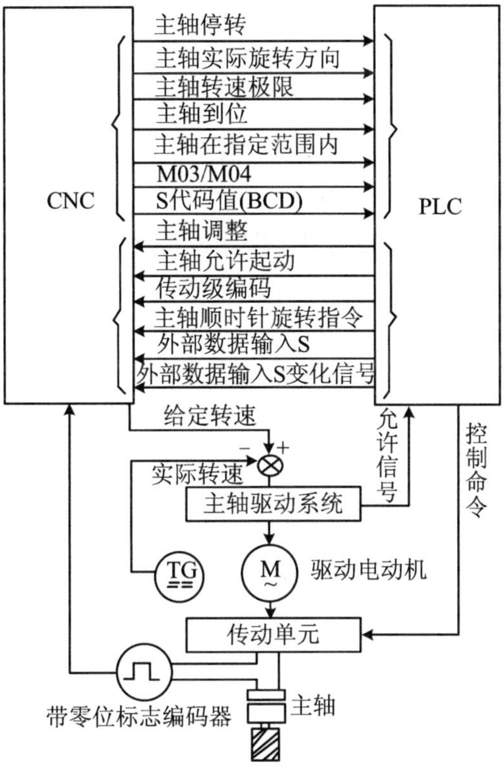

图 8.12　联合控制主轴转速原理图

其中 PLC 完成传动单元变速逻辑控制和数字转速指令功能，而 CNC 根据给定的数字量产生相应的模拟电压信号，用于主轴驱动回路的控制。

用 PLC 实现换刀功能 T 控制，处理过程是 CNC 送出 T 指令给 PLC，PLC 经过译码，在数据表内检索，找到 T 代码指定的新刀号所在的数据表的地址，与现行刀号进行判别比较。如不符合，则将刀库回转指令发送给刀库控制系统，直到刀库定位到新刀号位置时，刀库停止回转，准备换刀。

PLC 根据 M 代码，可控制主轴的正、反转及停止，主轴齿轮箱的变速，切削液的开、关，及自动换刀装置的机械手取刀、归刀、自动排屑、自动装夹等。

PLC自身故障率很低，PLC故障多发生在输入、输出电路。

8.3 PLC 故障的表现形式

8.3.1 PLC 故障诊断

1. 故障表现形式

PLC 自身故障率很低,PLC 故障多发生在输入、输出电路。当机床故障涉及 PLC 方面时,主要表现为以下几种:

① CNC 发生故障报警。

根据报警信息直接找到故障,要求 CNC 有完善的检测功能,CNC 与 PLC 间的通信功能强大,软件和硬件复杂。很多机床具有这种故障报警功能,故障诊断变得越来越直观。

② 有 CNC 故障显示,但不反映故障真正原因的报警。

一些机床的故障诊断功能不够完善,当出现故障时,CNC 报警信息只能大概指出故障部位,甚至有时 CNC 报警信息显示的内容与故障部位毫无关联,可能误导维修信息,只有根据实际经验和具体情况综合分析,才能找出故障的真正原因。

③ 没有任何提示。

因为数控系统没有该故障方面的检测,CNC 没有任何提示显示,维修人员不知从何下手,只能根据数控机床的具体故障现象,综合分析。

当涉及电路板级维修时,由于没有技术图纸,有时需要自己绘制草图,维修难度较大。

例如,经济型数控机床电动控制刀架,在自动换刀时出现故障,根据系统检测功能强弱及 CNC 显示报警情况,分析上述 3 种故障形式。

数控系统发出换刀指令,刀架电机旋转执行换刀动作。若系统内有相应的检测软件,外围有相应的检测硬件,既检测电机的旋转情况,又检测刀架到位信号及应答信号,当出现故障时,系统报警显示,并指出故障器件。根据报警信息可直接找到发生故障的器件。

若系统仅检测刀架应答信号,系统仅能指出是电动刀架出现问题,不能报警指出具体发生故障的器件,需要继续排查。若数控装置发出换刀指令,经过延时,不再检测刀架应答信号而执行后面的程序,当出现刀架旋转不到位时,系统没有任何提示,这种情况非常危险,操作人员应注意紧急停车。

对于上述两种故障,可以利用自诊断功能,根据 PLC 的梯形图和输入输出状态信息来分析和判断。

2. 故障诊断要点

① 熟悉检测开关的位置。

如刀库和机械手、回转工作台;旋转刀架和尾座;气、液压系统中的限位开关、接近开关和压力开关等,当输入条件不满足时可快速定位测量。

清楚检测开关作为 PLC 输入信号的标志,结合 PLC 梯形图分析控制对象动作的逻辑关系,查询 PLC 的 I/O 接口状态。

② 清楚执行机构的动作顺序和互锁关系,熟悉 PLC 基本指令,能够分析梯形图。

如对液压缸、汽缸的电磁换向阀等，应清楚对应的 PLC 输出信号标志。

③ 熟悉控制对象的标志，如启动、停止、限位、夹紧和放松等。

借助编程器跟踪梯形图的动态变化，分析故障原因。

④ 熟悉 PLC 动态跟踪操作，根据逻辑关系实时跟踪输入输出及标志状态的瞬间变化。

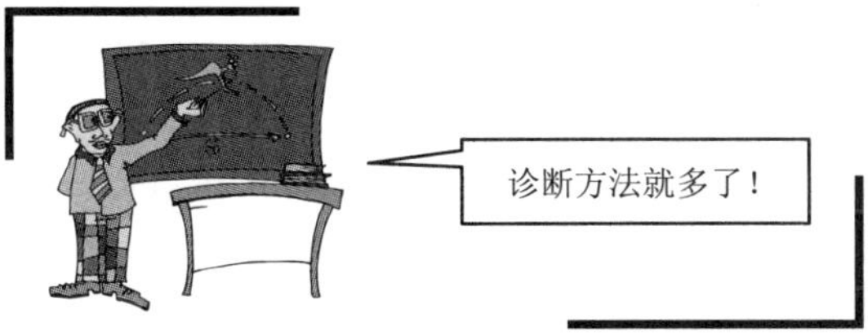

8.3.2　故障诊断方法

1. 根据报警号诊断故障

自诊断功能能在显示器上显示故障的报警信息，充分利用机床的状态信息，在维修人员充分熟悉维修手册中故障信息代码的含义后，即可根据报警信息确定故障发生部位。

PLC 设计了一些故障报警信息。

如 SIEMENS 系统可以通过机外编程器，如 PG685、PG710、PG750 及专用软件，实时观察 PLC 梯形图或流程图，通过 RS－232C 和 CNC 通信，进行数据发送和接收。

机外编程的操作系统有 S5-DOS、S5-DOS/SMATIC、STEP5 编程软件包。

FANUC 系统可直接利用 CNC 系统上的 DGNOS PAPRM 功能跟踪梯形图的运行，可用 P－E 或 P－C 编程器装置和 FAPTLAD 编程语言进行 PLC 编程。对 FANUC 10、11、12 和 15 系统也可通过系统的 MDI/CRT 直接进行 PLC 编程和梯形图跟踪。

2. 根据动作顺序诊断故障

数控机床上刀库、机械手及托盘等装置的自动交换动作，是按一定的顺序进行的，观察这些装置的动作过程，比较故障时和正常时的情况，就能发现疑点，判断出故障的原因。

维修人员应掌握数控机床自动交换动作的顺序、机械机构工作原理。

3. 根据工作原理诊断故障

PLC 程序按控制对象的工作原理设计，可通过对控制对象工作原理的分析，结合 PLC 的I/O状态进行故障诊断。维修人员应掌握数控机床自动交换执行机构的电气控制原理，熟悉控制执行机构必须满足的输入条件。

4. 根据 PLC 的 I/O 状态诊断故障

数控机床的输入输出信号的传递，通过 PLC 的 I/O 接口来实现，一些故障在 PLC 的 I/O接口通道上反映出来。

如不是系统硬件故障，可以不必分析梯形图中的逻辑关系，通过对比 PLC 的 I/O 接口状态就能找出故障原因。

维修人员记录通常状态 PLC 的 I/O，掌握 I/O 接口地址的具体含义及信号流向，当机床出现故障时，查找与正常 PLC 的 I/O 不同状态的接口地址。

5. 通过 PLC 梯形图诊断故障

如果 PLC 的输入输出点数多，逻辑控制复杂，要通过 PLC 梯形图来分析和诊断故障。

首先应该分析工作原理、动作顺序和联锁关系，利用系统的自诊断功能或通过机外编程器，根据 PLC 梯形图查看相关的输入、输出及标志位的状态，确定故障原因。

维修人员应熟悉机床 PLC 基本指令，掌握 PLC 中 I/O 继电器、内部继电器等的使用方法，标志继电器的含义，能够根据梯形图分析动作执行的顺序。

6. 动态跟踪梯形图诊断故障

有些 PLC 发生故障时，静态查看输入输出及标志状态均为正常，但在运行过程中输入输出及标志状态已变化，此时必须通过 PLC 动态跟踪，实时跟踪输入输出及标志状态的瞬间变化，才能做出正确的诊断。

8.4 PLC 故障排除和维修

PLC 程序方法在数控机床 PLC 部分发生故障时用来诊断、控制和剖析故障原因。现以 SINUMERIK 850 系统为例，说明应用 PLC 对故障进行诊断和维修的方法。

8.4.1 方法与步骤

SINUMERIK 850 数控系统的报警有两种：NC 报警和 PLC 报警。

NC 报警是由西门子公司设置的，凡有关 SINUMERIK 850 系统故障均属于该报警范畴，其具体的诊断和处理方法，详见西门子机床专用报警说明。

PLC 报警则是由用户设置的机床报警，它是根据机床的电气控制特点，结合 PLC 程序的逻辑关系，将一些能够反映机床接口电气控制的故障或操作信息，以特定的报警号/文字显示在 CRT 上。可采用“PLC 程序法”，根据机床电气控制部分的程序化特点，利用系统本身的诊断功能，对 PLC 程序进行逻辑状态分析（结合电气图样），迅速找出相应的故障点。具体步骤如下：

① 按 PLC 报警号，查阅机床厂提供的手册，找到对应的“PLC 程序模块号”（PB、FB、SB 等）及相应的“报警点”（输入点、输出点、标志位、计时器、计数器等）。“报警点”并不一定是指故障点，也可能是指某标志位或计时/计数器，其报警是受上位逻辑运算结果的影响，而不是直接的故障报警点。

② 按查询到的“PLC 程序模块号”和“报警点”，查阅机床厂提供的 PLC 程序，找到所有的“程序段”SEGMENT（以“报警点”为操作数的编程块已编在该程序段中）及所有影响“报警点”信号状态的编序块 BLOCK。

③ 对上述编程块进行信号逻辑状态分析，确定各编程块中操作数的标准信号状态。

④ 进行现场实时诊断。选择“诊断”功能（按“DIAGNOSIS”软件或通过 PG675 编程器的在线测试功能），即可实时读出所需操作数的信号状态，将实时状态与标准状态进行比较，若有不同点，则该点就是故障点。

⑤ 在电气图样上查找故障点对应的故障元件，或查询有关厂商提供的资料说明。

⑥ 排除故障。

8.4.2 PLC 用户程序编制

编制 PLC 用户程序时,要保证逻辑关系正确,运行可靠,具有较好的可读性,为机床电气维修提供方便。维修人员应熟练掌握 STEP 5 语言,正确分析故障源和原因。

1. PLC 用户程序

用 STEP 5 编程有三种表达形式:语句表(STL)、梯行图(LAD)和系统流程图(CSF)。采用模块化结构,把总程序分为单独的、闭型的程序模块,各组成模块如下:

- 组织块(OB),是系统程序和用户程序之间的接口。
- 程序块(PB),是写入工艺过程的程序部分,用于用户程序的结构化。
- 功能块(FB),用于反复应用的复杂功能编程(控制器报警、计算和调试功能)。
- 步进块(SB),步进块是处理顺序链的程序模块专用形式。
- 数据块(DB),用于存储数据和本文。

程序组织可用模块调用(有条件或无条件)方式来完成。

2. STEP 5 编程语言

可划分为基本功能和补充功能,而基本功能和补充功能又可分为二进制功能、数字功能和组织功能。

传统电路图法只局限于直接报警的 PLC 报警处理,PLC 程序法不仅能处理直接报警点,更适用于间接报警点的报警处理,即可实现机床报警(用户报警)的全面处理。

PLC 程序是根据机床电气控制部分的特点而编制的,等效于传统的继电器逻辑控制系统。PLC 程序的逻辑分析过程,符合机床设计和控制原理,便于掌握运用。

此外,PLC 程序法遵循一定的执行步骤及诊断流程,保证了故障定位的准确性和时效性。

8.4.3 PLC 常见故障排除案例

【例 8.1】 一台 XH715D 数控加工中心在执行换刀指令时,换刀动作还没有结束,机械臂就停在行程中的某个位置上,系统显示报警信号,查机床用户手册得知该报警信号表示换刀系统机械臂位置检测开关信号为 0,即刀库换刀位置错误。

故障诊断:初步分析,判断故障发生在刀库或换刀装置两部分,由于相应的位置检测开关无信号送至 PLC 的输入接口,从而导致换刀故障。

造成开关无信号输出的原因有两个:

一是由于液压或机械故障原因造成动作不到位,使开关得不到感应。

二是电感式接近开关失灵。

先检测刀库中的接近开关，用一薄铁片去试验接近开关，检测接近开关的输出信号是否有变化，判断刀库的接近开关是否有故障。接着检查换刀装置机械臂中的两个接近开关，一个是臂移出开关 SQ21，另一个是臂缩回开关 SQ22。由于机械臂停在行程中间位置上，因此这两个开关输出信号均为 0，经测试两个开关均正常。

检查机械装置，臂缩回的动作是由电磁阀 YV21 控制的，手动电磁阀 YV21，将臂缩回至正常位置，机床恢复正常。由于手控电磁阀能使换刀装置回位，从而排除了液压或机械上的阻滞造成换刀系统不到位的可能性。

综合分析：PLC 输入信号正常，输出动作执行无误，问题出现在 PLC 内部或操作不当。经操作观察，两次换刀时间的间隔小于 PLC 所规定的要求，从而造成 PLC 执行程序错误引起故障。经调整时间参数，故障得以排除。对于无报警信息的报警，可检查数据位，确定该数据位所表示的含义。

【例 8.2】 图 8.13 是某立式加工中心的自动换刀控制示意图。该立式加工中心换刀臂平移至 *C* 时，无拔刀动作。ATC 的动作起始状态是：主轴保持要交换的旧刀，换刀臂在 *B* 位置，换刀臂在上部位置，刀库已将要交换的新刀具定位。

故障诊断：ATC 工作的起始动作状态是主轴保持要交换的旧刀具，换刀臂在 *B* 位置，换刀臂在上部位置，刀库已将要交换的新刀具定位。

自动换刀的顺序为：换刀臂左移（*B*→*A*）→换刀臂下降（从刀库拔刀）→换刀臂右移（*A*→*B*）→换刀臂上升→换刀臂右移（*B*→*C*），抓住主轴中的刀具→主轴液压缸下降（松刀）→换刀臂下降（从主轴拔刀）→换刀臂旋转 180°（两刀具交换位置）→换刀臂上升（抓刀）→换刀臂左移（*C*→*B*）→刀库转动（找出旧刀具位置）→换刀臂左移（*B*→*A*），返回旧刀具位置→换刀臂右移（*A*→*B*）→刀库转动（寻找下一把刀具）。

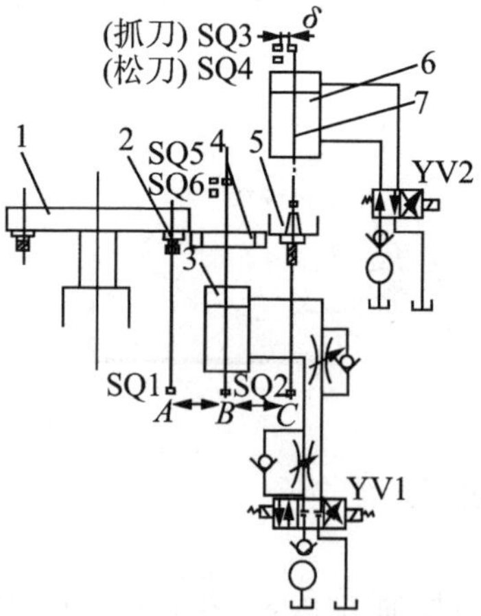

图 8.13 自动换刀控制示意图

1—刀库；2—刀具；3—换刀臂升降液压缸；4—换刀臂；5—主轴；6—主轴液压缸；7—拉杆

目前换刀臂平移至 *C* 位置时，无拔刀动作，引起此故障的可能有：

- SQ2 无信号，使松刀电磁阀 YV2 未励磁，主轴仍处于抓刀状态，换刀臂不能下移。
- 松刀接近开关 SQ4 无信号，则换刀臂升降电磁阀 YV1 状态不变，换刀臂不能下降。
- 电磁阀有故障，接到控制信号不能动作。

经检查发现是 SQ4 未发信号，对 SQ4 进一步检查发现其感应间隙 δ 过大，导致接近开关无信号输出，产生动作障碍。调整感应间隙 δ，换刀动作正常，故障排除。

【例 8.3】 某工厂一台卧式加工中心出现 1010 空气压力异常报警后，操作人员详细了解发生报警的情况，据操作人员讲述，当时机床在自动运行状态下进行加工生产，突然出现此报警，机床亦同时停止动作。

故障处理：根据分析，故障发生在进行开机前设备检查时，由于大部分的设备都未正式运转和系统的压缩空气压力偏高，进入机床的压缩空气压力达 0.8 MPa，而当大部分的设备都进入正式运转，对整个压缩空气供给系统过高的压力进行调整后，机床在自动运行加工的过程中，压缩空气压力下降到 0.25 MPa。

故障排除：数控机床设置了相应的检测器件（接近开关、位置开关、光栅等），当检测器件发出的状态信息经 PMC 处理，进行逻辑判断后不能满足机床正常运行要求时，便在屏幕上显示相应的故障代码和报警信息。

系统通过 PMC 监控画面监控每一个检测器件的状态，方便故障定位。

操作方法如下：

① 查阅该机床的电气图纸知，进入机床的压缩空气压力是由一只压力开关（地址为 X2.3）进行检测的，当压力在机床允许范围时，压力开关的触点闭合，状态为 1；当压力低于 0.4 MPa 时，压力开关的触点便断开，状态为 0，该状态输入到 PMC 中进行逻辑判定处理后，认为不能满足机床正常运行，便在屏幕上报出错误代码和报警信息。

② 调整压缩空气压力后，确认压力开关的状态，FANUC 0i Mc 系统提供了状态的监控功能，能够监控机床每一个检测装置的状态。按下机床面板上的故障复位按钮，然后执行中间程序启动，继续进行加工，随时对进入机床的压缩空气压力进行检查和调整。

【例 8.4】 一台配备 FANUC－0T 系统的某数控车床，当脚踏尾座开关使套筒顶尖顶紧工件时系统产生报警。其尾架套筒的 PLC 开关输入如图 8.14 所示。

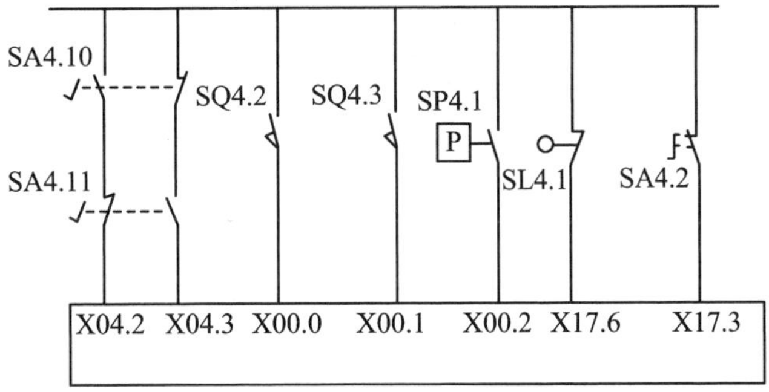

图 8.14　尾架套筒 PLC 开关输入

故障诊断：在诊断状态，调出 PLC 输入信号，发现脚踏向前开关输入 X04.2 为 1，脚踏尾座转换开关输入 X17.3 为 1，润滑油供给正常使液位开关输入 X17.6 为 1。

调出 PLC 输出信号，当脚踏向前开关时，输出 Y49.0 为 1，同时，电磁阀 YV4.1 也得电，这说明 PLC 输入、输出状态均正常。

当电磁阀 YV4.1 通电后，液压油经减压阀、节流阀和液控单向阀进入尾座套筒液压缸，使其向前顶紧工件，压力继电器常开触头接通。

松开脚踏开关，电磁换向阀处于中间位置，油路停止供油。由于单向阀的作用，尾座套筒向前时的油压得到保持，使压力继电器常开触头接通，系统 PLC 输入信号 X00.2 为 1。

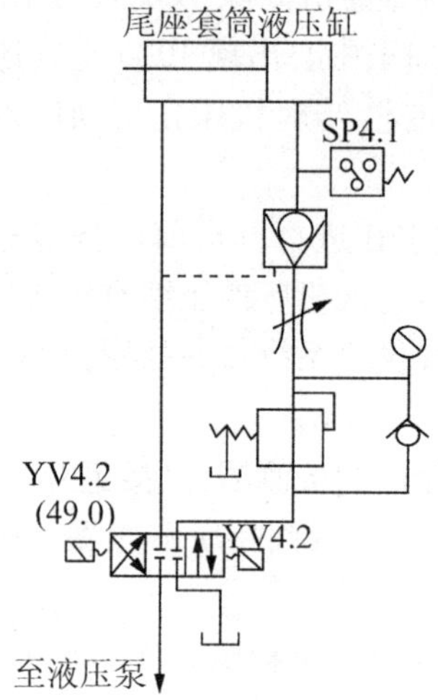

图 8.15　尾座套筒液压系统

检查 PLC 输入信号 X00.2 则为 0，说明压力继电器有问题。

经检查，压力继电器 SP4.1 开关触头损坏，油压信号无法接通，从而造成 PLC 输入信号为 0，系统认为尾座套筒未顶紧而产生报警。更换新的压力继电器，调整触点压力，使向前脚踏开关动作，接通并保持到压力取消，故障排除。

【例 8.5】　一台配备 SINUMERIK810 数控系统的加工中心，出现分度工作台不分度的故障且无报警。

故障分析：工作台分度是将齿条与齿轮啮合，靠液压装置来完成，由 PLC 输出 Q1.4 控制电磁阀 YV14 执行。梯形图如图 8.16 所示。

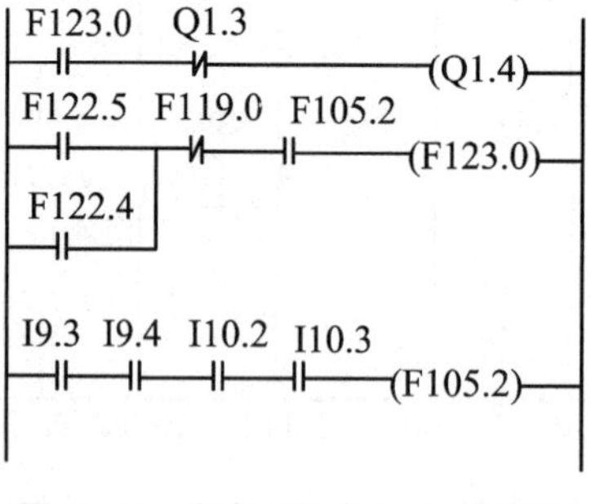

图 8.16　分度工作台 PLC 梯形图

通过系统的自诊断功能，实时查看 Q1.4 的状态，发现其状态为 0，由 PLC 梯形图查看 P123.0 也为 0，逐个检查发现 P105.2 为 0 导致 F123.0 也为 0，根据梯形图，查看 STATUS-PLC 中的输入信号，发现 I10.2 为 0，从而导致 F105.2 为 0。I9.3、I9.4、I10.2 和 I10.3 为 4 个接近开关的检测信号，用以检测齿条和齿轮是否啮合。

工作台分度时，这 4 个接近开关都应该有信号，即 I9.3、I9.4、I10.2 和 I10.3 应闭合，但 I10.2 未闭合。

处理方法：检查机械传动部分和机械传动开关状况。

上述方法是在已知 PLC 梯形图的情况下，通过 CNC 自诊断功能中的 PLCSTATUS 来查看输入输出及标志字，以此来诊断故障。

对 SIEMENS 数控系统，也可通过机外编程器实时观察 PLC 的运行情况。

【例 8.6】 如图 8.17 所示为一配备 SINUMERIK 810 系统的双工位、双主轴数控机床，在 AUTOMATIC 方式下运行，工件在Ⅰ工位加工完还没有退到位且旋转工作台正要旋转时，Ⅱ工位主轴停转，自动循环中断，故障报警内容表示Ⅱ工位主轴速度不正常。

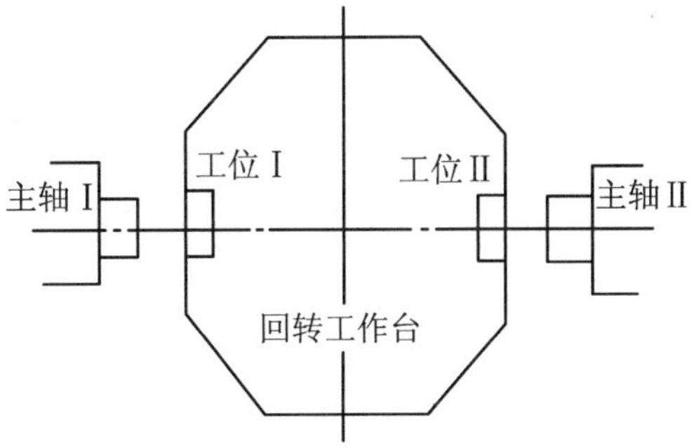

图 8.17　双工位、双主轴示意图

故障分析：两个主轴分别有 B1、B2 两个传感器检测转速，通过对主轴传动系统的检查，没有发现问题。

用机外编程器观察梯形图的状态，如图 8.18 所示，F112.0 为Ⅱ工位主轴启动标志位，F111.7 为Ⅱ工位主轴启动条件，Q32.0 为Ⅱ工位主轴启动输出，121.1 为Ⅱ工位主轴卡紧检测输入，F115.1 为Ⅱ工位刀具卡紧标志位。

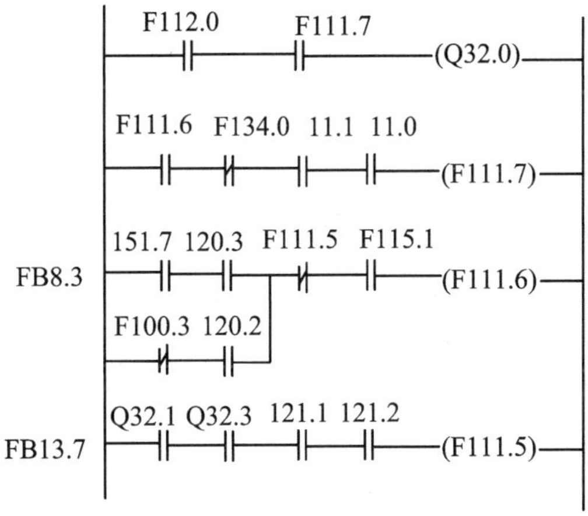

图 8.18　双工位、双主轴 PLC 梯形图

观察梯形图，F112.0 和 Q32.0 状态都为 0，因此主轴停转，而 F112.0 为 0 是由于 B1、B2 检测主轴速度不正常所致。

动态观察 Q32.0 的变化，发现故障没有出现时，F112.0 和 F111.7 都闭合，而当故障出现时，F111.7 瞬间断开之后又马上闭合，Q32.0 和 F111.7 瞬间断开其状态变为 0，在 F111.7闭合的同时，F112.0 的状态也变为 0，主轴停转。

B1、B2 由于 Q32.0 随 F111.7 瞬间断开测得转速不正常而使 F112.0 状态变为 0，主轴启动的条件是 F111.7 受多方面因素的制约，从梯形图上观察发现 F111.6 瞬间变 0，引起

F111.7 的变化，向下检查梯形图 FPB8.3，发现刀具卡紧标志 F115.1 瞬间变 0，最后使主轴停转。I21.1 是刀具液压夹紧力检测开关信号，断开指示刀具夹紧力不够。

故障的原因是刀具液压卡紧力波动，调整液压使之正常。

【例 8.7】 某双工位卧式加工中心，出现回转工作台不旋转的故障。

故障诊断：调出梯形图，如图 8.19 所示。

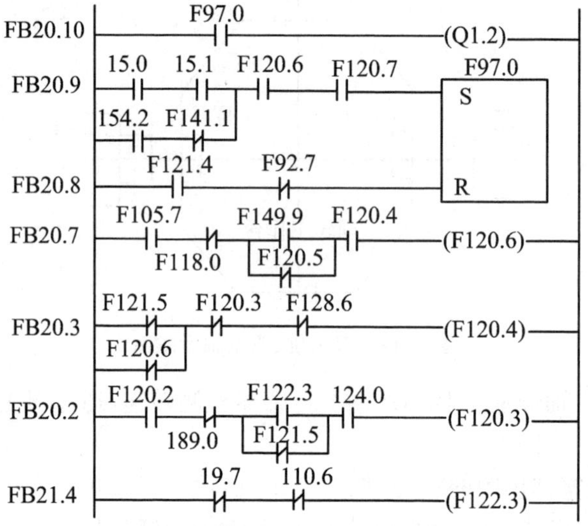

图 8.19　回转工作台 PLC 梯形图

根据回转工作台的工作原理，首先气动浮起，然后旋转，气动电磁阀 YV12 受 PLC 输出 Q1.2 的控制。根据加工工艺要求，当两个工位的分度头都在起始位置时，回转工作台才能满足旋转的条件。

19.7、110.6 检测信号反映两个工位的分度头是否在起始位置，正常情况下两者应该同步，F122.3 是分度到位标志位。

从 PLC 的 PB20.10 中观察，由于 F97.0 未闭合，导致 Q1.2 无输出，电磁阀 YV12 不得电。继续观察 PB20.9，发现 F120.6 未闭合导致 F97.0 低电平。

向下检查 PB20.7，F120.4 未闭合引起 F120.6 未闭合。继续跟踪 PB20.3，F120.3 未闭合引起 F120.4 未闭合。继续检查 F20.2，发现 F122.3 总是 0。故障是两个工位分度头不同步引起。

处理方法：检查两个工位分度头的机械装置是否错位；检查检测开关 19.7、110.6 是否发生偏移，再调整至同步。

【例 8.8】 一数控龙门铣床，采用 TOSNUC600M 数控系统和 DSR－83 型直流电主轴调速单元，开机后产生 PC4－00 号报警。

故障分析：PC4－00 号报警为主轴单元故障。当主轴调速单元出故障时，故障信号送至 PLC，再由 PLC 将信息送至 NC，显示相应的报警。

在 PLC 到 NC 的信号中，地址为 E3F6 的输出口发送主轴故障信号，通过 PLC 梯形图查找原因。梯形图如图 8.20 所示。

当发生故障时，有关触点和继电器的监控状态为：51X、X085、T010、E3F6 等吸合，R010 断开。

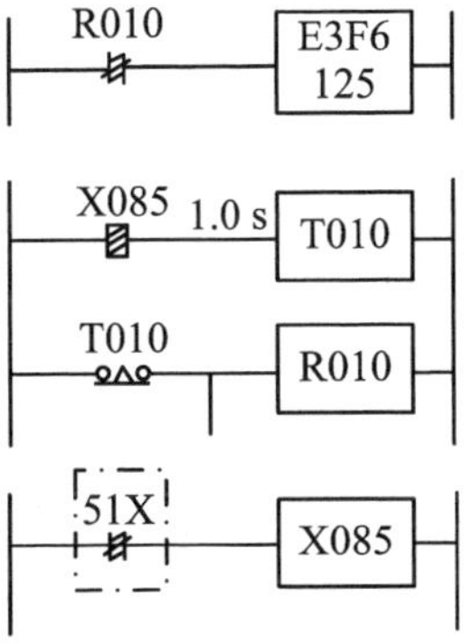

图 8.20　PC4－00 报警有关梯形图

分析是由于主轴调速单元送来的 51X 主电机过热信号触点闭合，导致 X085、T010 吸合，R010 断电，其常闭触点闭合，使 E3F6 输出继电器通电，产生 PC4－00 号报警。

主电机过热的原因是由于机床主轴铣头切削深度过大或切削速度过快，导致主电机工作电流超过限定值。但是检查主轴铣头切削正常，电机工作电流也未超过其限定值。

手摸电机外壳，温升异常。

判断可能是主电机强迫风冷不良，检查风冷电机及风道，发现风道内积满灰尘。

打开风道盖，清除内部灰尘后故障消除。

【例 8.9】　配备 FANUC－OTE 系统的 CK3225 数控车床加工程序中断，CRT 出现瞬间的 *X* 轴超程报警显示(XOVL)。

修前技术准备：超程是位置环问题。这是 PLC 报警，应该与 PLC 环节相关。

瞬间报警故障类型：硬超程。因为若是软件报警不可能转眼即逝，必须修改状态参数后才能排除报警。

查资料，得硬超程报警机理：是由超程报警继电器动作后，由 CNC 在线寻检而发出的报警。画出与硬超程相关的系统框图，如图 8.21 所示。

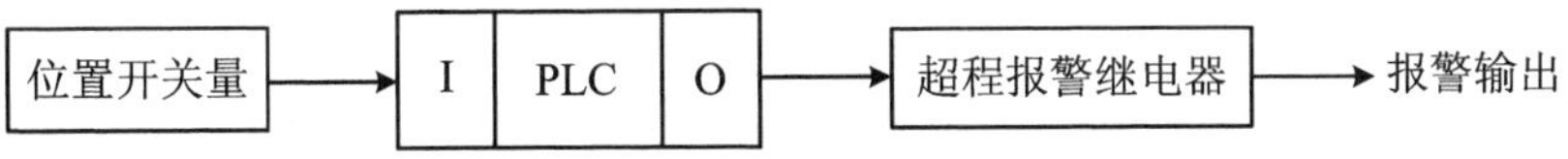

图 8.21　硬超程报警原理框图

修前调查：机床处于正常使用期，在退回换刀时，时有程序中断，瞬间出现 XOVL 报警，随即消失。

外观检查与环境：电源正常，环境、外观正常。

检查行程开关：实际未撞到行程(位置)开关，判定：非真正意义上的“失控”超程。

据理析象：故障特征为假超程。

X 轴在退回换刀过程中报警，表明与轴运动有关。

时有、瞬间：在排除偶然的干扰后，可能是硬接线接触性或非稳定性故障。

故障大定位：PLC 与 *X* 轴硬超程报警系统。

罗列成因：排除位置开关外，可能成因为：PLC 装置性能故障、I/O 板相关接口电路故障或电缆线连接接触性故障，或线缆本身断线故障、超程报警继电器故障。最可能的故障成因是移动电缆断线(先软后硬，充分利用系统的自诊断，可以省力省时)。

诊断步骤与方法：由于是程序中断中的 PLC 报警，采用 PLC 程序法，按照 PLC 程序法步骤进行诊断。

PLC 程序法：

① 画出 PLC 梯形图中与报警流程相关部分的梯形图，如图 8.22 所示。

② 查得相关器件的地址、代码(已列于图 8.22 中)。

③ 列出这些器件的正常标准逻辑状态，包括未撞行程开关的无超程与撞行程开关的超程两种情况。

④ 在 CRT 上调出实时状态参数画面，无危险检查之后重演故障，观察记录相关的状态，对比判断出故障点。

将实时参数与标准参数对比，发现：X017 状态发生的 1→0→1 瞬间跳变造成了瞬间超程报警。故障大定位：X017 接口信号。

分析 X017 接口信号：是由＋*X* 行程开关、电缆传递与相应的 PLC 输入接口，来输入给 PLC 的(见图 8.22)。

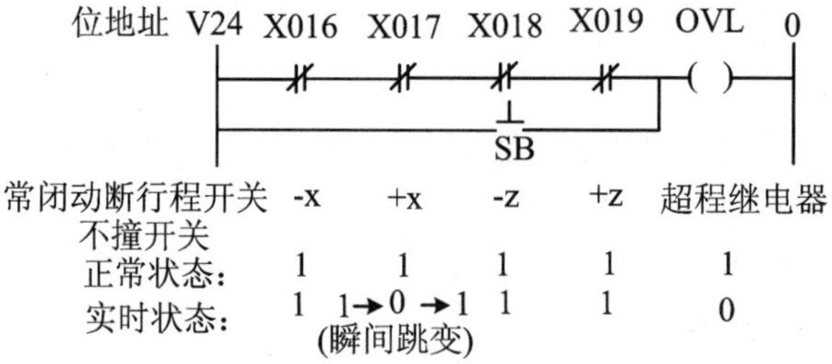

图 8.22　与报警流程相关的梯形图与状态信号

它们都可能是故障的成因(信号状态由其上位器件的逻辑状态所决定)。由于实际上并未撞及 *X* 正向行程开关，排除行程开关故障。

信号强制输入：

① 停机，将 PLC 的＋X 输入信号输入端对地短接，相当于给 PLC 对应接口输入一个正常状态信号 1。

重新启动看是否可消除报警。

② 重新启动，报警消除。排除 PLC 的 I 接口故障。

故障定位：*X* 正向行程开关连接电缆或接头故障。

故障点测试：拧下电缆，用万用表测试，确定为电缆断线故障。

排除故障：更换电缆，并清洁接头后，故障排除。

【例 8.10】　一台配有 FANUC 3T－A 系统的 CK7815/1 数控车床，当进行自动加工时，CRT 显示"NOTREADY"，机床不能工作。

查阅资料：机床伺服闭环控制为 FANUC－BESKFB－15 型直流电机，主轴伺服电机为 FANUC－BESK 电机，用 PC－D 型内置式 PLC 来实现宽范围内的无级调速与恒速切削。

调出与报警相关的梯形图与接口信号关系图。按 ALARM 键，CRT 上没有报警内容。

有报警显示表明 CNC 和 PLC 的主控板主体是好的。

没有报警具体内容是伺服放大器或 PLC 中存在故障。

如放大器有故障，应在启动自诊断时报警，故可排除。

故障大定位：PLC 的 I/O 接口板。故障类型：硬件故障。

如果是 PLC 的电源故障，就不可能有 PLC 报警文本显示，所以主要成因应该是对应输出“NOTREADY”的前面环节电路硬件故障。

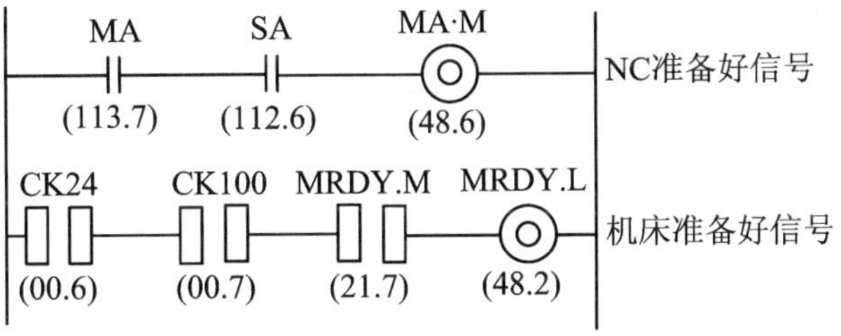

图 8.23　相关的 PLC 梯形图

诊断方法与步骤：采用 PLC 程序法。

① 在 CRT 上调出相关的 PLC 梯形图（见图 8.23）。

② 查出该实时 PLC 梯形图，无机床准备好的信号输出。

③ 调用诊断画面，查询相关输出接口信号的实时状态（正常时都为 1）：

器件	地址位	实时状态
MRDYM	21.7	1
CK24	00.6	1
CK100	00.7	0

状态对比结果：00.7 无输出。

④ 查出相关的 PLC I/O 接口表（见图 8.24），00.7 为 RV 的输出。

无输出，应查其输入。用万用表检测 PLC 输入板上相关的输入接口 M18/36P 端子，即机床 AC100 V 电源经 QF6 的输出。

检测结果：AC100 V 电压正常。输入正常而无输出，则 RV 为故障点。故障点：RV 集成块损坏。

排除故障：换件，故障排除。

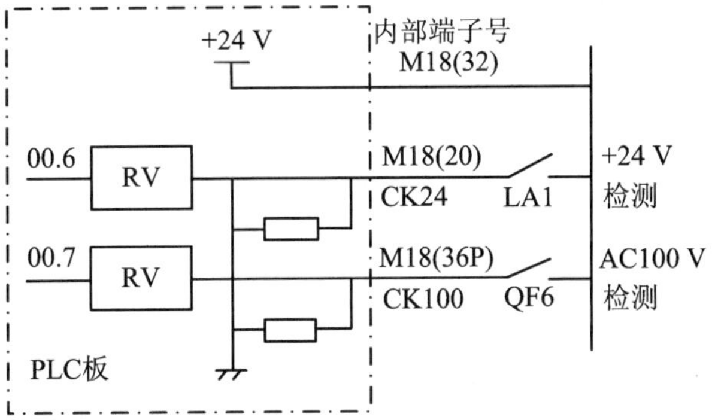

图 8.24　相关的 PLC I/O 接口表

如果 PLC 输入板上具有冗余的相同电路，也可以采用修改检测 AC100 V 信号的参数地址的方法来排除故障。

8.5　实训：PLC 编程与调试项目

1. 项目构思(Conceive)

(1) 了解 PLC 的基本原理和结构。

(2) 了解内置式 PLC 的实现原理。

(3) 掌握数控系统 PLC 的调试方法。

2. 项目设计(Design)

(1) HED－21S 数控系统综合实验台。

(2) 专用连接线一套。

(3) 万用表一个。

3. 项目实施(Implement)

(1) PLC 编程

用华中数控系统内置式 PLC 实现如图 8.25 所示线路的逻辑操作。

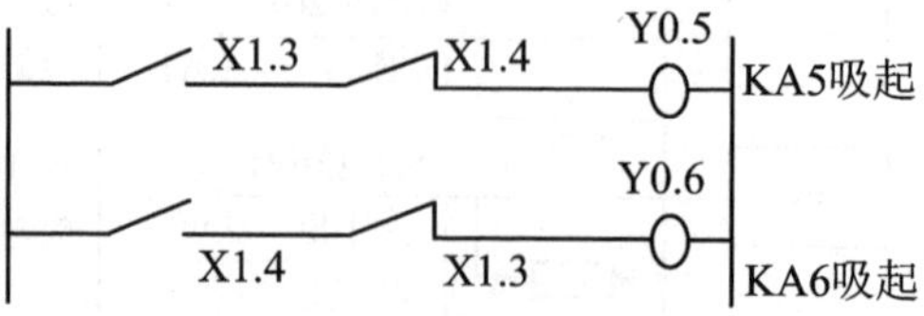

图 8.25　逻辑操作实例

X1.3、X1.4 采用两个乒乓开关输入低电平(即系统称为 100)来实现逻辑操作，而 KA5、KA6 在 HC5301－R 输出继电器板上。

(2) PLC 调试

① 检查操作面板上的按钮，检验开关量输入信号、系统动作、外部逻辑电路的动作。

例如，按下换刀按钮，该按钮灯应点亮，并且刀架电机的交流接触器应动作。

② 逐个在开关量输入信号中人为接入限位信号(一般为 X0.0～X0.3,即 I0～I3),检验该信号能否使系统产生急停动作,并正确显示报警信息。

例如,接入 X0.0,系统应报警显示:*X* 轴正极限报警。

③ 让各坐标轴返回参考点,人为接入回参考点信号,检验各坐标轴能否完成回参考点动作,以及回参考点动作是否正确。

④ 正确连接各个坐标轴的限位开关与回参考点信号,人为控制限位开关与参考点开关,重复上述两部分内容,检验开关的有效性。

⑤ 检验输入各报警开关量输入信号时,系统能否正确产生系统报警信息或用户在 PLC 程序中定义的外部报警信息,并执行相应的动作。

例如,主轴报警信号有效时,主轴和自动加工程序应停止。

⑥ 检查由继电器控制的接触器等开关是否动作,若没有动作,则检查连线。

⑦ 检查执行单元,包括步进电机、伺服电机、主轴电机等。

4. 项目运作(Operate)

(1) 可编程控制器有哪些类型?

(2) 可编程控制器有哪些编程语言? 各自的特点是什么?

(3) 简述内置式 PLC 的结构及原理。

(4) 简述数控 PLC 程序的编写及编译。

(5) 简述车床标准 PLC 系统的配置。

(6) 简述 PLC 调试的内容和方法。

思考与练习

1. 简述可编程控制器(PLC)的工作过程和工作原理。
2. 在数控机床中,PLC 主要用来控制哪些对象?
3. PLC 的维护内容有哪些?
4. 数控机床 PLC 模块的故障有哪些形式? 用哪些方法来诊断 PLC 的故障?
5. 在进行 PLC 模块故障诊断过程中,有哪些关键点值得我们关注?
6. 如何编制冷却泵控制 PLC 程序?
7. 简述 FANUC 数控系统 PMC 的性能及类型。
8. 简述 FANUC 数控系统中 CNC 系统、PMC 系统及数控机床侧信号地址的区别。
9. 查说明书,简述 PMC 功能指令 XMOVB、DSCHB、ROTB 的功能及应用。
10. 简述 PMC 画面的操作过程。
11. 编写数控车床电动刀塔 PMC 控制梯形图。

第 9 章　数控机床干扰故障诊断与维修

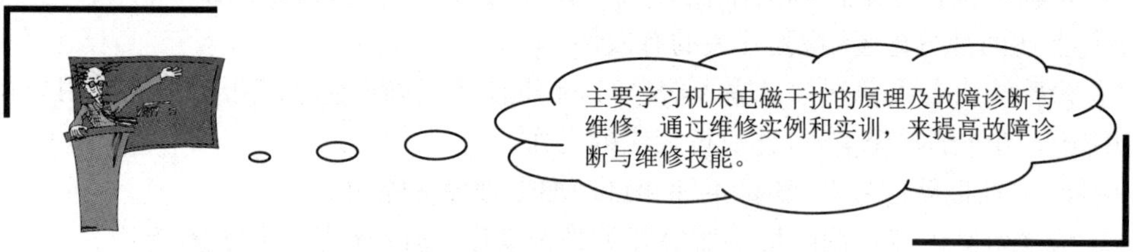

9.1　数控机床干扰故障概述

9.1.1　干扰故障简介

电磁兼容性(EMC)是指电气设备产生的电磁骚扰不应超过其预期使用场合允许的水平;设备对电磁骚扰应有足够的抗扰度水平,保证电气设备在预期使用环境中可以正确运行。

造成干扰的三要素为:电磁骚扰源、传输途径和敏感设备。

为保证系统在电磁环境较恶劣环境中能够正常工作,系统必须达到机床数控系统通用技术条件中的电磁兼容性要求。

从如图 9.1 所示的机床数控系统组成来看,系统中既有高电压、大电流的强电设备,又有弱电设备如低电压、小电流的控制与信号处理设备和传感器等。

强电设备产生的强烈电磁骚扰对附近的弱电设备的运行产生干扰。数控机床周围存在的电磁波干扰,系统外各种动力负载的干扰、供电系统的干扰、大气中的干扰等,都会对系统内的弱电设备产生严重影响。由于强电设备是由弱电设备所控制的,所以,如果弱电设备受到干扰,整个数控系统就无法进行正常工作。

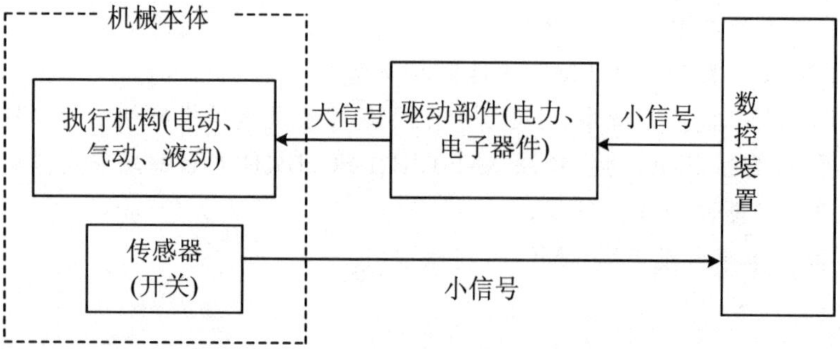

图 9.1　机床数控系统组成

针对产生干扰的原因,可通过抑制干扰的发射,切断干扰的传输途径,提高敏感设备的抗干扰能力来使系统达到电磁兼容性要求。

常采用屏蔽、滤波、接地等技术。

9.1.2　干扰作用的成因

干扰导致数控系统的输出不正常，是不期望的输入。

1. 电网干扰会导致电源信号不正常

所谓电源信号的正常输入，就是指电源必须满足机床技术要求的指标。

总电源输入的正常与否，对数控系统的影响是全局性的。无电网输入，机床就不能启动。电网电压（幅值、相位与频率）不稳定（外因），或电网波动在额定范围而数控机床电源系统本身抗干扰能力差（内因），会造成机床跳闸、CRT 不正常（显示消失或显示混乱）、过流/过压/欠压/伺服没有准备好等报警，还会造成变压器输出与直流稳压电源输出不正常、接口电路与控制电器动作不正常、电机运转不正常，导致程序中断、突然停机、失控超差及加工误差大等。

2. 对数控系统软件与数字信号的干扰

在电网干扰、电磁干扰或突然停电的外因作用下，会造成 RAM 存储错误或参数被修改而导致的参数混乱，出现机床不动作、误动作（失控）、报警而停机，或者无报警停机现象。

信号电缆的屏蔽与接地不良，强电电磁脉冲窜入，干扰反馈的数字信号，会导致各种超差与失控故障现象。

系统屏蔽与接地不良，不仅不能抗干扰，且会造成接地噪声与接地回路，导致机床工作产生噪声与性能不稳定等。

3. 对系统硬件与电器的干扰

数控机床有特殊的电子电气控制系统（CNC 系统），并具有复杂的多功能 I/O 接口，接口电路设计不妥或接地不良、电缆屏蔽与接地不良，电磁干扰的瞬间尖脉冲，可以通过传导方式或辐射方式进入系统。

瞬间过大的反向感应电势进入开关电路，可导致稳压管、整流管或晶闸管烧毁。

瞬间尖脉冲进入控制回路，可导致控制电器误动作，出现失控、超程、过流、停机等。

4. 辐射干扰与振动源干扰

如果数控机床安装位置周围有热辐射源，例如太阳光的直射（太阳光不仅是一种电磁辐射，还是一种热辐射），会造成数控系统的温升，导致数控系统中电子元器件的老化或异常，甚至产生失控现象。

机床附近存在振动源，尤其是冲击性振动源时，在机床又缺少防振措施的情况下，会造成机床共振或振动而导致各种性能不稳定，出现诸如加工表面质量问题、超程等故障。

存在的干扰外因，必须通过内因才能对数控机床起作用。

9.2　接地技术

为防止共地线阻抗干扰，使用保护地线（安全接地）、工作地线（工作接地）、屏蔽地线（屏蔽接地）。

9.2.1　安全接地

为保证工作人员安全，避免因设备绝缘损坏或下降而遭受触电危险和保证设备的安全，设备的机壳、底盘所接的保护地线，应与真正大地连接，并标明符号“⏚”。

要求：

① 大于 50 VAC 的裸露带电体与保护接地端子间的电阻大于 50 MΩ。

② 任一电源线与保护接地端子间的泄漏电流小于 3.5 mA。

1. 安全接地形式

机床数控系统电源采用“TT”接地系统：

PE——表示保护接地，一般与机壳、裸露导体连接后直接接入大地。

N——表示中性线，一般与 PE 分开，单独接地。

① 电气控制柜中最好不要引入中线，如果使用中线，必须在安装图、电路图及接线端子上予以明确的 N 标识。

② 在电气控制柜内部不允许中线与地线连接，也不允许共用一个端子 PEN（PE 与 N 短接的端子称 PEN 端子）。

2. 接地极制作及接地电阻

人们常把地下的金属管道作为接地极，特别是自来水管，由于它们和土壤之间有大面积的接触，接地电阻一般小于 3 Ω，但要注意用水管做接地电极的安全性。

例如在对建筑物进行维修或对水管系统进行改装时，通入管道的故障电流或杂散电流就可能对工作人员造成伤害。

此外，还要注意水管金属间的连续性，任何非导体的连接件都可以使水管的接地有效性受到妨碍。

① 接地方法一：

采用直径为 1.2、1.6 或 1.9 cm，长度为 1.8、2.4、3.0、3.6 或 4.8 m 的铜包钢棒，选择地势低、较潮湿的地方将棒打入或埋入地下。

由一根接地棒组成的单一电极，对地电阻往往大于 20 Ω，一般采用多个金属棒并联构成接地电阻小于 4 Ω 的接地极。

② 接地方法二：

采用厚度≥5 mm，面积≥0.5 m^2 的金属板(铜板为佳)埋入地底。

3. 保护接地要点

- 电气设备都应设计专门的保护导线接线端子(保护接地端子)，并采用“⏚”符号标记，也可用黄绿双色标记。不允许用螺丝安装在外壳、底盘等代替保护接地端子。
- 数控系统控制柜内应安装有接地排(可采用厚度≥3 mm 的铜板)，接地排接入大地，接地电阻应<4 Ω。
- 保护接地端子用尽量粗和短的黄绿双色线连接到接地排上，如图 9.2 所示。保护接地线不要构成环路，如图 9.3 所示。

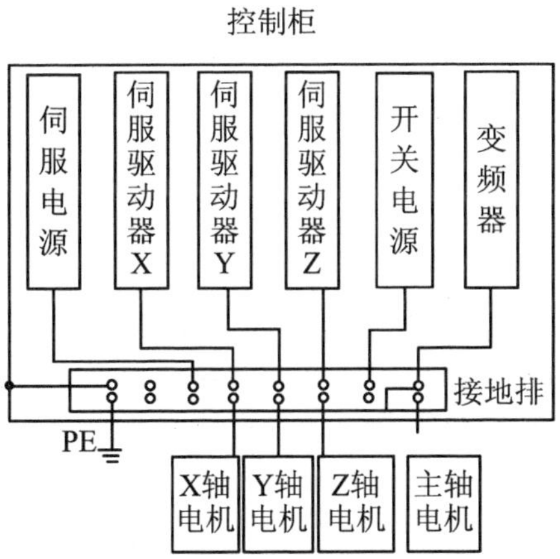

图 9.2　保护接地

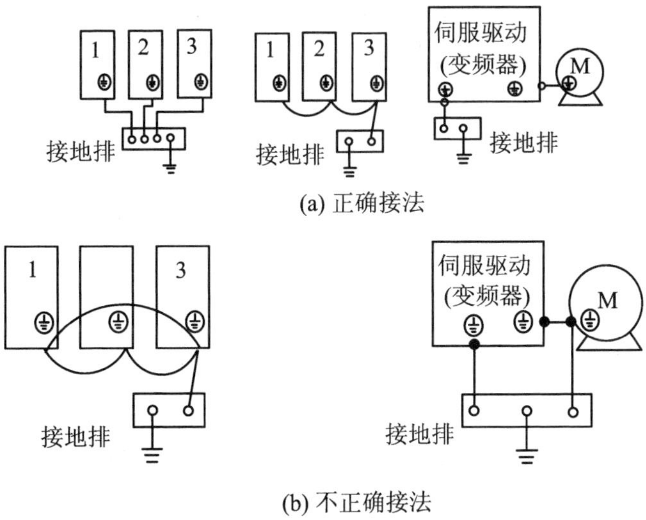

图 9.3　保护接地方法

- 设备金属外壳接地，能抑制静电放电干扰。当发生静电放电时，放电电流可以由机壳流入大地，保护系统电路。
- 设备金属外壳接地，可起到屏蔽作用，减少电磁干扰。

9.2.2　工作接地

工作接地是为了保证控制系统稳定可靠地运行，防止环路引起的干扰，标明符号“⏚”。

一般接地电阻要求<1 Ω，最好是无噪声接地（通电时系统外壳对地交流电压——接地电压为零）。例如，MNC863T 机床要求接地电阻<0.4 Ω，接地导线截面≥6 mm^2。

1. 工作接地方式

直流电源常一极接地，作为参考零电位，其他极与之比较，例如±10 V、±20 V 等。信号传输也常需要有一根线接地，作为基准电位，传输信号的大小与该基准电位相比较。这类地线称工作地线。要注意工作地线的正确接法，否则不但起不到作用反而可能产生干扰，如共地线阻抗干扰、地环路干扰、共模电流辐射等。

工作接地方式有浮地、单点接地、多点接地和混合接地。

(1) 浮地

如图 9.4 所示，浮地是指设备的整个地线系统和大地之间无导体连接，它是以悬浮的“地”作为参考电平。

采用浮地的连接方式可使设备不受大地电流的影响，设备的参考电平（零电平）符合“水涨船高”的原则，随高电压的感应而相应提高，机内器件不会因高压感应而击穿。

工作地线与金属机箱绝缘，是浮置的，目的是防止外来共模噪声对内部电子线路的干扰。

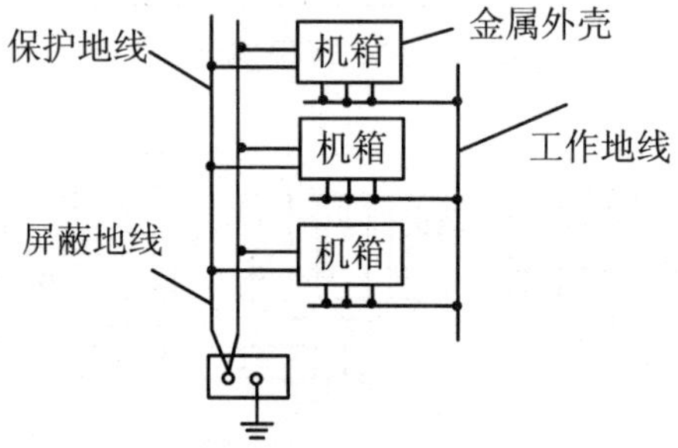

图 9.4　浮地方式

(2) 单点接地

如图 9.5 所示，单点接地是指一个电路或设备中，只有一个物理点被定义为接地参考点，而其他凡是需要接地的点都被接到这一点上。

如果一个系统包含许多设备，则每个设备的“地”都是独立的，设备内电路采用自己的单点接地，然后整个系统的各个设备的“地”都连到系统唯一指定的参考点上。

设备内部电路的单点接地有串联、并联、串—并联混合接地三种方式。

单点接地比较简单，走线和电路图相似，电路布线时比较容易。

其缺点是：地线长，当系统工作频率很高时，地线阻抗增加，容易产生共地线阻抗干扰，另一方面频率的升高使地线间、地线和其他导线间由于电容耦合、电感耦合产生的相互窜扰大大增加。

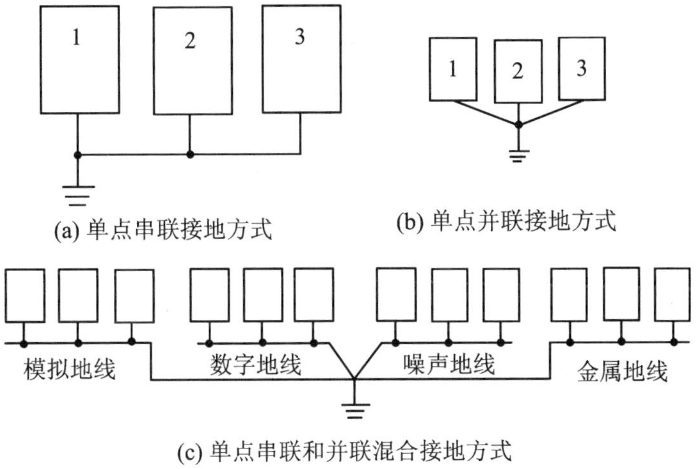

图 9.5　单点接地

(3) 多点接地

如图 9.6 所示，设备(系统)中的各个接地都直接接到距它最近的接地平面上，以便使接地线的长度为最短，接地平面可以是设备的底板、专用接地线甚至是设备的框架。

多点接地在连接地线上出现高频驻波的现象较少，多地线回路对线路的维护较难。

设备本身的腐蚀、冲击振动和温度变化等因素都会使接地系统出现高阻抗，从而使接地效果变差。

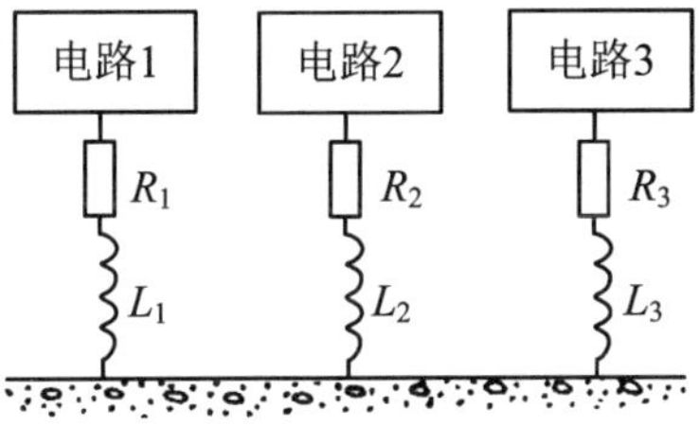

图 9.6　多点接地方式

(4) 混合接地

混合接地是只将那些需要就近接地的点直接(需要高频接地的点通过旁路电容)与接地平面相连，其余各点采用单点接地的办法。

2. 工作接地要点

• 地线不能布置成封闭的环状，一定要留有开口，因为封闭环在外界电磁场影响下会产生感应电动势，从而产生电流，电流在地线阻抗上有电压降，容易导致共阻抗干扰。

• 可采用光电耦合、隔离变压器、继电器、共模扼流圈等隔离措施，切断设备或电路间的地环路，抑制地环路引起的共阻抗耦合干扰。

• 设备内的各种电路如模拟电路、数字电路、功率电路、噪声电路等都应设置各自独立的地线，汇总到一个总的接地点。

• 低频电路($f<1$ MHz)一般采用放射式的单点接地方式，地线的长度不应超过地线中高频电流波长($\lambda=v/f$，λ 是地线中高频信号的波长，v 是高频信号的传输速度，f 是高频信号的频率)的 1/20，即 $l<\lambda/20$。较长的地线应尽量减小其阻抗，特别是减小电感。

• 高频电路($f>1$ MHz)一般采用平面式多点接地方式，或采用混合接地方式。

• 工作地线浮置方式(工作地线与金属机箱绝缘)仅适用于小规模设备(这时电路对机壳的分布电容较小)和工作速度较低的电路(频率较低),而对于规模较大、电路较复杂、工作速度较高的控制设备不应采用浮地方式。

• 机柜内同时装有多个电气设备(或电路单元)的情况下,工作地线、保护地线和屏蔽地线一般都接至机柜的中心接地点(接地排),然后接大地,这种接法可使柜体、设备、机箱屏蔽地和工作地都保持在同一电位上。

9.2.3 屏蔽接地

传输电缆、变压器等的屏蔽层需接地,相应的地线称为屏蔽地线,端接点应标明符号“⏚”。

1. 屏蔽电缆选择

屏蔽电缆可分为普通屏蔽线、双绞屏蔽线、同轴电缆。

普通带编织层的多芯电缆具有电场屏蔽作用,双绞屏蔽线其总屏蔽层可以抑制电场干扰,双绞线可以抑制磁场干扰。

• 普通屏蔽线:

适用于工作频率 30 kHz 以下,特殊情况可用到几百千赫。

普通屏蔽线用于输入/输出信号线、模拟信号线、脉冲式接口驱动器控制信号线(线长≤2 m)、计算机串行通信线(线长≤2 m)、电源线、电机强电线。

• 双绞线和屏蔽双绞线:

适用于工作频率 100 kHz 以下,特殊情况可用到几百千赫。

双绞线具有较好的磁场屏蔽性能。双绞线用于直流电源线、小功率交流电源线(<1 kW)。屏蔽双绞线用于编码器信号线、高频信号线、脉冲接口式驱动器控制信号线(线长>2 m)、计算机串行通信线(线长>2 m)。

• 同轴电缆:

适用于工作频率 1000 MHz 以下。

• 双重屏蔽电缆:

如果采用一根电缆同时传输模拟信号和高频数字信号,则必须采用各自屏蔽线外再包一层总屏蔽的双重屏蔽电缆,以防止电缆内信号线间的干扰。

2. 屏蔽接地要点

• 对于低频电路(f<1 MHz),可单端接地,屏蔽电缆的屏蔽层可单端接地,单端接地对电场起到主动屏蔽的作用,也能起到被动屏蔽作用,但对磁场没有屏蔽作用。

• 当电缆的长度很短时,可单点接地。无论是单芯还是多芯屏蔽电缆,在电源和负载电路中,一端为接地点,另一端与地绝缘,其中接地点就是屏蔽层的接地。

• 一般均在输出端接地,这样不存在接地环路,屏蔽效果好,是电缆层屏蔽最佳接地形式;也可在输入端接地。

• 对于高频电路(f>1 MHz),要双端接地,屏蔽电缆的屏蔽层也应双端接地,双端接地能对电场产生屏蔽,对高频磁场也能产生屏蔽作用。

• 屏蔽的电力电缆的屏蔽层应在电缆两端接地。

• 当电缆较长时,则采用多点接地,以降低地线阻抗,减少地电位引起的干扰电压。

• 数控装置与驱动器、变频器间的信号传输线采用屏蔽双绞线，且屏蔽层采用双端接地。

• 对于输入信号电缆的屏蔽层不能在机壳内接地，只能在机壳的入口处接地。

• 高输入或高输出阻抗电路，尤其是在高静电环境中，可能需要用双层屏蔽的电缆，这时内屏蔽层可以在信号源端接地，外屏蔽层则在负载端接地。

• 实现屏蔽层接地时，应尽量避免产生所谓“猪尾巴”效应，多芯电缆屏蔽层一般用电缆金属夹钳接地。

9.3 屏蔽技术

9.3.1 电场屏蔽

高电压、小电流的噪声源，其辐射场主要为电场，电场屏蔽是抑制噪声源和敏感设备之间由于存在电场耦合而产生干扰。

目的是解决分布电容问题，一般屏蔽方法为屏蔽层接大地，屏蔽要点如下：

• 敏感设备（数控装置）外壳可靠接地，实现被动屏蔽。

• 强电设备（驱动器、电机、变频器、开关电源、步进驱动器）金属外壳可靠接地，实现主动屏蔽。

• 强电设备与敏感设备之间距离尽可能远，一般在电柜内，强、弱电设备尽量保持 30 cm以上的距离，最小距离为 10 cm。

• 高电压、大电流动力线与信号线应使用各自独立的线槽，分开走线，距离尽可能保持在 30 cm 以上，最小距离为 5～7 cm，尽量避免平行走线，绝不允许将强电线与信号线捆扎在一起；如果强电线不能与信号线分开走线，则强电线应采用屏蔽线，屏蔽层应可靠接地。

• 信号线应尽量靠近地线（或接地平板）或者用地线包围它。

• 屏蔽电缆在屏蔽层接地时，既起到被动屏蔽作用，也起到主动屏蔽作用，如果屏蔽层不接地，则有可能造成比不用屏蔽线时更大的电场耦合干扰。

9.3.2 磁场屏蔽

低电压和大电流性能的噪声源，其辐射场主要为磁场，磁场屏蔽是抑制噪声源和敏感设备之间由于磁场耦合所产生的干扰。

磁场屏蔽主要是依赖高导磁材料所具有的低磁阻对磁通起到分路的作用，使得屏蔽体内部的磁场大大减弱。

主要目的是避免雷达、短波电台的高频电磁场辐射干扰。

屏蔽方法：对不同频段采用不同的金属网作为屏蔽层，且屏蔽层接地。

屏蔽要点如下：

• 采用双层磁屏蔽体结构来屏蔽强磁场。

- 被屏蔽的物体不要紧靠屏蔽体。
- 使干扰源的线路与受感应线的线路呈直角(或接近直角)布线,这样可大大降低两线路间的磁场耦合。
- 减少干扰源和敏感电路的环路面积。使用双绞线和屏蔽线,让信号线与接地线(载流回线)扭绞在一起,以便使信号与接地线(载流回线)之间的距离最近。
- 增大线间的距离,减小互感。
- 选用高磁导率的材料,如玻莫合金等,并增加屏蔽体的壁厚。
- 敏感设备应远离干扰源(强电设备、变压器)。

9.3.3 电磁场屏蔽

电磁场屏蔽既能抑制噪声源,又能抑制敏感设备距离较远时通过电磁场耦合产生的干扰。电磁场屏蔽必须同时屏蔽电场和磁场,通常采用电阻率小的良导体材料。空间电磁波在入射到金属体表面时会产生反射和吸收,电磁能量被大大衰减,起到屏蔽作用。屏蔽方法:使磁路闭合接大地。

1. 搭接

- 控制经底板和机壳进出的泄漏和辐射,尽量减少机箱结构电气的不连续性。
- 接缝应焊接,也可用点焊、小间距的铆接和用螺钉来固定。
- 同衬垫配合的金属表面没有非导电保护层。
- 在底板和机壳的每一条缝和不连续处要尽可能好地搭接。
- 紧固有力,保证在有变形应力、冲击、振动时保持表面良好接触。
- 在接缝不平整的地方,或在可移动的面板处,使用导电衬垫或指形压簧材料。
- 保证接缝处金属对金属的接触,以防电磁能的泄漏和辐射。
- 当需要活动接触时,使用指形压簧(不用网状衬垫),注意保持弹性指簧的压力。

衬垫种类有金属网射频衬垫,铜镀合金、导电橡皮、导电蒙布、泡沫衬垫。

2. 穿透和开口

- 机箱中的孔隙可能造成电磁波的泄漏。
- 保险丝、插孔等应加金属盖。
- 电源线进入机壳时全部应通过滤波器盒。
- 信号线、控制线进入/穿出机壳时,要通过适当的滤波器。
- 电缆穿过机壳将使整体屏蔽效能降低。
- 用导电衬垫和垫圈、螺母等实现钮子开关防止泄漏安装。
- 在屏蔽、通风和强度要求高而重量不苛刻时,用蜂窝板屏蔽通风口,防止泄漏。
- 在指示器、显示器后面加屏蔽,并对所有引线用穿心电容滤波。

• 在不能从后面屏蔽指示器/显示器和对引线滤波时，用与机壳连接的金属网或导电玻璃(采用夹金属丝的屏蔽玻璃或在透明塑料或玻璃上镀透明导电膜)在指示器/显示器的前面屏蔽。

9.4 滤 波 技 术

9.4.1 电源滤波器抑制电源线传输电磁干扰

1. 电源线滤波器结构

图 9.7 中电感 L_1 和电感 L_2 同时绕在一个磁芯上，这两个电感在电流的通过上是互补的，用来衰减共模干扰。电容 C_X 被用来衰减差模干扰，电容 C_Y 被用来衰减共模干扰。

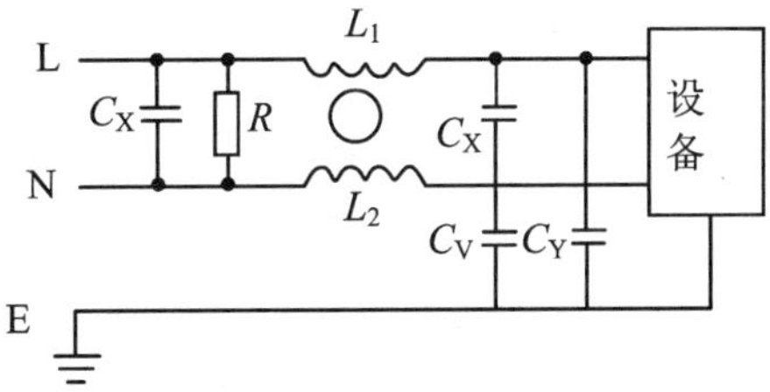

图 9.7　典型电源线滤波器

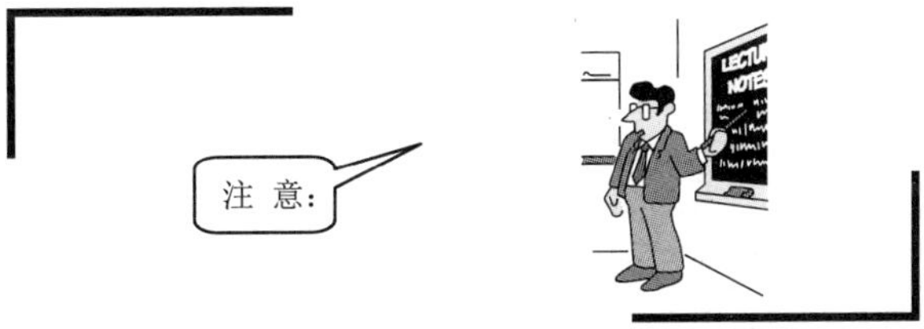

C_Y 必须有较高的耐压值，C_Y 的容值还受到对滤波器所允许的漏电流大小的限制，一般 C_Y 选用 2.2 nF/2000 V 的高压瓷片电容，C_X 选用 100 nF/1000 V 的瓷片电容，R 选 1 MΩ/1 W的金属膜电阻。

2. 维修要点

• 滤波器一般安装在机柜底部交流电线入口处，不能让输入交流电源线在机柜内绕行很长距离后再接滤波器。

- 电源进线经过熔断器和电源开关等接到滤波器时，这段线路应施加屏蔽措施。
- 滤波器金属机壳最好直接装在金属机柜上，与机柜的接地端子靠得越近越好。
- 滤波器的输入/输出线要分开布置，不能有平行走线，更不能捆扎在一起。
- 滤波器输出线采用双绞线。
- 如果电源中高电压脉冲噪声较多，则应选用能在更宽的频率上有较大衰减的电源滤波器，或与铁氧体磁环线滤波器串联使用，可以取得好的滤波效果。
- 流过滤波器的电流不允许超过滤波器最大额定电流，否则将由于电感器的磁芯产生饱和，从而使电感量大大降低，失去抑制作用。

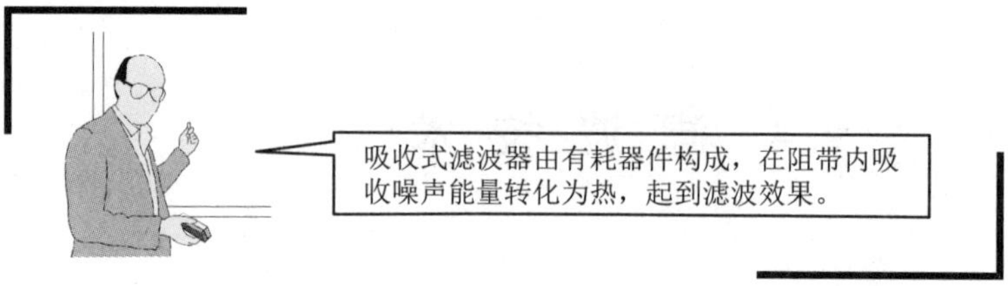

9.4.2　抑制快速瞬变脉冲串干扰

1. 吸收型滤波器结构

用于电磁噪声抑制的铁氧体是一种磁性材料，铁氧体一般做成空心型，导线穿过其中，当导线中的电流穿过铁氧体时低频电流几乎可无衰减地通过，但高频电流却会受到很大的损耗，转变成热量散发，所以铁氧体和穿过其中的导线即成为吸收型低通滤波器，能有效抑制快速瞬变脉冲串干扰。

2. 维修要点

- 电缆或导线应与环内径密贴，不要留太大的空隙，这样导线上电流产生的磁通基本上都集中在磁环内，从而增加滤波效果。
- 铁氧体磁环套在交流电源线和直流电源线上，用于抑制快速瞬变脉冲串干扰。
- 将导线以同样方向和圈数绕在磁环上，绕的圈数越多，滤波效果越好。

一般在强电设备(伺服驱动器、变频器)的输入侧为4～5圈，电线太粗时，可以用2个以上的磁环，如图9.8所示。

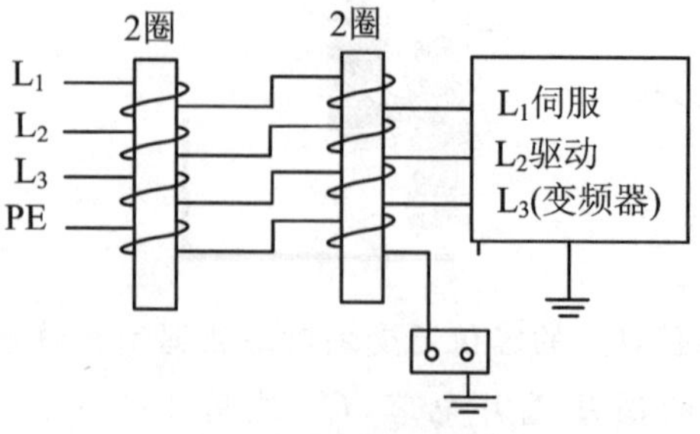

图9.8　使用两个磁环串联

- 磁环与电源滤波器串联使用，则构成EMC滤波器，滤波效果更佳。
- 在用磁环抑制直流电源和信号线共模噪声电流时，最好把正负电源线对或正负信号线对都穿过磁环，这样磁环就不易产生饱和，如图9.9所示。

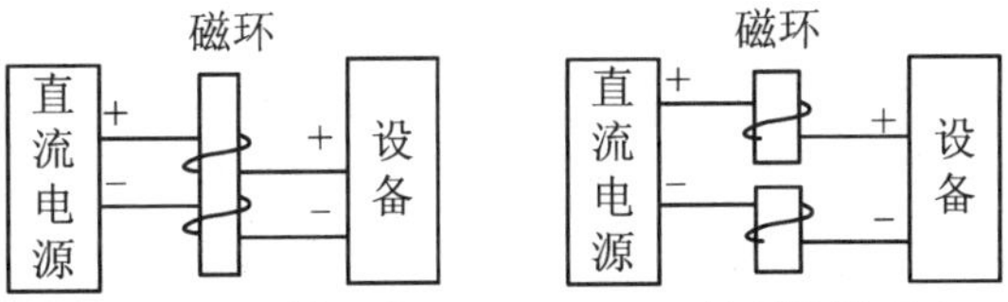

(a) 抑制共模噪声　　(b) 抑制差模噪声

图 9.9　直流电源滤波电路

• 如果使用磁珠或磁环的线路负载阻抗很高，则磁环很可能起不到作用，因为磁环的阻抗在几百兆赫时也只有几百欧，因此磁环比较适用于低阻抗电路。如果能在磁环后再并联电容组成类似 $L-C$ 滤波器，则会大大降低负载阻抗，从而增加滤波效果，如图 9.10 所示。

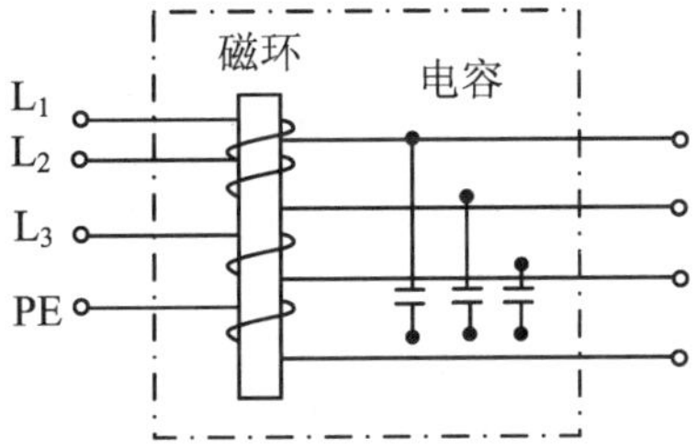

图 9.10　典型交流电源瞬变脉冲干扰抑制电路

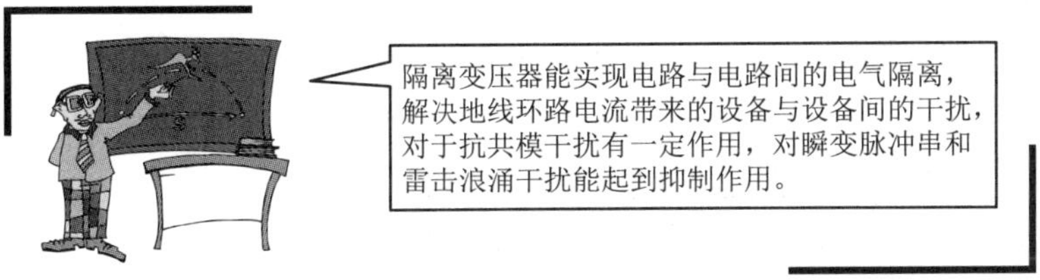

9.4.3　用隔离变压器供电

1. 隔离变压器的类型

如图 9.11 所示，隔离变压器的类型有：简单的隔离变压器，带屏蔽层的隔离变压器，超级隔离变压器。

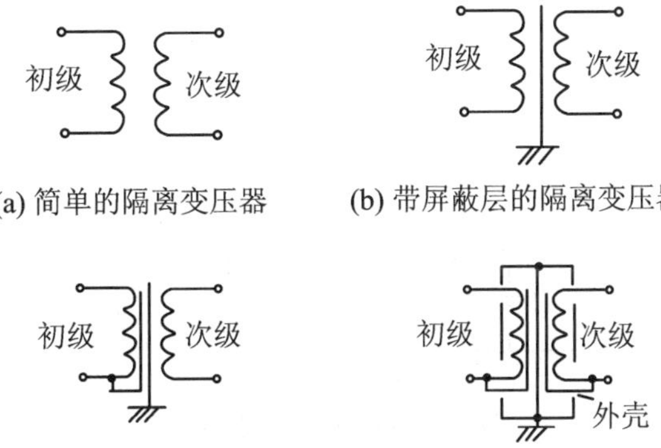

(a) 简单的隔离变压器　　(b) 带屏蔽层的隔离变压器

(c) 超级隔离变压器(多重隔离变压器)

图 9.11　隔离变压器

2. 维修要点

- 选用带屏蔽的隔离变压器,特殊场合选用超级隔离变压器。
- 屏蔽层必须接地,连接线必须粗、短、直,否则高频时的共模干扰抑制效果将变差。
- 隔离变压器初级进线与次级出线要分开布置,不能平行走线,不能捆在一起,次级出线选用双绞线。
- 隔离变压器对雷击浪涌高压脉冲具有抑制作用,交流电源变压器加上浪涌抑制器件后就变成防雷变压器,如图 9.12 所示。图中避雷器即气体放电管,浪涌吸收器采用压敏电阻,变压器带有屏蔽层,次级侧的电容器可进一步抑制浪涌中的残留共模噪声。

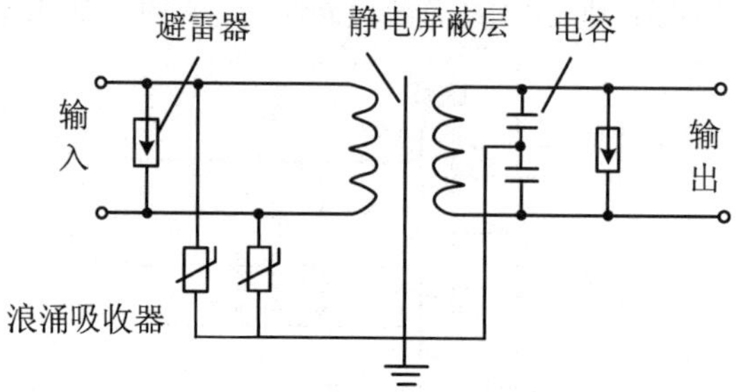

图 9.12　防雷变压器

- 隔离变压器与磁环等配合使用,可以有效地抑制快速瞬变脉冲串干扰。
- 对于电网上较长时间的欠电压、过电压和电压波动,需要安装交流稳压器给机床数控系统供电,如图 9.13 所示。

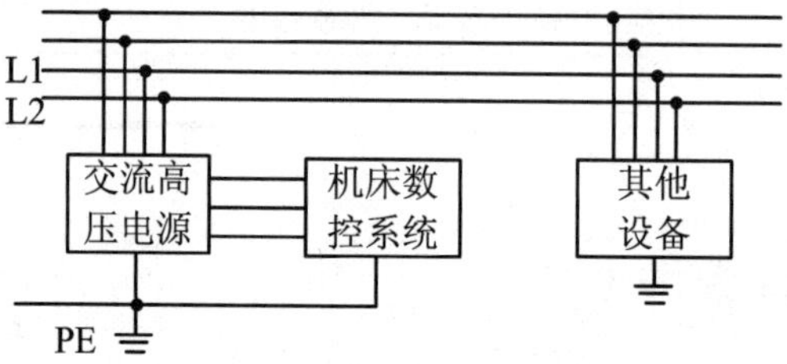

图 9.13　采用交流稳压器供电

- 感性负载加吸收电路能抑制瞬态噪声。

系统中的感性负载如继电器、接触器、电磁阀、电机等在关断时会产生强烈的脉冲噪声,必须在感性负载处加吸收电路以抑制瞬态噪声,其吸收电路的接线法如图 9.14 所示。根据"水涨船高"的原则,机内器件不会因高压感应而击穿。

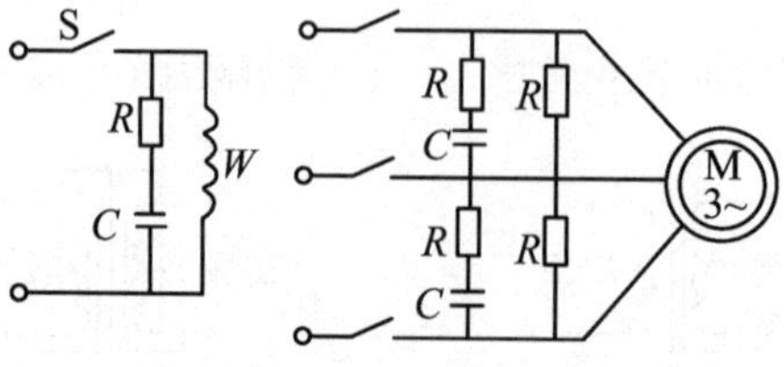

图 9.14　电机并接灭弧器

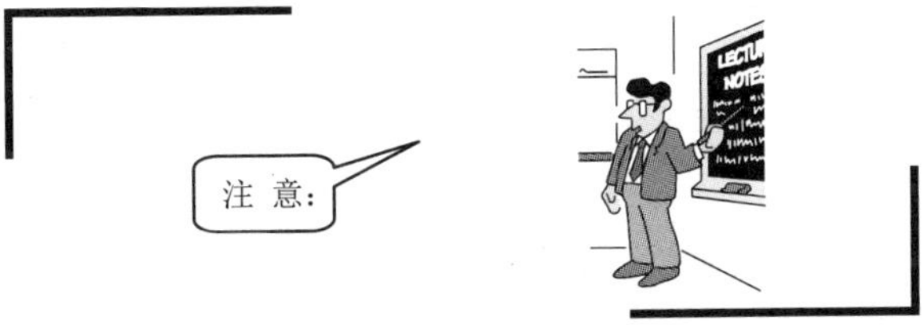

根据要求,感性负载两端也可并联电阻、压敏电阻、稳压管等吸收回路,但 $R-C$ 吸收回路具有很好的抑制作用,推荐采用 $R-C$(灭弧器)进行吸收,灭弧器应尽量靠近感性负载进行安装。

9.5 干扰故障维修实例

【例 9.1】 某机械厂有一 XK7140 型数控铣床,采用交流伺服驱动各轴,在加工时,偶尔会出现无规律零件尺寸超差现象。

故障分析:经分析初步判断是受到干扰,且最易受到干扰的部位是编码器。

经检查该信号线发现:编码器的反馈线采用的是单端接地,把接线更改为双端接地后,故障排除。

【例 9.2】 某西门子数控加工中心,应用西门子伺服驱动电机,在伺服上电时,在 CNC 屏幕坐标上发现某进给轴实际坐标值变化,但实际上 CNC 并没有发出运动指令。

故障分析:经分析,该故障的主要原因是编码器受到干扰或指令漂移。

由于伺服系统本身是强干扰源,当伺服系统使能信号有效时,实际位置发生漂移,可能是受到伺服系统的干扰。在检查时发现电机到驱动的保护地线脱落,将保护地线接好后,故障排除。

【例 9.3】 某厂有一 7150 型数控线切割机床,在加工过程中偶尔发生死机现象。

故障分析:经检查,硬件和软件方面的功能完好,分析故障的其他原因,干扰也是其中之一,在检查连接线时,发现维修时误将中线当成地线接入控制电柜中,重新进行接线,故障排除。

【例 9.4】 某数控雕铣机床在通过 RS-232C 接口与 PC 传送程序时,经常出现报警现象。

故障分析:造成此种故障现象的原因较多,经过检查与分析,硬件与操作方面都正常,研究得出 PC 机的机箱保护地线与机床的保护地线没有连接在一起,计算机受到干扰而发生故障,将计算机的保护地线与机床电柜的保护地线连接在一起后,故障排除。

特别要注意的是，当外部设备与机床电柜不共地时，容易造成外部设备或 CNC 接口的损坏及干扰。

【例 9.5】 某数控铣床，在通过 RS－232C 串行接口与 PC 传送程序时，经常发生误差过大报警（*X*、*Y*、*Z* 轴随机出现）或死机。

故障分析：考虑可能是电磁兼容不合理的因素，检查接地、屏蔽，没有发现任何问题，但发现 RS－232C 串行接口与 PC 连接的传送线过长，但供电电压低，容易受到干扰，现在把连接线更换成短线，并采用双端接地，故障排除。

RS－232C 为串行接口，连线不能太长，最好小于 15 m。

【例 9.6】 某机械厂一台 7150 型数控线切割机，在切割较厚的工件时，有时会在切割启动时出现误动作。

故障分析：经过检查，发现在切割较厚的工件时，电流大，电柜中一继电器在启动电压跌落的瞬间，已吸合的继电器自动跳开，造成误动作，把该继电器换成抗电压跌落能力较强的继电器，故障排除。

通常 CNC 与伺服的驱动单元电源由开关电源提供，抗电压跌落能力较强，但继电器接触器较差，当电压跌落时有可能误动作造成工作不正常，甚至损坏设备。

【例 9.7】 某 SSK20A 数控车床加工螺纹时，偶尔发现有螺纹乱扣现象。

故障分析：经检查，程序和电路正常，但发现车间环境恶劣，且其他机床工作时，故障出现的概率较大，故判断是干扰引起，分别对机床接地和采用屏蔽线后，恢复正常。

【例 9.8】 某经济型数控车床，在车削螺纹时，有时出现乱扣现象。

故障分析：经测量发现该车床主轴编码器的脉冲有时会出现脉冲干扰信号，其编码器采用普通屏蔽线，且屏蔽层的接地线已经脱落，换用新的屏蔽双绞线，采用双端接地，故障排除。

【例 9.9】 某数控机床在运行过程中偶尔会出现死机的现象，且无规律。

故障分析：考虑到该机床工作在比较恶劣的环境，电网存在着较强的干扰，在电源的进线部位加扣上磁环，滤除电源进线中的高频脉冲控制信号，经过此处理后系统一直处在比较稳定的工作状态。

【例 9.10】 某机械厂有一 CK6140 数控车床，采用了变频主轴，当主轴在低速旋转时，发现主轴速度波动过大。

故障分析:用示波器观察变频器的速度信号,发现纹波较大,在变频器的速度信号端并联一个 2200 pF 的磁片电容和一个 10 kΩ 的电阻。

再次检查变频器的速度给定模拟量信号,纹波基本消除,运行主轴时速度也比较平稳。

提示:

在模拟信号端采用电容滤波是一种有效和经济的手段,一些主轴驱动单元和伺服驱动单元内部都采用了磁环与电容相配合的滤波方式,能有效抑制高频脉冲的干扰。

【例 9.11】 某数控车床配六刀位刀架,换刀时经常出现错位,并出现刀架电机热保护卡死现象,且无规则。

故障分析:经过检查,发现该刀架的刀位信号线未用屏蔽线,直接与刀架电机线连在了一起,刀架电机上没有灭弧器,刀架在换刀时产生的强干扰信号造成了刀位信号的错乱,在刀架电机的控制接触器上安装灭弧器,故障排除。

9.6 实训:数控机床抗干扰项目

1. 项目构思(Conceive)

(1) 了解抗干扰的基本原理和元器件。

(2) 了解数控机床的抗干扰措施。

(3) 掌握安全接地技术。

2. 项目设计(Design)

(1) 通用工具:

① 活动扳手两个。

② 木柄起子两个。

③ 内六角扳手一套。

④ 紫铜棒或木质手锤一个。

⑤ 接地导线等。

(2) XH715D 数控加工中心。

3. 项目实施(Implement)

(1) 检查控制柜内的各个部件,按照强、弱电分开安装、布线。

(2) 检查各屏蔽电缆进控制柜时入口处的屏蔽层接地。

(3) 检查各进给驱动电机、主轴驱动电机的动力线和反馈线,应直接接入驱动单元,不得经过端子转接。

(4) 检查各位置反馈线、指令给定线、通信线等弱电信号线,必须采用屏蔽电缆。

(5) 检查各部件外壳,必须可靠接地。

(6) 检查各结构间是否可靠接地、共地。

(7) 检查系统接地电缆，确保接地电阻<4 Ω，在控制柜内最近的位置接入 PE 接地排。

(8) 检查电源线进入电柜的高压(2000 V)瓷片电容，此电容可减少电源线进入的干扰(脉冲、浪涌)。

(9) 检查大电感负载(如交流接触器线圈、三相异步电机、交流电磁阀线圈等)、采用的RC(灭弧器)。

(10) 查看伺服电源、控制电源、数控系统电源，采用隔离变压器供电。

4. 项目运作(Operate)

(1) 电磁干扰故障的原因有哪些?

(2) 电磁干扰故障的解决办法有哪些?

(3) 数控机床是如何预防电磁干扰故障的?

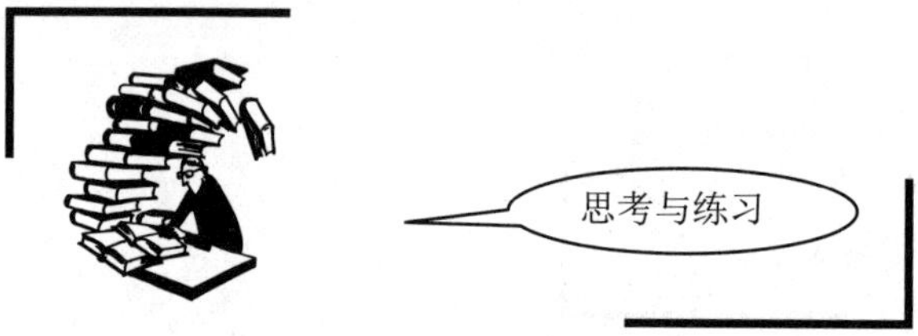

1. 电磁兼容的主要内容是围绕造成干扰的哪些要素进行的?
2. 数控系统有哪些电磁兼容性要求?
3. 数控系统有哪些抗干扰措施?
4. 接地线分为哪几类? 各有哪些应用要点?
5. 电场、磁场以及电磁场屏蔽有哪些应用要点?
6. 本章所列电磁干扰故障维修实例中，哪几例属于系统没有接地或接地不良造成的?
7. 数控机床故障诊断为什么要讨论干扰问题?
8. 干扰的种类有哪些? 不同干扰会导致哪些故障现象?
9. 强电柜的安装与配线应注意哪些问题?
10. 常用的输入、输出隔离措施有哪些?

第 10 章　数控机床安装、调试与维修项目

本实训项目装置由华中 HNC－21TD 数控系统、交流伺服驱动模块、变频调速模块、冷却控制模块、刀架控制模块、十字滑台及其他辅助功能模块等组成。

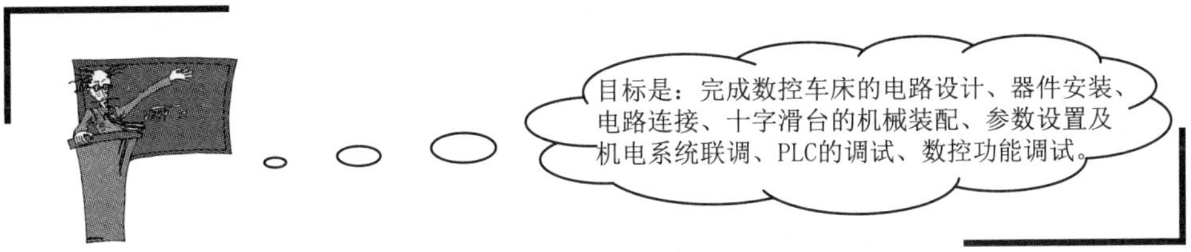

10.1　项目工作任务

1. 任务一：电路设计、器件安装和电路连接

① 根据任务书要求，设计数控车床的部分电气电路。

② 参考器件安装布局图，将变频器、驱动器、电气元件等器件安装在装置背面的电器盘上。

③ 根据提供的电路图和自行设计的电路图，按照给定的端子排定义及接口说明，连接数控车床各部分电路。

2. 任务二：十字滑台的安装与调试

按照机械装配工艺，完成十字滑台的机械装配和调试。

3. 任务三：各部件的参数设置、PLC 程序和数控车床的调试

① 根据提供的数控系统、变频器、伺服驱动器的技术手册（电子资料），查找并确定需要设定的数控系统参数、变频器参数、伺服驱动器参数，记录于参数记录册中。

② 根据提供的 PLC 程序（PLC 程序文档），按照要求，调试并完善 PLC 程序。

③ 按照记录册中的参数，完成数控系统、变频器的参数设置，根据设备运行情况，调整相关参数并完成整台数控车床的调试。

④ 调试完成后，备份系统参数和 PLC 程序。

4. 任务四：数控机床的功能测试

测试数控机床的各项功能。

10.2　项目工作内容

10.2.1　电路设计、器件安装和电路连接

1. 电路设计

根据数控车床的功能、提供的电路图、端子排接口定义(如表 10.1、表 10.2、表 10.3 所示)、DB15 接口定义(如表 10.4 所示)、继电器模组接口定义(如表 10.5 所示),完成数控车床主轴变频调速系统、冷却系统主电路和控制电路的设计,分别绘制于图册的专用页(电路设计所需的器件:1 只变频器,2 只交流接触器,2 只断路器,3 只继电器,1 个冷却电机,1 个主轴电机),且标明对应的线号。

在图册的对应页中完成主轴变频调速系统主电路(≤1 A)和控制电路的设计,要求伺服允许后,变频器得电允许。

在图册的对应页中完成冷却系统的主电路(≤2 A)和控制电路的设计,要求伺服允许后,冷却电机得电允许。

表 10.1　端子排(一)接口定义

序　号	名　称	定　义	序　号	名　称	定　义
1	YL	三色灯(黄)电源	18	0 V	Z 参考点传感器电源−
2	GL	三色灯(绿)电源	19	Z0	Z 参考点传感器输出
3	RL	三色灯(红)电源	20	24 V	Z 负限位传感器电源+
4	0 V	三色灯公共端	21	0 V	Z 负限位传感器电源−
5	24 V	X 正限位传感器电源+	22	ZL−	Z 负限位传感器输出
6	0 V	X 正限位传感器电源−	23	24 V	开关电源 DC24 V
7	XL+	X 正限位传感器输出	24	0 V	开关电源 0 V
8	24 V	X 参考点传感器电源+	25	24V	开关电源 DC24 V
9	0 V	X 参考点传感器电源−	26	0 V	开关电源 0 V
10	X0	X 参考点传感器输出	27	—	—
11	24 V	X 负限位传感器电源+	28	U10	伺服变压器 TC1 输入
12	0 V	X 负限位传感器电源−	29	V10	伺服变压器 TC1 输入
13	XL−	X 负限位传感器输出	30	U11	伺服变压器 TC1 输出
14	24V	Z 正限位传感器电源+	31	V11	伺服变压器 TC1 输出
15	0 V	Z 正限位传感器电源−	32	U12	X 轴驱动器电源
16	ZL+	Z 正限位传感器输出	33	V12	X 轴驱动器电源
17	24 V	Z 参考点传感器电源+	34	U12	Z 轴驱动器电源

续表 10.1

序　号	名　称	定　义	序　号	名　称	定　义
35	V12	Z轴驱动器电源	42	U41	冷却电机
36	U22	主轴电机	43	V41	冷却电机
37	V22	主轴电机	44	W41	冷却电机
38	W22	主轴电机	45	U50	控制变压器 TC2 输入
39	U31	刀架电机	46	W50	控制变压器 TC2 输入
40	V31	刀架电机	47	U51	控制变压器 TC2 输出
41	W31	刀架电机	48	W51	控制变压器 TC2 输出

表 10.2　端子排(二)接口定义

序　号	名　称	定　义	序　号	名　称	定　义
1	X0.0	X轴正限位	25	Y0.7	刀架反转
2	X0.1	X轴负限位	26	Y1.0	三色灯(黄)
3	X0.2	Z轴正限位	27	Y1.1	三色灯(绿)
4	X0.3	Z轴负限位	28	Y1.2	三色灯(红)
5	X0.4	X轴参考点	29	Y1.3	—
6	X0.5	Z轴参考点	30	Y1.4	—
7	X0.6	—	31	Y1.5	—
8	X0.7	—	32	Y1.6	—
9	X1.0	1号刀位	33	Y1.7	—
10	X1.1	2号刀位	34	0 V	公共端
11	X1.2	3号刀位	35	ESP1	急停
12	X1.3	4号刀位	36	ESP3	急停
13	X1.4	—	37	OTS1	超程释放
14	X1.5	—	38	OTS2	超程释放
15	X1.6	—	39	P24	数控系统电源+
16	X1.7	外部运行允许	40	0 V	数控系统电源−
17	0 V	公共端	41	QD	启动按钮 NO 触点
18	Y0.0	伺服允许	42	QD	启动按钮 NO 触点
19	Y0.1	无定义	43	QDL	启动按钮灯(DC24 V)
20	Y0.2	无定义	44	QDL	启动按钮灯(DC24 V)
21	Y0.3	冷却泵开	45	TZ	停止按钮 NC 触点
22	Y0.4	主轴正转	46	TZ	停止按钮 NC 触点
23	Y0.5	主轴反转	47	TZL	停止按钮灯(DC24 V)
24	Y0.6	刀架正转	48	TZL	停止按钮灯(DC24 V)

表 10.3　端子排(三)接口定义

序　号	名　称	定　义	序　号	名　称	定　义
1	XCP＋	X 轴脉冲信号＋输出	6	ZCP－	Z 轴脉冲信号－输出
2	XCP－	X 轴脉冲信号－输出	7	ZDR＋	Z 轴方向信号＋输出
3	XDR＋	X 轴方向信号＋输出	8	ZDR－	Z 轴方向信号－输出
4	XDR－	X 轴方向信号－输出	9	Vout	主轴模拟量输出电压
5	ZCP＋	Z 轴脉冲信号＋输出	10	GND	主轴模拟量输出地

表 10.4　DB15 接口定义

序　号	名　称	定　义
1	XS9	主轴编码器信号接口
2	XS30	X 轴编码器信号接口
3	XS32	Z 轴编码器信号接口

继电器模组共由 10 个继电器组成，继电器线圈为 DC24 V 供电，每只继电器线圈的一端已经与标有“＋24 V”的端子连接，线圈的另一端引出，自行定义并连接。继电器名称与定义如表 10.5 所示。

表 10.5　继电器名称与定义

序　号	名　称	定　义	序　号	名　称	定　义
1	1NO	继电器 1 的常开触点	18	6C	继电器 6 的公共端
2	1NC	继电器 1 的常闭触点	19	7NO	继电器 7 的常开触点
3	1C	继电器 1 的公共端	20	7NC	继电器 7 的常闭触点
4	2NO	继电器 2 的常开触点	21	7C	继电器 7 的公共端
5	2NC	继电器 2 的常闭触点	22	8NO	继电器 8 的常开触点
6	2C	继电器 2 的公共端	23	8NC	继电器 8 的常闭触点
7	3NO	继电器 3 的常开触点	24	8C	继电器 8 的公共端
8	3NC	继电器 3 的常闭触点	25	9NO	继电器 9 的常开触点
9	3C	继电器 3 的公共端	26	9NC	继电器 9 的常闭触点
10	4NO	继电器 4 的常开触点	27	9C	继电器 9 的公共端
11	4NC	继电器 4 的常闭触点	28	10NO	继电器 10 常开触点
12	4C	继电器 4 的公共端	29	10NC	继电器 10 常闭触点
13	5NO	继电器 5 的常开触点	30	10C	继电器 10 公共端
14	5NC	继电器 5 的常闭触点	31	＋24 V	线圈共＋24 V 端
15	5C	继电器 5 的公共端	32	A1	继电器 1 线圈的一端
16	6NO	继电器 6 的常开触点	33	A2	继电器 2 线圈的一端
17	6NC	继电器 6 的常闭触点	34	A3	继电器 3 线圈的一端

续表 10.5

序　号	名　称	定　义	序　号	名　称	定　义
35	A4	继电器 4 线圈的一端	39	A8	继电器 8 线圈的一端
36	A5	继电器 5 线圈的一端	40	A9	继电器 9 线圈的一端
37	A6	继电器 6 线圈的一端	41	A10	继电器 10 线圈的一端
38	A7	继电器 7 线圈的一端	42	—	—

2. 设备安装

可参考图 10.1 所示的元器件结构布局，将元器件安装到装置背面的电器盘上，元器件清单如表 10.6 所示。

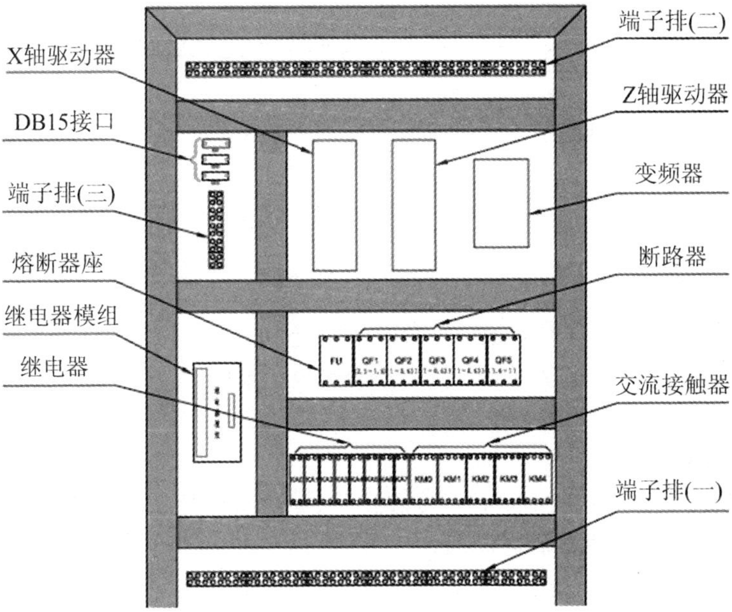

图 10.1　器件布局图

表 10.6　器件清单

序　号	器件名称	器件型号与规格	数　量
1	变频器	FR－D740－0.75K－CHT	1
2	伺服驱动器	TSTA－15C	2
3	交流接触器	LC1－D0610N	5
4	辅助触头	LA1－DN11N	2
5	继电器	MY2NJ(DC24 V)	8
6	熔断器	RT18－32(3P)	1
7	断路器	DZ108－20(1.6～2.5 A)	1
		DZ108－20(1～1.6 A)	1
		DZ108－20(0.63～1 A)	3

要求：

① 在电器盘内按图纸的电气代号标出电气元件的位置。

② 参考各路电路的额定功率及使用条件选择合适的断路器，并设置好脱钩电流。

3. 电路连接

根据图册中的电路图纸，参照给定的端子排接口定义、DB15 接口定义、继电器模组接口定义，使用 U 形插片和预绝缘端头，按照电气安装规范及工艺要求，完成系统各部分电路的连接。

10.2.2 十字滑台安装与调试

利用提供的联轴器、电机支座、轴承支座、直线导轨、滑块、滚珠丝杠、螺母、螺母支座、轴承、运动平台等零部件（其中滚珠丝杠、轴承已装成组件，底座已经安放在型材桌面上），参考装配图，完成十字滑台的装配。

在装配过程中，按照机械精度检测表中的项目记录数据。

10.2.3 各部件参数设置、PLC 程序和数控车床调试

1. 功能参数设计

① 将需要设定的变频器参数记录于参数记录册中。

② 将需要设定的伺服驱动器的参数记录于参数记录册中。

③ 将需要设定的数控系统参数记录于参数记录册中。

2. 设置功能参数

按照记录的参数，设置数控系统（口令：HIG）、驱动器和变频器参数。

3. 数控车床 PLC 程序编制与调试

基本程序保存在数控系统和计算机内。

① 完善并调试 PLC 程序，实现手动换刀控制功能。

② 完善并调试 PLC 程序，实现三色灯控制功能。

要求：

- 常态时，黄灯亮。
- 系统出错时，红灯亮。
- 程序运行时，绿灯亮。
- 任何时刻只有一盏灯亮。
- 不要更改 PLC 程序文件名。

4. 数据备份

备份最终的 PLC 程序和数控系统参数。

10.2.4 数控机床功能测试

1. 手动功能测试

① 启停控制功能调试要求：

- 按启动按钮后，系统正常上电；按停止按钮后，系统断电。
- 系统上电时启动按钮指示灯（绿）亮，系统断电时停止按钮指示灯（红）亮。

② 主轴功能调试要求：

- 主轴正、反转方向符合要求。
- 主轴编码器反馈速度与主轴指令速度匹配，在一定范围内（300～1000 rpm）两者的速度差值不大于指令速度的 7%。
- 主轴最大转速 1400 r/min。

③ 换刀控制功能调试要求：

- 可进行手动换刀控制。
- 可执行 T 代码指令换刀。

④ 冷却功能调试要求：

- 可进行手动冷却控制。
- 可执行 M 代码（M08、M09）启动和停止冷却系统。

⑤ 进给轴功能调试要求：

- 利用参考点开关，X、Z 轴沿正方向回参考点，要求寻找参考点开关的快速速度为 700 mm/min，找到参考点后的定位速度为 500 mm/min。
- 进给倍率 100%时，X、Z 轴的点动进给速度是 2000 mm/min。
- 快速进给倍率 100%时，X、Z 轴的点动快速进给速度是 6000 mm/min。
- 系统的硬限位、急停功能和超程释放功能生效。
- 系统的软限位功能生效，位置合理。
- 顺时针转动手轮，进给轴沿正方向移动；逆时针转动手轮，进给轴沿负方向移动。手摇进给倍率由所选挡位决定。
- X、Z 轴移动距离与指令要求的位移值匹配。

2. 自动功能测试

输入下面的测试程序并运行，完成功能测试。

```
%2010
N2    T0100
N4    M03S500
N6    G00X100Z40
N8    G00X60Z5
N10   G81X0Z1.5F100
N12   G81X0Z0
N14   G00X100Z40
N16   T0200
N18   G00X60Z3
N20   G80X52.6Z-133F100
N22   G01X54
N24   G71U1R1P160Q320E0.3
N26   G00X100Z40
N28   T0300
```

```
N30    G00G42X70Z3
N32    G01X10F100
N34    X19.95Z-2
N36    Z-33
N38    G01X30
N40    Z-43
N42    G03X42Z-49R6
N44    G01Z-53
N46    X36Z-65
N48    Z-73
N50    G02X40Z-75R2
N52    G01X44
N54    X46Z-76
N56    Z-84
N58    G02Z-113R25
N60    G03X52Z-122R15
N62    G01Z-133
N64    G01X54
N66    G00G40X100Z40
N68    M05
N70    T0400
N72    M08
N74    M03S350
N76    G00X30Z5
N78    G82X19.3Z-20R-3E1C2P120F3
N80    G82X18.9Z-20R-3E1C2P120F3
N82    G82X18.7Z-20R-3E1C2P120F3
N84    G82X18.7Z-20R-3E1C2P120F3
N86    G76C2R-3E1A60X18.7Z-20K0.65
U0.1V0.1Q0.6P240F3
N88    M09
N90    G00X100Z40
N92    M30
```

附录 A　FANUC 0 系统报警代码表

1. 程序报警(P/S 报警)

见表 A.1。

表 A.1　程序报警(P/S 报警)

报警号	报 警 内 容
000	修改后需断电才能生效的参数,参数修改完毕后应该断电
001	TH 报警,外设输入的程序格式错误
002	TV 报警,外设输入的程序格式错误
003	输入的数据超过了最大允许输入的值。参考编程部分的有关内容
004	程序段的第一个字符不是地址,而是一个数字或“-”
005	一个地址后面跟着的不是数字,而是另外一个地址或程序段结束符
006	符号“-”使用错误(“-”出现在一个不允许有负值的地址后面,或连续出现了两个“-”)
007	小数点“.”使用错误
009	一个字符出现在不能够使用该字符的位置
010	指定了一个不能用的 G 代码
011	一个切削进给没有给出进给率
014	程序中出现了同步进给指令(本机床没有该功能)
015	企图使 4 个轴同时运动
020	圆弧插补中,起始点和终点到圆心的距离的差大于 876 号参数指定的数值
021	圆弧插补中,指令了不在圆弧插补平面内的轴的运动
029	H 指定的偏置号中的刀具补偿值太大
030	使用刀具长度补偿或半径补偿时,H 指定的刀具补偿号中的刀具补偿值太大
033	编程了一个刀具半径补偿中不能出现的交点
034	圆弧插补出现在刀具半径补偿的起始或取消的程序段
037	企图在刀具半径补偿模态下使用 G17、G18 或 G19 改变平面选择
038	由于在刀具半径补偿模态下,圆弧的起点或终点和圆心重合,因此将产生过切削的情况
041	刀具半径补偿时将产生过切削的情况
043	指令了一个无效的 T 代码
044	固定循环模态下使用 G27、G28 或 G30 指令

续表 A.1

报警号	报 警 内 容
046	G30 指令中 P 地址被赋予了一个无效的值(对于本机床只能是 2)
051	自动切角或自动圆角程序段后出现了不可能实现的运动
052	自动切角或自动圆角程序段后的程序段不是 G01 指令
053	自动切角或自动圆角程序段中,符号“,”后面的地址不是 C 或 R
055	自动切角或自动圆角程序段中,运动距离小于 C 或 R 的值
060	在顺序号搜索时,指令的顺序号没有找到
070	程序存储器满
071	被搜索的地址没有找到,或程序搜索时,没有找到指定的程序号
072	程序存储器中程序的数量满
073	输入新程序时企图使用已经存在的程序号
074	程序号不是 1～9999 之间的整数
076	子程序调用指令 M98 中没有地址 P
077	子程序嵌套超过三重
078	M98 或 M99 中指令的程序号或顺序号不存在
085	由外设输入程序时,输入的格式或波特率不正确
086	使用读带机/穿孔机接口进行程序输入时,外设的准备信号被关断
087	使用读带机/穿孔机接口进行程序输入时,虽然指定了读入停止,但读过了 10 个字符后,输入不能停止
090	由于距离参考点太近或速度太低而不能正常执行恢复参考点的操作
091	自动运转暂停时(有剩余移动量或执行辅助功能时)进行了手动返回参考点
092	G27 指令中,指令位置到达后发现不是参考点
100	PWE=1,提示参数修改完毕后将 PWE 置零,并按 RESET 键
101	在编辑或输入程序过程中,NC 刷新存储器内容时电源被关断。当该报警出现时,应将 PWE 置 1,关断电源,再次打开电源时按住 DELETE 键以清除存储器中的内容
131	PMC 报警信息超过 5 条
179	597 号参数设置的可控轴数超出了最大值
224	第一次返回参考点前企图执行可编程的轴运动指令

2. 伺服报警

见表 A.2。

表 A.2　伺服报警

报警号	报 警 内 容
400	伺服放大器或电机过载
401	速度控制器准备好信号(VRDY)被关断

续表 A.2

报警号	报 警 内 容
404	VRDY 信号没有被关断，但位置控制器准备好信号（PRDY）被关断。正常情况下，VRDY 和 PRDY 信号应同时存在
405	位置控制系统错误，由于 NC 或伺服系统的问题使返回参考点的操作失败。重新进行返回参考点的操作
410	*X* 轴停止时，位置误差超出设置值
411	*X* 轴运动时，位置误差超出设置值
413	*X* 轴误差寄存器中的数据超出极限值，或 D/A 转换器接受的速度指令超出极限值（可能是参数设置的错误）
414	*X* 轴数字伺服系统错误，检查 720 号诊断参数并参考伺服系统手册
415	*X* 轴指令速度超出 511875 检测单位/秒，检查参数 CMR
416	*X* 轴编码器故障
417	*X* 轴电机参数错误，检查 8120、8122、8123、8124 号参数
420	*Y* 轴停止时，位置误差超出设置值
421	*Y* 轴运动时，位置误差超出设置值
423	*Y* 轴误差寄存器中的数据超出极限值，或 D/A 转换器接受的速度指令超出极限值（可能是参数设置的错误）
424	*Y* 轴数字伺服系统错误，检查 721 号诊断参数并参考伺服系统手册
425	*Y* 轴指令速度超出 511875 检测单位/秒，检查参数 CMR
426	*Y* 轴编码器故障
427	*Y* 轴电机参数错误，检查 8220、8222、8223、8224 号参数
430	*Z* 轴停止时，位置误差超出设置值
431	*Z* 轴运动时，位置误差超出设置值
433	*Z* 轴误差寄存器中的数据超出极限值，或 D/A 转换器接受的速度指令超出极限值（可能是参数设置的错误）
434	*Z* 轴数字伺服系统错误，检查 722 号诊断参数并参考伺服系统手册
435	*Z* 轴指令速度超出 511875 检测单位/秒，检查参数 CMR
436	*Z* 轴编码器故障
437	*Z* 轴电机参数错误，检查 8320、8322、8323、8324 号参数

3. 超程报警

见表 A.3。

表 A.3　超程报警

报警号	报 警 内 容
510	*X* 轴正向软极限超程
511	*X* 轴负向软极限超程

续表 A.3

报警号	报 警 内 容
520	Y 轴正向软极限超程
521	Y 轴负向软极限超程
530	Z 轴正向软极限超程
531	Z 轴负向软极限超程

4. 过热报警及系统报警

700 号报警为 NC 主印刷线路板过热报警，704 号报警为主轴过热报警。

其他的 6××号报警为 PMC 系统报警，9××号报警为 NC 系统报警。

如用户发现以上两种报警，可直接向 FANUC 公司咨询，以便联系维修。

附录 B　故障检查与记录

当 CNC 系统发生故障时，操作人员应采取必要的急停措施，停止系统的运行（而不是切断电源），保护现场。还应对故障做尽可能详细的记录，记录内容包括如下几个方面：

1. 外界状况

(1) 环境温度是否超过允许范围？

(2) 是否有急剧的温度变化情况？

(3) 周围是否有强烈的振动源而引起了系统的振动？

(4) 在出故障时系统是否受到阳光的直射？

(5) 切削液、润滑油是否飞溅入系统柜内？

(6) 系统柜内是否进水（如暖气漏水）和受到水浸情况？

(7) 电网输入调查。机床断路器是否跳闸？

(8) 保险丝是否熔断？

(9) 机床电源电压是否有异常波动？

(10) 电压值是否正常？

(11) 同一供电干线上是否有使用大电流的装置？

(12) 机床附近是否有干扰源？如吊车、高频机械、电焊机或其他的感性负载。

(13) 附近是否正在修理或调试机床？

(14) 是否正在修理或调试强电柜？

(15) 是否正在修理或调整数控装置？

(16) 附近是否安装了新机床？

(17) 本系统以前是否曾出现过同样故障？

(18) 或附近其他机床的数控系统是否也出现了同样的故障？

2. 有关操作情况

(1) 发生故障前进行了什么操作？

(2) 机床的操作方式是否正确？

(3) 是否为新的加工程序？

(4) 加工程序内是否包含有增量指令？

(5) 刀具补偿量的设置是否正确？

(6) 程序段跳过功能使用是否正确？

(7) 程序是否提前终止或中断？

3. 系统工作方式、报警方式与内容

(1) 系统有无报警？

(2) CRT 有无报警显示？报警号？

(3) 机床侧其他报警装置有无报警？

(4) 系统正处于何种工作方式:MDI(手动数据输入方式)、TAPE(纸带方式)、MEMORY(存储器方式)、EDIT(编辑方式)、HANDLE(手轮方式)或JOG(点动方式)等。

(5) CRT有关工作方式的显示内容。

(6) 调用诊断画面,观察系统正处于何种状态:M、S、T辅助功能,还是在自动运转?

(7) 系统正处于暂停、急停或互锁状态,还是倍率为0状态?

(8) 定位误差超差情况。

(9) 刀具轨迹是否误差超差?此时速度是否正常?

4. 故障发生的时间与频繁程度

(1) 故障发生的时间。

例如发生在突然停电、跳闸或撞车之后。附近类似设备工作是否正常?

(2) 故障发生的频度。是否频繁发生?发生多少次?

(3) 相同刀具加工同类工件,发生故障的概率如何?

(4) 故障发生是否具有条件性?

例如运行一定时间后必定发生;频繁启停,或者特定工作方式、特定进给速度、特定换刀方式或螺纹切削时;一定的程序段、更换刀具或工件时等。

(5) 程序中断故障,程序中止于哪个程序段(或机床下一个动作将是什么)?

5. 故障的重复性

如果是CRT上有关软件故障报警,在安全检查之后,检查故障的重演性。

(1) 用复位法,系统复位后,故障报警或故障现象是否形成?

(2) 如果无相关的硬件报警,机床电源与外观又正常的情况下,对于程序中断故障,可重复执行多次来观察故障的重复性如何。

(3) 将CRT上显示的实际值与该程序段的编程值进行对比,观察有无差异。

(4) 重复出现的故障是否与外界因素有关,诸如停电、电网波动、温度波动、干扰源与操作员的更换等?

6. 机床情况

(1) 机床整体情况:新机床处于调试阶段、长期闲置后机床、维修后的机床、老机床或正常使用期的机床。

(2) 新机床在运输过程中是否发生过严重振动?机床调整情况。

(3) 换刀时是否设置了偏移量?

(4) 刀号是否正确?

(5) 刀具刀尖是否正常?

(6) 工件材料有无异常?

(7) 工件测量是否正确?

(8) 间隙补偿是否恰当?

(9) 机械零件是否磨损或失效?

(10) 是否有热变形?

(11) 辅助装置(液压、冷却与润滑油路指示、排屑器与防护门等)情况是否正常?

7. 机床与系统间接线情况

(1) 移动电缆是否完好无损?

(2) 在弯曲处是否有破裂与损伤?

(3) 电缆长度是否合适?

(4) 交流电源线与信号线、数控装置与机床电源是否分开走线?

(5) 线缆接头有无松动?

(6) 机床接地点是否可靠?

(7) 线缆的屏蔽与接地有无异常?

8. 运转情况

(1) 运转过程中是否改变过或调整过运转方式?

(2) 机床操作面板上的开关位置是否正确?

(3) 处于急停,机床锁住,还是进给保持?

(4) 机床操作面板上的方式开关选择是否正确?

(5) 倍率开关是否置于"0"状态?

(6) 机床侧是否已"准备好"?

(7) 有无不正常的显示灯或报警显示?

(8) 继电器、电磁铁以及电动机是否有异常振动与噪声?

9. CNC装置外观检查

(1) CRT显示是否正常?

(2) MDT/CRT单元按键有无失灵与破损?

(3) 检查机柜有无破损情况,以及是否在打开机柜状态下操作机床。有无切削液或切削粉末进入柜内?

(4) 过滤器清洁状况是否良好?

(5) 机柜内,冷却风扇电机是否运转正常?

(6) 控制部分电气的污染程度如何?

(7) 有无腐蚀性气体侵入等。

(8) 数控系统电源保险丝是否正常?

(9) 电压波动是否在允许范围内?

(10) 电源接线板上接线是否牢固?

(11) 印刷线路板有无污染与破损?有无安装松动或移位状况?

(12) 信号电缆有无异常?

(13) 扁平电缆及其连接有无异常?

(14) 信号电缆的接插是否正常与牢固?

(15) 电缆及其连接是否正常与牢固?电缆外观有无异常?

(16) 接地的地线连接是否牢固?屏蔽接地是否正常?

附录 C　故障调查与诊断记录表

故障调查与诊断记录表见表 C.1。

表 C.1　故障调查与诊断记录表

故障调查与诊断记录表						地点		时间				
设备	名称			型号		编号		使用年数				
使用阶段	调试期	刚维修后	长期闲置后	新工序启用	新更改指令	突然停电/停气后		报警急停后		正常使用期		
系统维修	年次	末次时间		末次内容		维修记录情况				维修员		
故障现象								发生频次				
								发生条件				
								发生规律性				
故障发生时	显示器	正常	工况		各轴位置	工作方式	程序段	中止动作	软件报警报警内容			
		异常	无显示		机械手情况		刀架状态	硬件报警				
			不正常					现象报警				
工作环境	温度	湿度	粉尘	异味	电网	振动 有___ 无___	辐射 有__ 无__	感性负载 有__ 无__	日常记录完整与__ 否__	故障现象记录有__ 无__	操作员	
外观检查	面板开关	电缆	电源	接地	保险丝	空气开关	变压器	继电器	接触器	电磁铁	传感器	限位开关	电机	防护门
	机械传动				液压及其管路				润滑管路/油泵			
复演记录												

续表 C.1

<table>
<tr><td>关联示图</td><td colspan="2">系统框图/号</td><td colspan="2">动作流程图/号</td><td colspan="2">梯形图/号</td><td>判别流程图/号</td></tr>
<tr><td>故障点测试</td><td>测试方法</td><td colspan="2"></td><td>测试结果</td><td></td><td>故障定位</td><td></td></tr>
<tr><td>诊断结果</td><td>故障部位</td><td colspan="2"></td><td>故障成因</td><td colspan="3"></td></tr>
<tr><td>排除方法及建议</td><td colspan="7"></td></tr>
<tr><td>维修单位</td><td colspan="3"></td><td>维修人员</td><td></td><td>维修日期</td><td></td></tr>
</table>

附录D　数控机床的安全操作

1. 一般注意事项

• 操作人员必须穿戴好工作服、工作帽与安全鞋。不得穿戴带危险性的服饰品。

• 清扫机床周围环境，保持整洁。主机箱的屏蔽外壳内用吹风机将灰尘吹净。

• 机床和控制箱保持清洁，不得取下防护罩而开动机床。经常清洁过滤器、风道与冷却风扇。

• 经常检查主轴箱与伺服单元各部位的紧固螺钉及紧固件，系统内外电缆的完好与接插件是否松动，限位开关与挡块等不得松动与移位。

• 定期检查系统存储器电池电压、伺服电机的电刷和换向器等。

2. 机床启动时的注意事项

• 熟悉机床紧急停车的方法与机床的操作顺序。

• 安装好刀具与工件后，应该复查一次。

• 确认运转程序与刀具加工顺序一致。

• 确认刀具已校正好并达到使用要求。

• 检查润滑油箱、齿轮箱内油量情况。

• 检查尾架、刀架和工作台等应该停放的合理位置。检查导轨与机床各处确实没有留下刀具与工具等不该停放的东西。

在完成上述各项并准确无误后，方可启动机床。

3. 调整程序时的注意事项

• 采用正确的刀具，避免使用钝化的刀具。

• 不得承担超过机床加工能力的作业。

• 在机床停机时进行刀具调整。

• 确认刀具在换刀过程中不与其他部位发生碰撞。

• 确认工件的夹具或压板有足够的强度。

• 用过的刀具或工具不得放在机床上，尤其不能放在导轨上。

• 调整好程序后，必须再次检查，确认无误后，方可实施加工。

4. 机床运转中的注意事项

• 机床启动后，在自动连续运转前，必须先监视其运转状态的平稳性与噪声。

• 确认冷却液输出畅通，流量充足。

• 机床运转时，不得调整刀具或工件。

• 手不得靠近旋转的刀具或工件。

• 停机时，清除工件或刀具上的切屑。

5. 出现故障时的注意事项

发生故障时，除非故障危及人身安全需要紧急断电外，不要立即关断整机电源，而是按下急停按钮，在系统不断电的情况下，保留故障现场。

记录 CRT 上显示的故障出现时的工作方式、运转工况、坐标位置、程序段、报警内容以及各种误差检查结果等。

调用诊断画面，还可以检查出可能的故障点。

6. 重演故障时的注意事项

当出现软件报警，或者故障现象不属于飞车、撞车/刀、过流/过载/过热报警、严重振动与噪声、异常气味等情况时，往往可以复演故障以利分析。

复演故障前必要的安全检查如下：

① 电网电压稳定性及其电源电缆与接地可靠性检查。

② 检查设备的外部管线、接线与器件的外貌是否正常。

③ 检查机床是否具备必要的安全防护功能。

诸如主令电器是否处于正常状态。如系统急停、机床锁住、复位、报警器等是否可正常作用，以及各限位开关有无移位与松动。

④ 外围设备的安全位置检查。例如尾架、刀架、工作台与机械手等是否处于安全启动位置，所有工具、工件是否都已离开机床收拾好，周围环境的安全等。

⑤ 将右手放在面板急停键附近，随时准备急停制动，然后才能进行逐级通电，逐级测量与观察强电各部分电压。

7. 作业完毕时的注意事项

① 按顺序要求，先后关闭各部分电源，最后关断总电源。

② 整理工具，清洁机床并涂防锈油。

③ 填写操作与日常维护日记。

参 考 文 献

［1］ 周文彬，等. 数控机床故障诊断与维修［M］. 天津：天津大学出版社，2008.

［2］ 蒋红平. 数控设备故障诊断与维修［M］. 北京：北京理工大学出版社，2006.

［3］ 邱立功. 数控机床维修技能实训教程［M］. 北京：国防工业出版社，2006.

［4］ 陈吉红，等. 数控机床实验指导［M］. 武汉：华中科技大学出版社，2003.